U0343565

孙玉

1962年毕业于清华大学，后被分配到中国电子科技集团第54研究所工作至今。其间，从事军事通信设备研制和通信系统总体工程设计；领导创建了电信网络专业和数字家庭专业；出版电信科技著作13部。1995年当选中国工程院院士。现任，国防电信网络重点实验室科技委主任；兼任，中央军委科技委顾问。

· 孙玉院士技术全集 ·

中國工程院院士文集

孙玉院士
技术报告文集

◎孙 玉 著

人 民 邮 电 出 版 社
北 京

图书在版编目（CIP）数据

孙玉院士技术报告文集 / 孙玉著. -- 北京 : 人民邮电出版社, 2017.9
（孙玉院士技术全集）
ISBN 978-7-115-44679-4

Ⅰ. ①孙… Ⅱ. ①孙… Ⅲ. ①通信技术－技术报告－中国－文集 Ⅳ. ①TN-53

中国版本图书馆CIP数据核字(2017)第232002号

内 容 提 要

本书由 15 个专题报告组成。其中包括，1989 年赴台湾地区“863”展览技术报告“大陆地区通信技术和装备的研究与开发”、1999 年中国工程院香山会议主题报告“国家信息基础设施建设问题”、2005—2015 年间电信网络机理讲座“电信网络总体概念讨论”、2006 年国务院信息化工作办公室课题结题报告“国家信息基础网络的网络安全体系框架”、2013—2015 年间关于数字家庭和物联网的专题研究报告，以及 2016 年“我国信息产业的发展趋势”等技术报告。

本书适合关注电信网络和国民经济信息化的业内人士，以及高等院校相关专业的师生阅读参考。

◆ 著　　　　孙　玉
责任编辑　杨　凌
责任印制　彭志环

◆ 人民邮电出版社出版发行　　北京市丰台区成寿寺路 11 号
邮编　100164　　电子邮件　315@ptpress.com.cn
网址　http://www.ptpress.com.cn
北京圣夫亚美印刷有限公司印刷

◆ 开本：700×1000　1/16　　彩插：1
印张：20　　2017 年 9 月第 1 版
字数：294 千字　　2017 年 9 月北京第 1 次印刷

定价：188.00 元

读者服务热线：(010)81055488　印装质量热线：(010)81055316

反盗版热线：(010)81055315

《中国工程院院士文集》总序

二〇一二年暮秋，中国工程院开始组织并陆续出版《中国工程院院士文集》系列丛书。《中国工程院院士文集》收录了院士的传略、学术论著、中外论文及其目录、讲话文稿与科普作品等。其中，既有早年初涉工程科技领域的学术论文，亦有成为学科领军人物后，学术观点日趋成熟的思想硕果。卷卷《文集》在手，众多院士数十载辛勤耕耘的学术人生跃然纸上，透过严谨的工程科技论文，院士笑谈宏论的生动形象历历在目。

中国工程院是中国工程科学技术界的最高荣誉性、咨询性学术机构，由院士组成，致力于促进工程科学技术事业的发展。作为工程科学技术方面的领军人物，院士们在各自的研究领域具有极高的学术造诣，为我国工程科技事业发展做出了重大的、创造性的成就和贡献。《中国工程院院士文集》既是院士们一生事业成果的凝练，也是他们高尚人格情操的写照。工程院出版史上能够留下这样丰富深刻的一笔，余有荣焉。

我向来以为，为中国工程院院士们组织出版《院士文集》之意义，贵在“真善美”三字。他们脚踏实地，放眼未来，自朴实的工程技术升华至引领学术前沿的至高境界，此谓其“真”；他们热爱祖国，提携后进，具有坚定的理想信念和高尚的人格魅力，此谓其“善”；他们治学严谨，著作等身，求真务实，科学创新，此谓其“美”。《院士文集》集真善美于一体，辩而不华，质而不俚，既有“居高声自远”之澹泊意蕴，又有“大济于苍生”之战略胸怀，斯人斯事，斯情斯志，令人阅后难忘。

读一本文集，犹如阅读一段院士的“攀登”高峰的人生。让我们翻开《中国工程院院士文集》，进入院士们的学术世界。愿后之览者，亦有感于斯文，体味院士们的学术历程。

徐匡迪

二〇一二年

全集序言

20 世纪 70 年代后期，我国的通信网开始模/数转换，当时国内自行研制的 PCM 基群设备和二次群数字复接设备先于国外引进的产品在国内试验并应用，打破了国外的技术封锁。我与孙院士相识也是从那时开始，孙院士在这之前就成功主持了我国第一代散射数字传输系统和第一套 PDH 数字复接设备的研制，我当时负责 PCM 基群复用设备的研制和试验。PCM 基群与 PDH 数字复接设备分属一次群与二次群，在网络上是上下游的关系，我们连续几年一起参加国际电信联盟（ITU）数字网研究组的标准化会议，后来在各自的工作中又有不少的联系，从中了解了他的学识，也学习了他的做人准则。他在通信工程方面有非常丰富的经验，他对通信网的理解、对通信标准的掌握和治学精神的严谨一直为我所敬佩，他勤于思考和积极探索，善于总结和举一反三，乐于诲人和提携后进，与他共事受益不浅。在这之后他又相继研制成功数字用户程控交换机、ISDN 交换机、B-ISDN 交换机及相应的试验网，还主持研制成功接入网和用户驻地网网络平台，并将上述成果应用到专用通信网和民用通信工程中，很多研发工作都是国内首次完成。

孙玉院士将研发体会写成著作交由人民邮电出版社出版，他的著作如同他的科技成果一样丰硕，从 20 世纪 80 年代初的《数字复接技术》一书开始，陆续出版了《数字网传输损伤》、*PDH for Telecommunications Network*、《数字网专用技术》《电信网络总体概念讨论》《电信网络安全总体防卫讨论》《应急通信技术总体框架讨论》《数字家庭网络总体技术》《电信网络中的数字方法》和《孙玉院士技术报告文集》，其中《数字复接技术》与《数字网传输损伤》两本书还都出了修订本。这些论著所涉及的领域或视角在当时为国内首次出版。他鼓励我将科研成果也写成书出版，既可将宝贵的经验与同行共享，也是自身对专业认识的深化过程。我写过一本书，深感要写出自己满意且读者认可的书非要下苦功不可。孙玉院士难能可贵的是笔耕三十年，著作十余本，网聚新技术，敢为世人先。这一系列专著覆盖了电信网的诸多方面，每一本既独立成书但又彼此关联，虽然时间跨度几十年，但就像一气呵成那样连贯，这些著作体现了他的一贯风格，概念清晰准确，思路层次分明，理论与实践结合，解读深入浅出。这些论著在写作上以电信网系统工程为主线，突出了总体设计思想和方法，既有严格的电信标准规范，又有创新性的解决方案，学术思想寓于工程应用中，兼具知识性与实用性，不论是对电信工程师还是相关专业的高校师生都不无裨益，在我国电信网的建设中发挥了重要作用。电信网技术演进很快，但这一系列著作所论述的设计思想及方法论对今后网络发展的认识仍有很好的指导意义，人民邮电出版社提议出版孙玉院士著作全集，更便于广大读者对电信网全局和系统性的了解，这是电信界的一件好事，并得到了中国工程院院士文集出版工作的大力支持，我期待这一全集的隆重问世。

中国工程院院士

邬贺铨

2017 年 6 月于北京

全集出版前言

1962—1995 年期间，我在科研生产第一线，有幸参加了我国电信技术数字化的全过程。其间根据科研工作进程的需要，也是创建电信网络专业的需要，我逐年编写并出版了一些著作。

1. 专著《数字复接技术》，人民邮电出版社出版，1983 年第一版；1991 年修订版；1994 年翻译版 *PDH for Telecommunication Network*，IPC.Graphics.U.S.A。这是我 1970—1980 年期间，从事复接技术研究的工作总结。其中提出了准同步数字体系（PDH）数字复用设备的国际通用工程设计方法。令我欣慰的是，这本书居然存活了十余年，创造并保持着人民邮电出版社科技专著销量纪录，让我在我国电信技术界建立了广泛的友谊。

2. 编著《数字网传输损伤》，人民邮电出版社出版，1985 年第一版；1991 年修订版。这是我 1970—1980 年期间，出于电信网络总体工程设计需要，参考国际电信联盟（ITU）文献，编写的工具书。为了便于应用，其中澄清了一些有关传输损伤的基本概念。

3. 编著《数字网专用技术》，人民邮电出版社 1988 年出版。这是为我的硕士研究生们编写的专业科普图书，介绍了一些当时出现不久的技术概念和原理。显然，无技术水平可言。

1995 年之后，我退居科研生产第二线，转入技术支持工作。其间，根据当时的技术问题，以及培育学生和理论研究的需要，我逐年编写并出版了一些著作。

4. 编著《数字家庭网络总体技术》，电子工业出版社 2007 年出版。这是我 2006—2009 年期间，受聘国家数字家庭应用示范产业基地（广州）技术顾问，为广州基地编写的培训教材。其中提出了数字家庭第二代产业目标——家庭网络平台和多业务系统，被基地和工信部接受。

5. 专著《电信网络总体概念讨论》，人民邮电出版社 2008 年出版。这是我 2005—2008 年期间，从事电信网络机理研究的总结。在我从事电信科研 30 多年之后发现，电信网络技术作为已经存在 160 多年、支撑着遍布全球电信网络的基础技术，居然尚未澄清电信网络机理分类，而且充满了概念混淆。我试图讨论这些问题。其中，澄清了电信网络的形成背景；电信网络技术分类；电信网络机理分类及其属性分析。但是，当我得出电信网络资源利用效率的数学结论时，竟然与我的物理常识大相径庭。为此，我在全国知名电信学府和研究院所做了 50 多场讲座，主要目的是请同行指点我的理论是否有误。这是我的代表著作，令我遗憾的是，这是一本未竟之作。书名称为“讨论”，是期盼后生能够接着讨论这个问题。

6. 编著《电信网络安全总体防卫讨论》，人民邮电出版社 2008 年出版。这是 2004—2005 年期间，我在国务院信息办参加解决“非法插播和电话骚扰问题”时编写的总结报告，经批准出版。其中提出了网络安全的概念；建议主管部门不要再利用通信卫星广播电视信号；建议国家发射广播卫星；建议国家建设信源定位系统。这本书曾经令同行误认为我懂得网络安全。其实，我仅仅经历了半年时间，参与解决上述特定问题。

7. 编著《应急通信技术总体框架讨论》，人民邮电出版社 2009 年出版。这是 2008—2009 年期间，在汶川地震前后，我参加国家应急通信技术研究时编写的技术报告。希望澄清应急通信总体概念，然后开展科研工作。可惜，我未能参与后续的工作。

8. 编著《电信网络技术中的数学方法》，人民邮电出版社 2017 年出版。我国电信界普遍认为，在电信技术中应用数学方法非常困难，同时，也看到一旦利用数学方法解决了问题，就会取得明显的工程效果。2009 年我曾建议人民邮电出版社出版《电信技术中的数学方法丛书》。所幸，一经提出就得到了人民邮电出版社和电信同仁的广泛支持。本书作为这套丛书的“靶书”，仅供同行讨论，以寻求编写这套丛书的规范。我认为数学方法对于电信技术的发展和人才的培养具有特殊的意义，我期待着这套丛书出版。

9. 编著《孙玉院士技术报告文集》，人民邮电出版社 2017 年出版。这是我历年技术报告的代表性文本，其中，主要是近年来关于研制和推广应用物联网的相关报告。这些报告多数属于科普报告，主要反映了我对于我国国民经济信息化的期望。

上述著作，出版时间跨越整整 34 年，电信科技内容覆盖了我 50 多年的科研历程。可见，这几本书基本上是一叠陈年旧账。然而，人民邮电出版社决定出版这套全集，也许，他们认为，这套全集大体上能够从电信技术出版业角度，反映出我国电信技术的发展历程；反映出我们这一代电信工程师的工作经历；同时，也反映了与我们同代的电信科技书刊编辑们的奉献。也许，他们认为，作为高技术中的基础学科，电信技术的某些理论和技术成就仍然起着支撑和指导作用。如实而言，不难发现，在我国现实、大量信息系统工程设计中，涉及信息基础设施（电信网络）设计，普遍存在概念性、技术性、机理性甚至常识性错误。我们国家已经走过生存、发展历程，正在走向强大。在我国电信领域，不仅需要加强技术研究（如“863”计划），而且需要加强理论研究（如“973”计划）。期待我国年轻的电信科技精英们，特别是年轻有为的院士们，能够编撰出更好、更多的电信科技著作。

2017 年 6 月于中国电子科技集团公司第 54 研究所

前　言

本人于 1989—2016 年间，做过 200 多次技术报告。本技术报告文集是从现存 213 份报告中，按内容与时间，选择的具有代表性的 15 份报告。这些报告难说具有什么技术水平，难说起到了什么作用，重要的是我在 1962—2016 年间，参与了我国在这个时期的电信技术数字化和国民经济信息化过程，做了相应工作，发表了自己的看法。

这些报告先后在一些单位发表过，凭现在记忆所及，这些单位包括：原国家电子部通信局、原工业和信息化部电子司、住建部 IC 卡应用服务中心、国家公安部通信局、原武装警察通信处、国家安全部科技局、国务院信息办、国家广电总局、中国工程院院香山会议、中国工程院信息学部、中国科学院研究生部、河北省信息产业厅、河北省教育厅、福建省信息产业厅、厦门市政府、广东省公安厅、广州市科技局、大庆市政府、内蒙阿尔山市政府；中国电子科技集团公司、中国电子科学研究院、中国电子科技集团第 7 研究所、第 34 研究所、第 50 研究所、第 52 研究所、第 54 研究所、原邮电部重庆研究所、原邮电部武汉研究院、广东省电信科技研究院、总参通信部第 61 研究所、第 63 研究所、第 54 研究所、总装备部测通所、国家数字家庭应用示范产业基地（广州）、广州金鹏集团公司、广州市电力公司、广州新邮电信公司、北京天融信公司、北京启明星辰公司；清华大学、北京理工大学、北京交通大学、中山大学、华南理工大学、广东工业大学、哈尔滨工业大学、电子科技大学、西安电子科技大学、桂林电子科技大学、昆明大学、广西大学、厦门大学、汕头大学、河北大学、河北理工大学、河北工业大学、河北师范大学、燕山大学、华北电力大学、河北理工大学、河北财经大学等。

在上述报告中，报告次数最多的是电信网络总体概念讨论。从 1999 年做香山会议主题报告起，2007 出版专著《电信网络总体概念讨论》，直到 2016 年的现在，曾经做过几十次专题报告。特别是在出版专著之后，对于这本书中提及的有关电信网络机理分类和属性分析的一些结论正确与否，希望在这些讲座讨论过程中，接受批评，予以证实。这些年间，通过这些讲座讨论，我有幸获得了很多同仁的指导和认证，借此人民邮电出版社为我出版本技术报告文集之机，向这些单位和个人致以衷心的感谢。

2016 年 10 月于石家庄

目　　录

目　　录

大陆地区通信技术和装备的研究与开发

（1989 年）

一、交换设备

（一）STM 固定交换

1．局用基本型 IDN/ISDN 交换机已经批量生产，如图 1 所示。

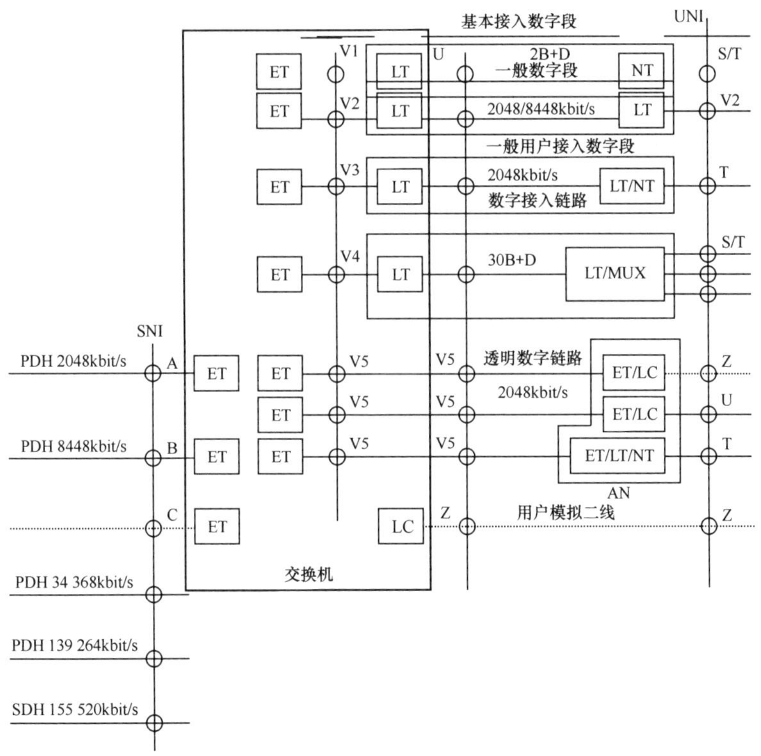

图 1　IDN/ISDN 交换机简图

2．补充功能已经开发完成：No.7 信令、N-ISDN 模块、远端交换模块、V5 接口。

3．目前发展重点是进一步降低成本。

（二）STM 移动交换

1．GSM 移动交换机：已经开发完成，正处于开局试验阶段。

2．开发延迟的原因：移动交换标准问题，主要企业忙于固定交换机补充功能开发。

（三）ATM 交叉连接

1．10Gbit/s ATM/DXC：已经开设 12 个局，转到上海贝尔公司生产。标准接口：2Mbit/s PDH/NNI 接口；155Mbit/s SDH/NNI 接口。

2．80～160Gbit/s ATM/DXC：在研制中，年内可望出原型机。

3．ATM/DXC：已经具有明确的使用位置。

（四）ATM 交换机

ATM 交换机原理如图 2 所示。

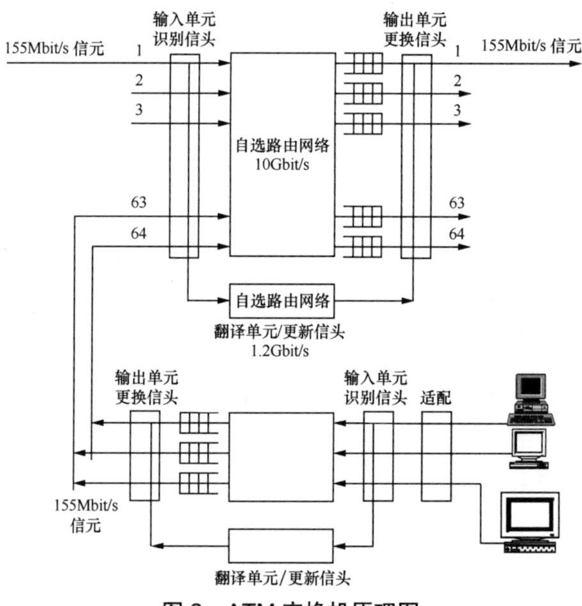

图 2　ATM 交换机原理图

1．2.5Gbit/s ATM 接入交换机：已经完成实用型样机。具有标准接口类型：2048kbit/s 仿真电话接口、2B+D 接口、30B+D 接口、以太网仿真接口。

2．10Gbit/s ATM 交换机：在研制中，UNI 接口和信令、NNI 接口和信令、流量控制。

3．主要问题：ATM 交换端到端应用遇到困难；ATM 交换应用位置不明。

二、传输链路

（一）PDH/SDH 微波链路

1．PDH 复接器系列已经批量生产：采用 ASIC；采用抗衰落帧同步技术；采用低抖动码速调整技术。

2．微波接力传输系统批量生产：主流应用产品，34Mbit/s 和 8Mbit/s PDH 链路；155Mbit/s SDH 链路。

3．卫星地面站按订单生产：C 频段和 Ku 频段已经成套生产；广播和通信类均已研制完成。

4．微波部件逐渐形成产业。

5．工程应用主流：光与微波并用；因地制异。

PDH 图解如图 3 所示。

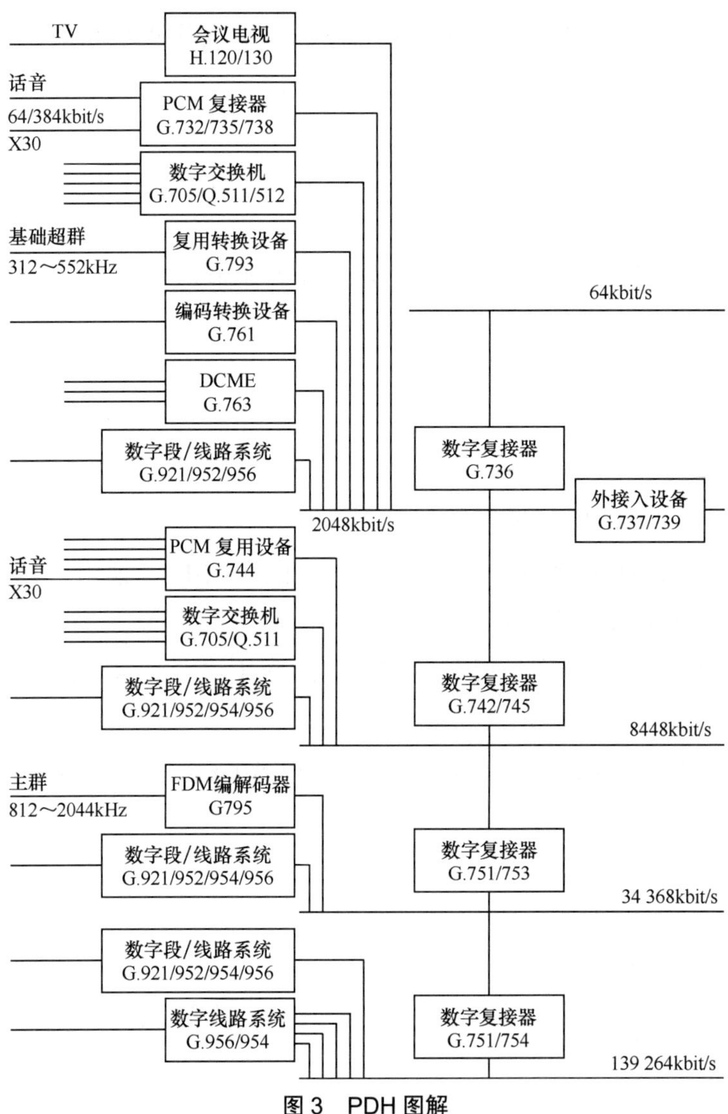

图 3　PDH 图解

（二）SDH 光链路

1．2.5Gbit/s SDH 光链路：正在海口—三亚间试验/试用。

2．10Gbit/s SDH 光链路正在研制中。

3．2.5Gbit/s SDH 自愈环系统在研制：ADM 设备；二纤/四纤复用段共享保护倒换；网元管理系统。

SDH 图解如图 4 所示。

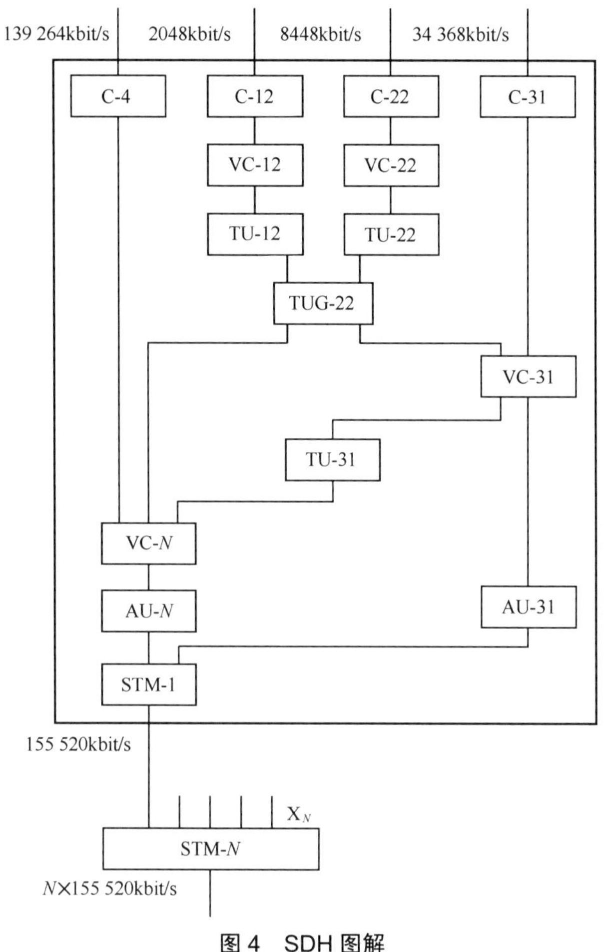

图 4　SDH 图解

（三）WDM 光链路

1．8×2.5Gbit/s WDM 光链路正在研制中，年内进行入网试验：G.652 光纤，200km。

2．准备研制：16×10Gbit/s WDM 或 64×2.5Gbit/s WDM。

3．基本技术研究取得进展：波长稳定技术；光放大技术；在线监控技术。

WDM/TDM-SDH/PDH 的应用示例如图 5 所示。

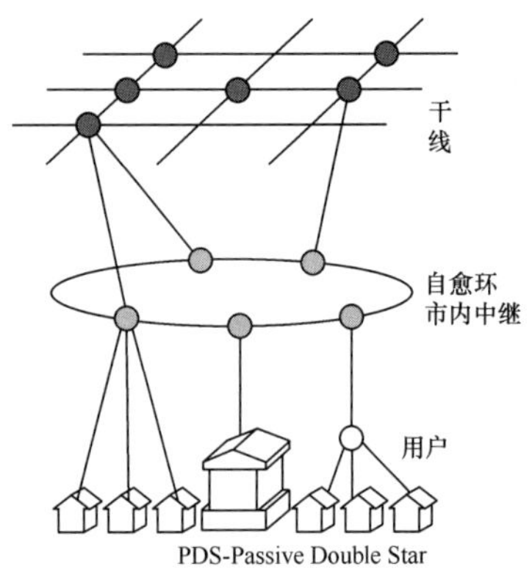

图 5　WDM/TDM-SDH/PDH 应用示例

三、移动通信

（一）蜂窝移动通信

GSM 数字移动通信系统如图 6 所示。

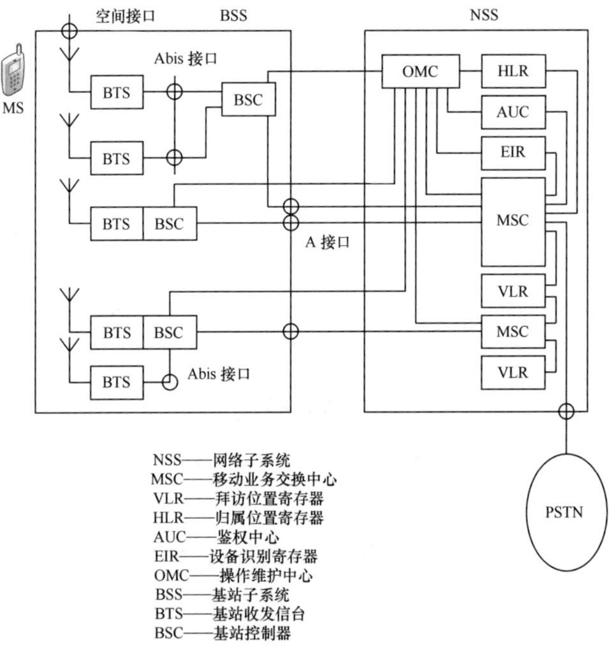

图 6　GSM 数字移动通信系统

1．采用 GSM 标准。

2．GSM/DCS 1800 系统开发已经完成，正在做进网试验：网络子系统；基站子系统；手机。

（二）集群无线移动通信

1．模拟集群无线移动通信系统已经生产应用。

2．数字集群无线移动通信系统已经完成基础研制。

3．目前主要问题是标准选择：欧洲 TETRA 标准；美洲 IDEN 标准；以色列 FHMA 标准。

（三）无绳电话和无线用户环

1．基于 DECT（数字增强无绳通信）标准的 CDCT 系统已经研制成功，正在试验。

2．无绳电话标准尚未明确，倾向采用欧洲 DECT 标准。

3．IS-95/CDMA 无线用户环系统已经研制成功和实用化。

4．无线用户环标准尚未明确。

四、业务系统

（一）业务系统概况

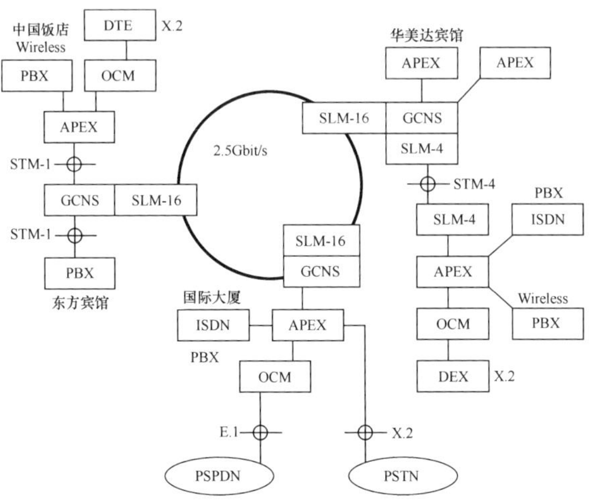

图 7　广州华美公司 ATM 示范网（1994 年）

1．近年国际新业务系统出现很多，得到推广应用的不多。

2．很多公司在大陆地区演示新业务系统，多半未达预期目的。

3．大陆地区的电信业务：数量最大的是固定电话；发展最快的是移动电话；非话业务处于发展初期阶段；见图 8。

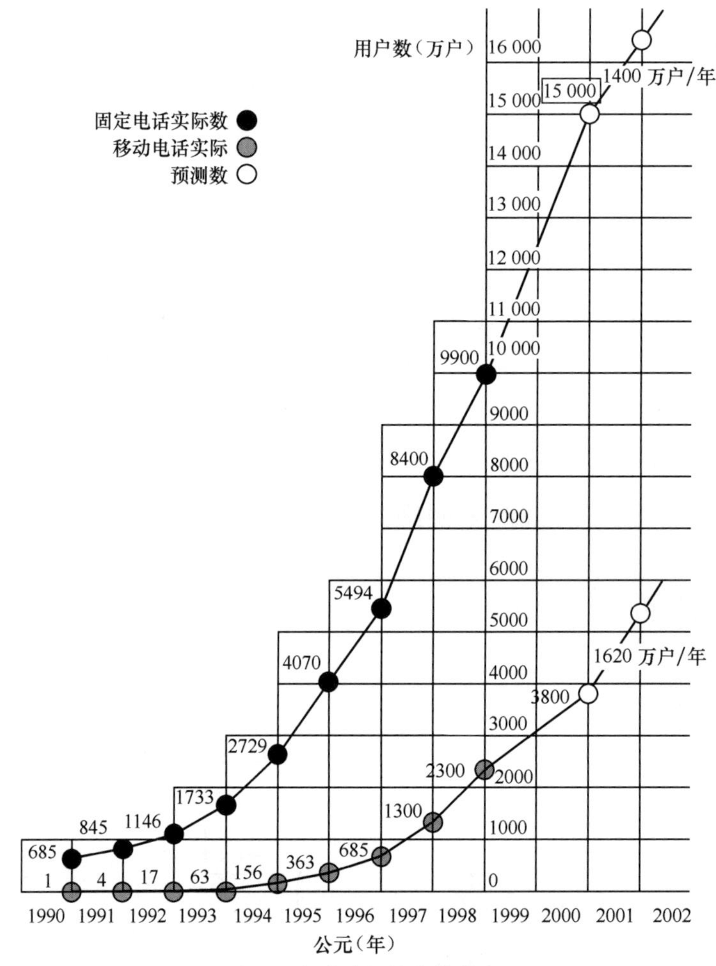

图 8　大陆地区的电信业务

（二）IN 和智能业务

1．基于 CS-1 的 IN 已经实用。

2．基于 CS-2 的 IN 开发基本完成。

3．基于 CS-3 的 IN 正在开发之中。

4．智能业务尚未普及。

智能网设施方案如图 9 所示。

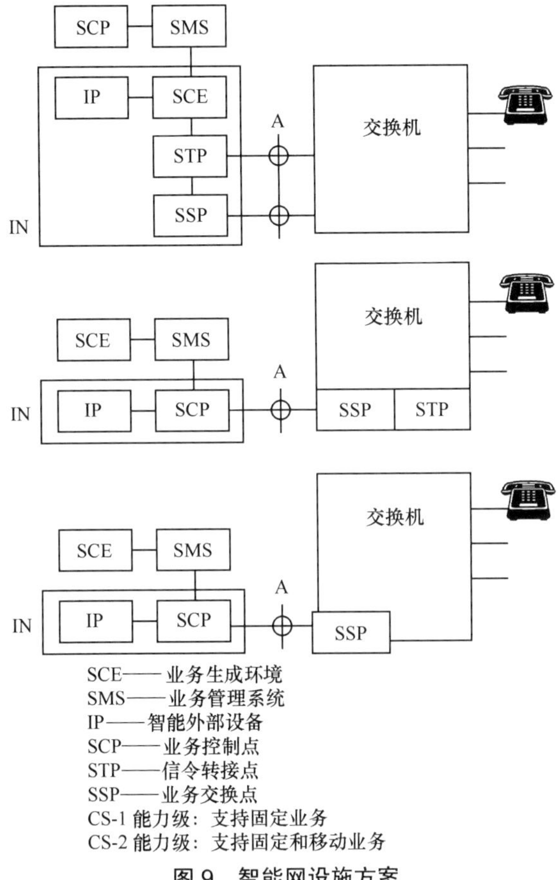

图 9　智能网设施方案

（三）多媒体通信业务

1．会议电视系统（DVCS）：基于 H.320 和 H.324 的 DVCS 已经实用；基于 H.323 和 H.311 的 DVCS 正在研制中。

2．接入 PSTN/ISDN 的信息检索系统：已经研制成功原型系统；正在开发实用型。

3．接入 ISDN/2B+D 的桌面系统，已经实用。

4．目前研究重点：基于 Internet 的多媒体业务系统。

DVCS 分类：

H.320 DVCS——适用于 E1/T1/ISDN；

H.323 DVCS——适用于 LAN/WAN/ATM；

H.331 DVCS——适用于广播网；

H.324 DVCS——适用于 PSTN/Internet；

卫星多点会议系统卫星网——适用于 NE-DVCS 的网络设备（多点控制器——MCU）：

LIU——线路接口单元：E1/T1/V.35 /RS-449 /ISDN /ATM/LAN；

IMDX——逆复接单元：H.221/H.223；

VBU——视频桥路处理单元；

ABU——音频桥路处理单元；

DBU——数据桥路处理单元；

SCU——系统控制单元：H.242/H.243/H.230/H.231/H.281/H.245。

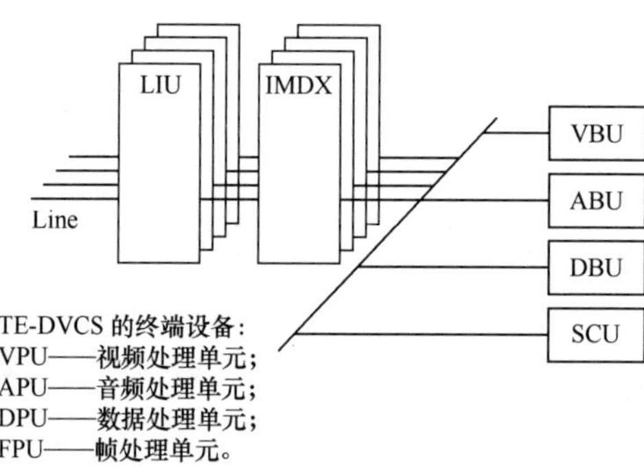

TE-DVCS 的终端设备：

VPU——视频处理单元；

APU——音频处理单元；

DPU——数据处理单元；

FPU——帧处理单元。

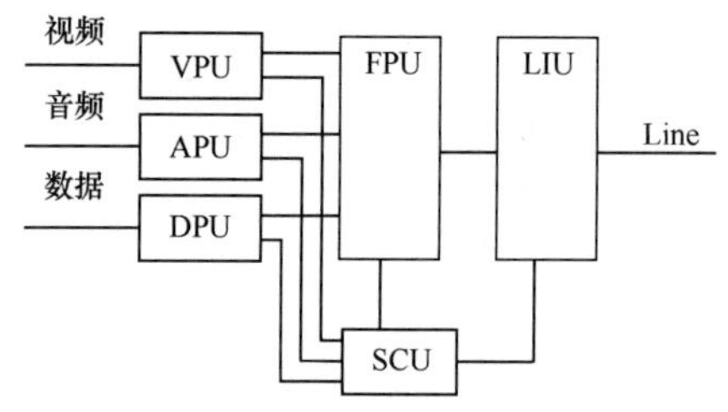

图 10　多媒体通信业务

五、网络工程

（一）电话网

1．公用电话网（PSTN）：基本网络形态是 IDN/ISDN。

2．PSTN 是目前大陆地区的主要网络，为其他网络提供承载支持。

3．网络结构从五级向两级转变。

4．中国一号信令向 ITU No.7 信令过渡。

5．网同步采取 ITU 等级主从同步方式。

6．网络管理系统正在逐步完善。

（二）数据网

1．公用 PSPDN 已经具有全国规模，但是用户有限；与此同时，建立了不少专用数据网，同样利用效率也不高。

2．近期这些数据网普遍：纳入各种 Intranet；并接通 Internet，它们普遍租用 PSTN 远程信道。

3．计算机网的主导思想：广域网的基本结构是：路由器加专线；Internet/PSTN 分界是路由器出口。

计算机网/电信网接口如图 11 所示。

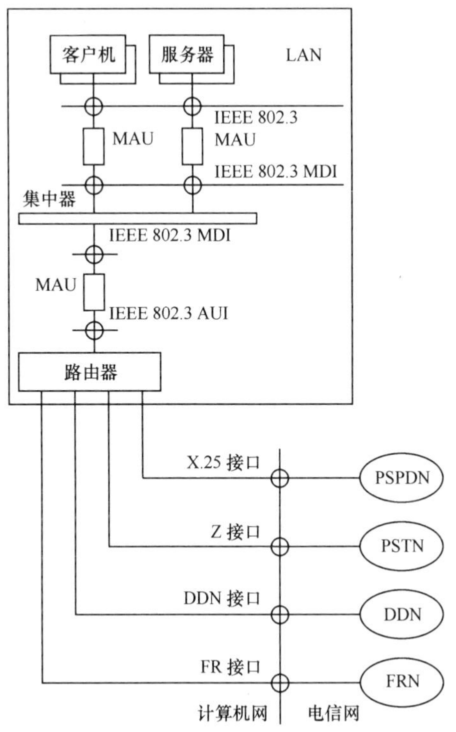

图 11　计算机网/电信网接口

（三）电视网

1．大陆地区的电视网与 PSTN 无关，独立建网，城市广播网已经基本完成，正在建设省内联网和省间联网。

2．电视网沿着 ITU-T/FSN 方向发展；已经制订明确的发展目标：除广播电视业务之外，可以支持其他信息业务。

3．目前工程重点是埋设长途光缆，普遍采用 8 芯通信光缆。

显然，这是一笔可观的资源。

（四）信息基础设施

1．关于信息网的发展前途，大陆地区的信息界正在进行广泛而热烈的讨论。

2．这场讨论在逐渐深化；一种倾向性思考在逐渐形成：接受 ITU-T 关于 GII 的基本思路。

3．基于 GII 思路的一种网络结构，逐渐被工程界认可。

4．为支持这种网络结构，科研界已经着手基础技术研究：PSTN/Internet/ATM 机理；IP/ATM 技术融合。

国际信息网发展进程如图 12 所示。

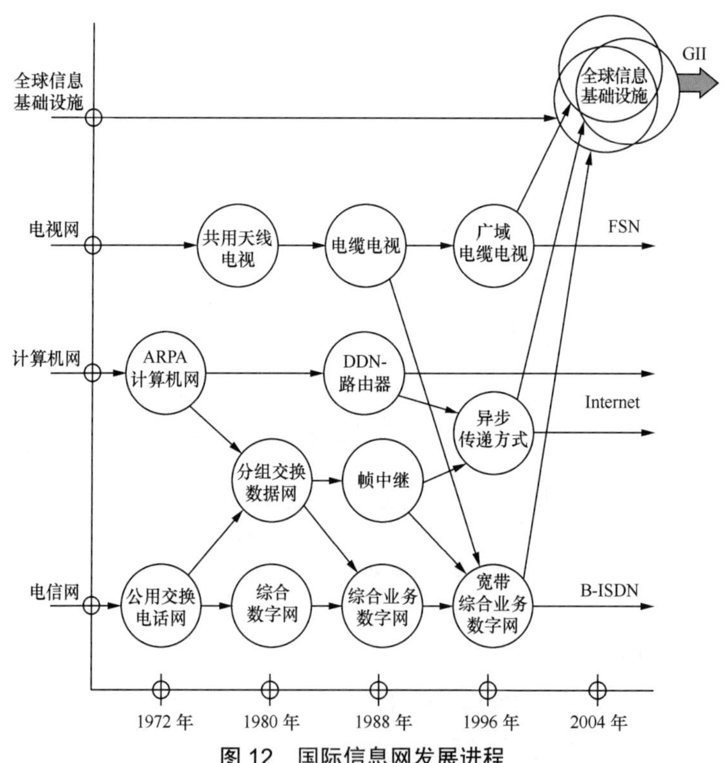

图 12　国际信息网发展进程

大陆信息网发展方向如图 13 所示。

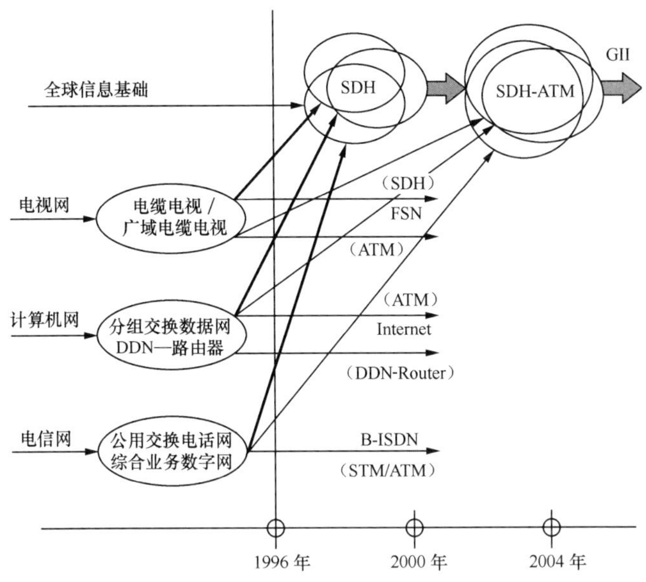

图 13　大陆地区的信息网发展方向

信息网网络结构的一种建议方案如图 14 所示。

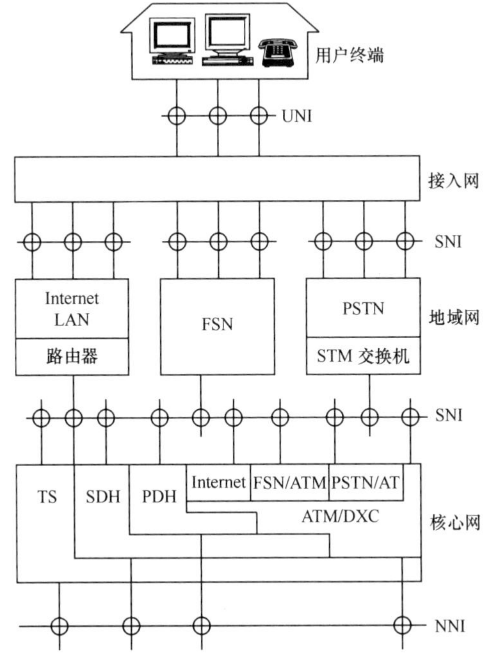

图 14　信息网网络结构的一种建议方案

PSTN/Internet/ATM 机理比较如图 15 所示。

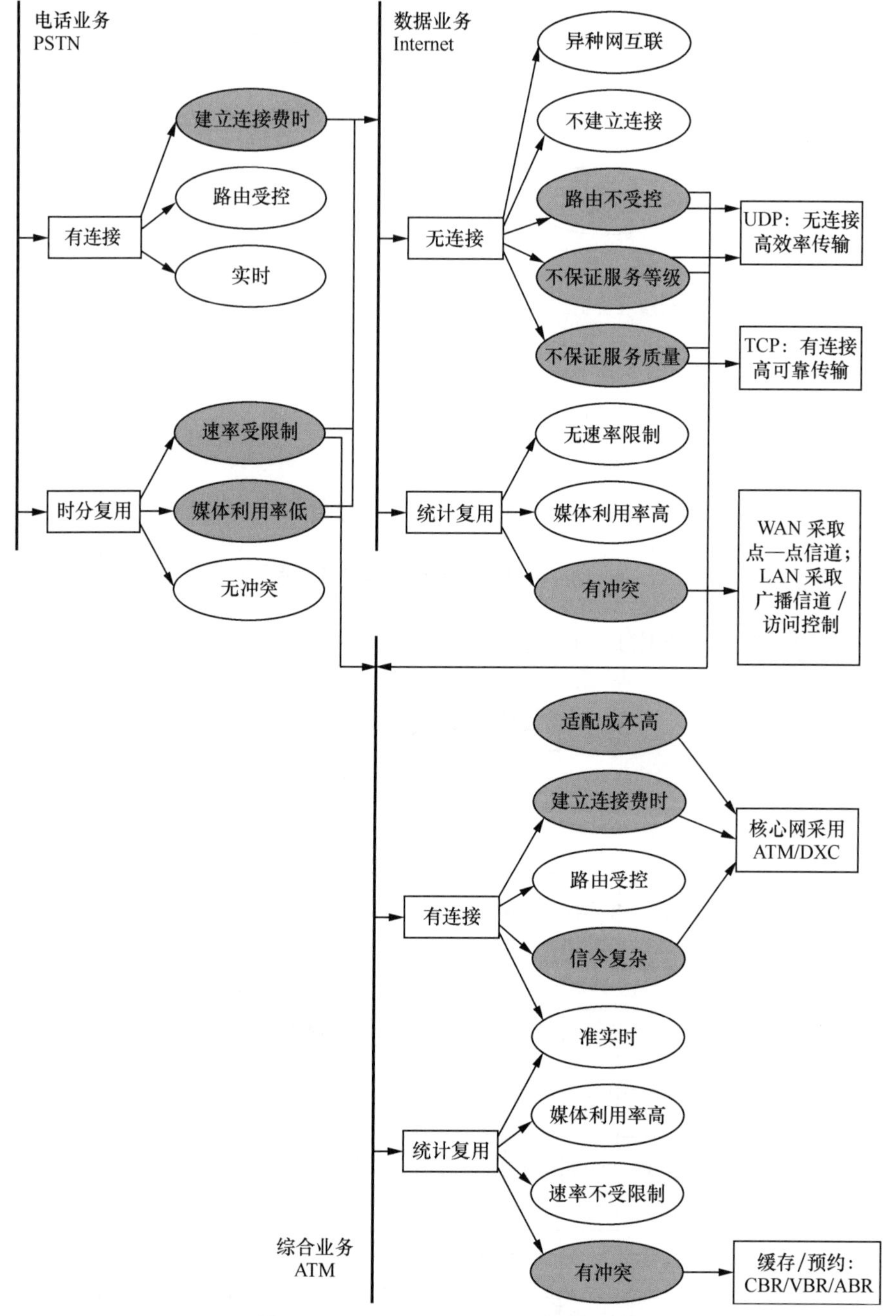

图 15 PSTN/Internet/ATM 机理比较

IP/ATM 技术融合方案如图 16 所示。

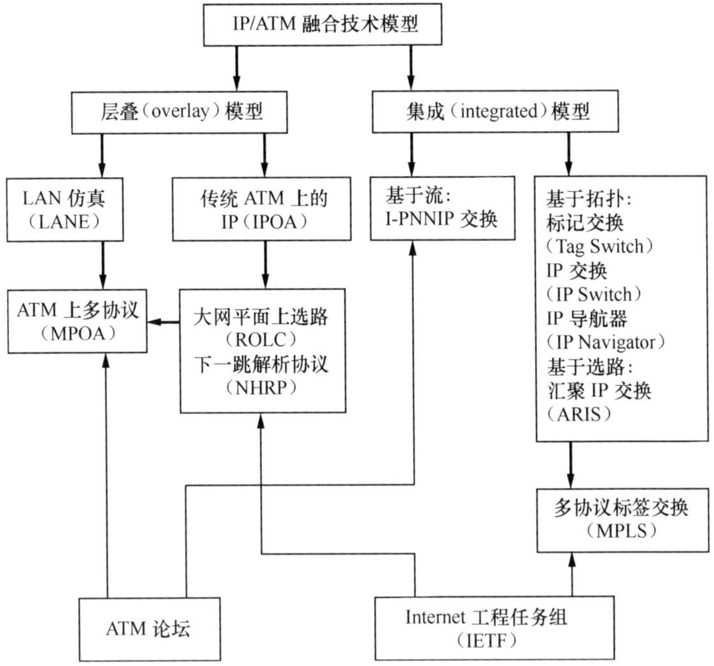

图 16　IP/ATM 技术融合方案

注：本文为 1989 年赴台湾地区“863”展览时的技术报告。

国家信息基础设施建设问题（1999 年）

一、“业务综合”还要走多远?

（一）背景

众所周知，1972 年以前公用交换电话网（PSTN）是全球唯一的电信网络，它既能支持电话业务又能支持数据业务；1972 年以后出现了分组交换公用数据网（PSPDN），由于它能够以更高的效率支持数据业务，因此大部分数据业务从 PSTN 中分流到 PSPDN 中。这种演变是自然的，电信界的反映是平静的；随后，互联网（Internet）发展起来，逐步替代了 PSPDN 并能更有效的支持数据业务，这种演变也是自然的，电信界的反映也是平静的。

20 世纪 90 年代，在数字化取得顺利进展之后，电信网络首先提出了“业务综合”概念。“业务综合”的发展目标是由一个网络支持所有各种信息业务。因此，就每一种网络而言，都将是全能性的；就各种网络之间的关系而言，是排它性的。由于电信网“业务综合”在技术和标准研究方面取得迅速进展，电信界几乎处于一种过分自信的状态。然而未曾料到，计算机网和广播电视网随后也提出了“业务综合”的发展目标。特别值得提出的是：三者“业务综合”的目标是一样的，但是实现“业务综合”的基本思路却是不同的，而且后来者发展势头更猛。于是，在电信界一时引起了恐慌，其中焦点是 IP 电话业务。

（二）问题

IP 电话业务能取代 PSTN 电话业务吗？如果 IP 电话业务能取代 PSTN 电话业务，后果大概是 Internet 将取代 PSTN。如果 IP 电话业务最终未发展起来，Internet 与 PSTN 并存：Internet 主要支持数据业务；PSTN 主要支持电话业务。两者之间需要网络融合：共用网络资源，并要求数据业务互通；如果 IP 电话业务作为一种新业务发展起来了，但是，不足以取代 PSTN 电话业务，后果大概是 Internet 与 PSTN 并存：Internet 主要支持 IP 数据业务和 IP 电话业务；PSTN 主要支持 PSTN 电话业务和 PSPDN 数据业务。两者之间需要网络融合：共用网络资源，并要求数据业务互通及电话业务互通。可见，IP 电话业务能否取代 PSTN 电话业务是当代信息界的重大问题。那么，发展趋势究竟怎样呢？

（三）展望

1．目前，国际电信联盟标准化部门（ITU-T），欧洲电信标准协会（ETSI）、Internet 工程任务组（IETF）和国际多媒体远程会议集团（IMTC）等都在研究 IP 电话有关标准。其中，ITU-T/SG16（1998 年）仅仅提出了一组研究题目。可见，从 ITU-T 来看，关于 IP 电话业务远无结论可言，因此诸多讨论只能称之展望。

2．ITU-T/SG16（1998 年）会议上，一些发达国家认为，IP 电话是现存 PSTN 电话的一种补充，不会对 PSTN 构成威胁。因为话费差别不大，再考虑到业务质量问题，两者性能与价格比没多大差别，因而可任其发展；但是，对于发展中国家，特别是电话高资费国家，可能对 PSTN 电话是个冲击，因而应予重视。

3．ITU-T/SG13（1998 年）会议上，北电（NT）文稿：把 IP 电话与 PSTN 电话（64kbit/s PCM）的质量做了如下比较，目前状况：本地电话为 65%（很不满意）；长途电话为 24%（极不满意）。两三年之后预测：本地/长途电话为 80%（基本满意）。

4．关于改善 IP 电话业务质量，有人认为：已经提出的实时传输协议（RTP）、资源预留协议（RSVP）等，由于受到 PSTN 功能限制；由于基于 IPv4 协议的 Internet 业务提供者（ISP）没有带宽控制功能和业务量控制功能，这些协议很难实现。因此，改善 IP 电话质量寄希望于全新的基于 IPv6 协议的带宽 IP 光缆网络。

5．从技术的基本原理、基本属性及其基本应用的逻辑关联角度来看

（见图 1）：PSTN 采取有连接操作和确定复用，因而具有路由受控、确保实时、无冲突传递等基本属性，支持电话业务大体上是合适的；然而由于它速率受限、建立连接费时间等属性，支持数据业务则不甚合适。

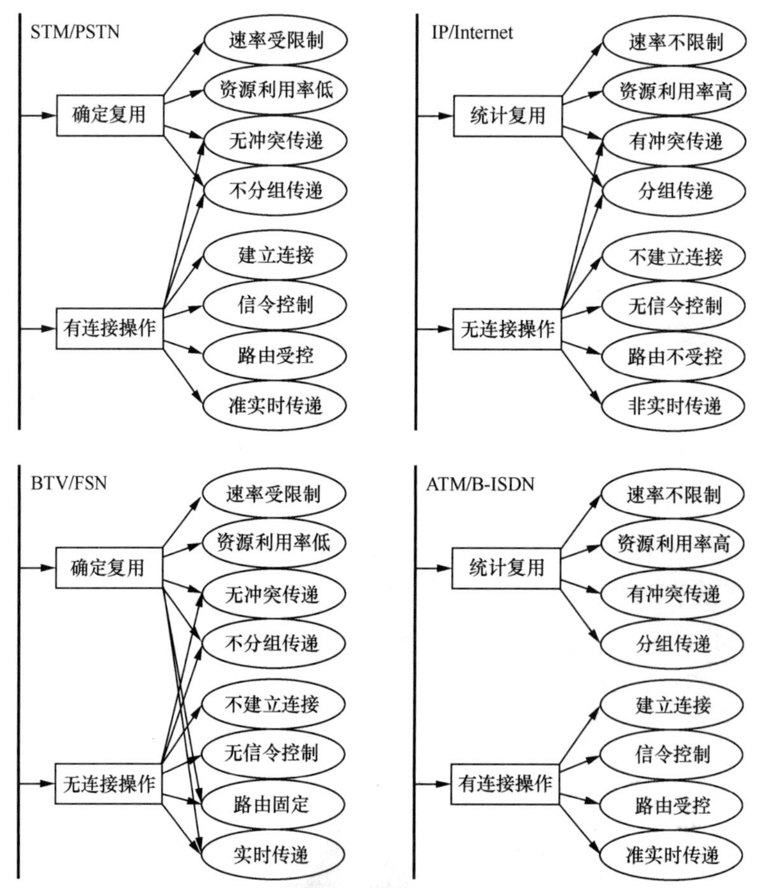

图 1　电信技术基本原理和基本属性

Internet 采取无连接操作和统计复用，因而具有不需要建立连接、无速率限制，资源利用高等基本属性，支持数据业务是合适的；然而，有冲突传递、不保证业务质量、路由不受控制等基本属性，支持电话业务则不甚合适。可见，从技术的基本原理及其基本属性角度来看，STM、IP 和 ATM 都不是全能的技术。

6．目前国内外信息界的倾向性看法是：IP 电话业务作为一种新业务处于初期应用和深入研究阶段；IP 电话业务推广应用，必须解决统一标准、网络组织、业务功能、认证、路由、计费、互通、安全、服务质量和网络管理等一系列问题。普遍看法是，IP 电话业务既不能很快取代 PSTN 电话业务，也不会昙花一现；IP 电话将作为一种新业务适度发展。有人预测：北美到 2002 年，IP 电话将占 13%左右的电话业务市场。由此看来，IP 电话与 PSTN 电话将要并存相当长的历史时期，因此 PSTN 与 Internet 之间的“网络融合”也将是必要的。

二、“网络融合”如何实施?

（一）背景

电信网、计算机网和广播电视网同时朝“业务综合”方向发展，如果 3 类网络谁也不能取代谁，则必将出现 3 类网络并行建设的局面。然而它们针对的业务市场却是同一个。因而，这种局面导致的后果却完全违背了“业务综合”的初衷：社会能力难以承受这些重复建设；特别是这些资源又难以充分利用。鉴于上述背景，ITU-T 于 20 世纪 90 年代中期提出了全球信息基础设施（GII）的概念（见图 2）。

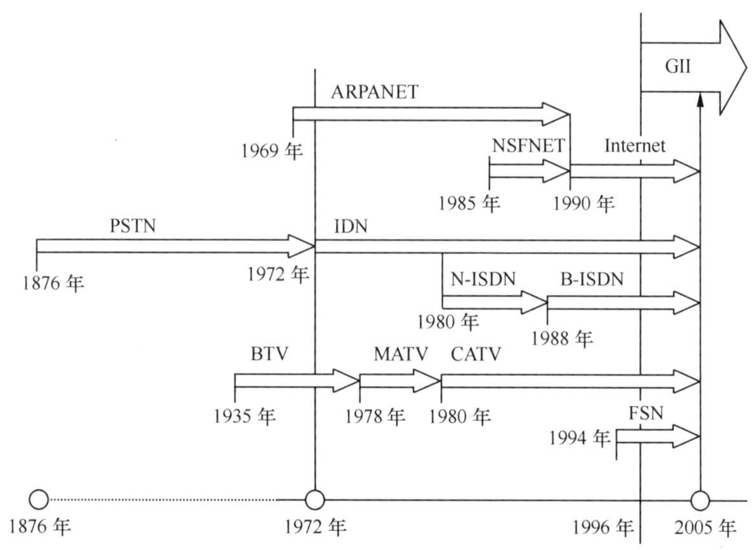

图 2　国际电信技术发展主流

GII 的结构目标是：通过互联、互操作的电信网、计算机网和广播电视网等网络资源的无缝连接，构成一个具有统一接入和应用界面的高效网络。GII 的形成过程是以现存电信网、计算机网和广播电视网等网络资源为基础，充分利用并逐步扩大共同点的过程（见图 3）。可见，GII 的基本思路，不再强求在某一种网络基础上的“业务综合”；转而强调利用现代信息技术，把所有现存网络资源融合起来，以充分并有效地服务于当代人类社会。ITU-T 把这些设施网称为全球信息基础设施（GII）。

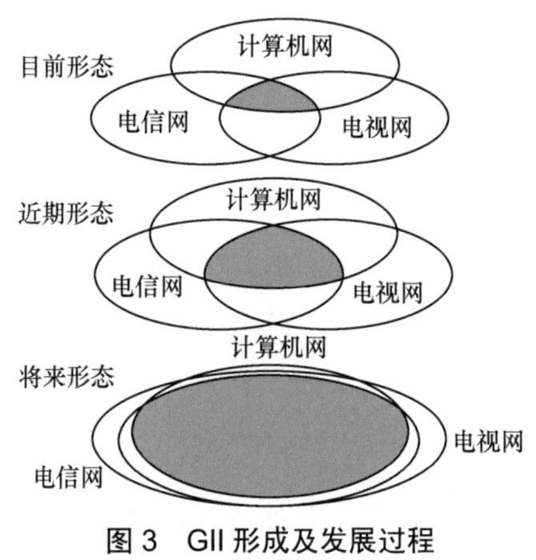

图 3　GII 形成及发展过程

（二）问题

如何实现“网络融合”？

1．电信网、计算机网和广播电视网作为 3 种独立的网络形态，自从它们形成之日起，就存在独立的本地网络和相应的用户接入网络，稍后才拓扑形成长途网络。3 种网络的本地网络基本上决定了各自不同的基本技术体制。然而，这 3 种网络的长途网络形态及其远程信息传递功能却是类似的；不同点只是它们承载的信号可能是速率高些或低些，是单向的或双向的，是对称的或不对称的。

2．基于上述事实，ITU-T 提出了电信网络物理结构参考模型（见图 4）：其中，把用户管理的电信设施称为用户驻地网（CPN）；把电信公司管理的电信网络划分为接入网（AN）和核心网络（CN）。有了电信网结构参考模型，就有了讨论问题的基础。GII 网络融合的基本思路就是，在保留各类接入网络形态的前提下，如何逐步扩大统一的核心网络。

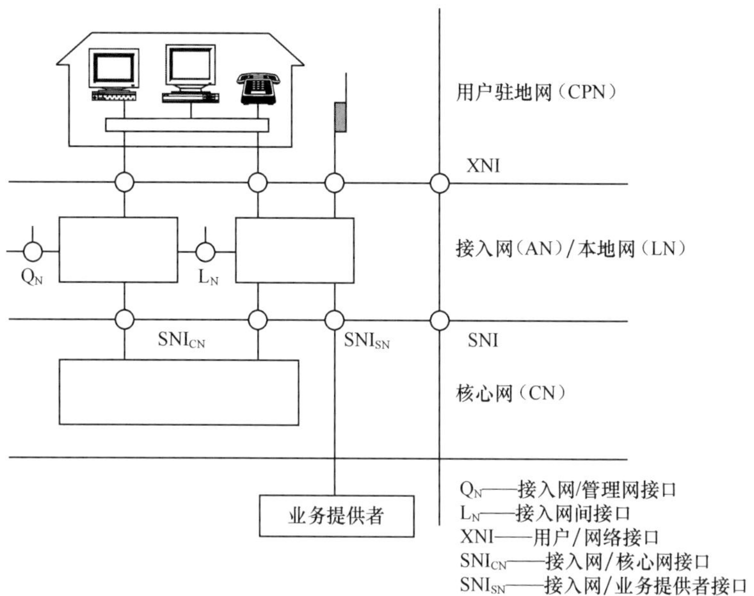

图 4　电信网络物理结构参考模型

3. 关于采用什么技术来构造电信网络问题，先后曾经出现过多种提法："以 STM 为基础，还是以 ATM 为基础"问题，或者"ATM 与 STM 之争"问题；"以 ATM 为基础，还是以 IP 为基础"问题，或者"IP 与 ATM 之争"问题。此处要特别强调：究竟是在电信网络结构参考模型的哪个参考界面（XNI 和 SNI）上讨论问题，否则可能出现阴差阳错。

4. 关于"ATM 与 STM 之争"问题，首先是出现在电信网络结构参考模型的 XNI 界面上：ATM 与 STM 谁能更好地支持电话业务。由于 ATM 目前还不能经济地支持端到端连接，ATM 暂时退出了这项竞争；随后是出现在电信网络结构参考模型的 SNI 界面上：ATM 与 STM 谁能更好地支持核心网络。由于 ATM 能够支持灵活接入和高效传递，ATM 技术已经被核心网广泛接受。可见，关于"ATM 与 STM 之争"问题，早些时候已经或暂时得到了解决。

5. 关于"IP 与 ATM 之争"问题，首先是出现在电信网络结构参考模型的 XNI 界面上：IP 与 ATM 谁能更好地支持综合业务。由于早些时候 ATM 已经退出 XNI 界面，问题已经转化为"IP 与 STM 之争"。这就是本报告第一部分讨论的 IP 电话业务与 PSTN 电话业务问题。可见，在 XNI 界面上，过去曾经存在过，将来也可能重新出现，但是现在已经不存在“IP 与 ATM 之争”问题；最后再看看，信息网络结构参考模型 SNI 界面上是否存在“IP 与 ATM 之争”问题：IP 与 ATM 谁能更好地支持核心网络。众所周知，IP 作为主要承担第三层功能的协议，它不可能也从未企图参与支持核心网络；而且已经提出了“IP over Everything”原则。可见，在 SNI 界面上，目前也不存在“IP 与 ATM 之争”问题；现实存在的是“ATM 与 IP 融合”问题。那么，如何实施“网络融合”？

（三）趋势

1. 关于“网络融合”

目前国内外已经做了大量的比较深入的研究工作，建立了相当数量和相当规模的试验/试用网络，而且已经部分地用于现实工程之中。因此，关于“网络融合”的讨论，不是展望设想而是发展趋势。

2. 关于以 ATM 为基础构造核心网络的思路

这就是众所周知的 X over ATM 的思路。这是电信网 B-ISDN 发展思路的延续。前面已经提到，仅就支持电话业务而言，主要出于经济原因，ATM 端到端连接暂时尚未被工程普遍接受。但是，ATM 作为电信网的核心网络平台却被广泛接受：利用 ATM 固定虚连接（PVC）来互联原有 PSTN 长途网络的各个交换节点，既可以继续利用原有交换设备又可以大幅度提高长途传输效率。因此，用这种 ATM 核心网络平台来支持非话业务，自然是个合乎逻辑的联想。这大概就是提出“IP over ATM”技术融合方案的背景。

3. 关于“IP over ATM”技术融合

ATM 论坛和 Internet 工程任务组（IETF）做了大量研究工作，并提出了两类技术方案，这就是众所周知的：重叠（Overlay）方案和集成（Integrated）方案（见图 5）；随后日本又提出了核心协议方案。这些方案各有特点，但是普遍的不足是开销大；在这些方案之中，多协议标签交换（MPLS）技术受到广泛关注。有人认为，MPLS 是比较现实的方案；有人则认为，MPLS 是全面倒退的方案。什么是既现实又先进的方案？看来，关于“IP over ATM”技术融合问题，尚待深入研究。

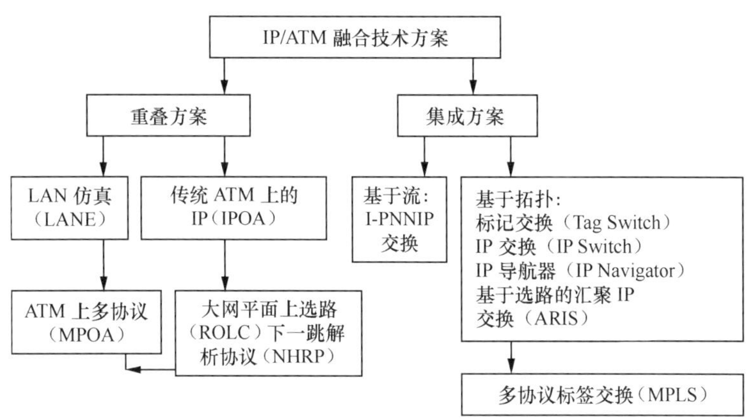

图 5　IP over ATM 技术融合方案

4. 关于以 IP 为基础支持综合业务的思路

这是 Internet 发展思路的延续。目前已经提出了“Everything on IP”业务目标和“IP on Everything”组网原则。显然，Internet 的业务目标出于“业务综合”思路；然而，Internet 的组网原则却体现了“网络融合”的思想。Internet 的业务目标和组网原则是并行提出的，其实组网原则是受业务目标左右的。

5. 关于构造 Internet

大概有以下两种不同的思路。

其一，如果近期“Everything on IP”不能完全实现，Internet 就得接受与 PSTN 和 FSN 并存的现实。这时采用公共 ATM 核心网可能是现实而经济的方案。这就是前面提到的 IP/ATM 融合思路。沿着这条思路提出的方案例如：基于 ATM 固定虚电路的 IP 交换网、基于 ATM 的 IP 业务流直达网络、基于 ATM 的 IP 标签交换网等。

其二，如果将来“Everything on IP”得到完全实现，则其他网络形态必将逐渐消失。这时自然就可以避开 STM/ATM，独立组网。沿着这条思路提出的方案例如：基于 SDH 的 IP 路由器网状网、基于 SDH 的 IP 帧交换网、基于 SDH 的 IP 标签交换网等。最后要说明的是，上述各种方案都有相应的公司和用户支持；但是，似乎没有哪一种方案能够完全压倒其他方案。

6. 关于网络融合

无论是在 SNI 界面上，以 ATM 为基础构造核心网，支持所有各类接入网；或是在 XNI 界面上，以 IP 为基础构造接入网，支持所有各类信息业务，国际信息界都进行了广泛而深入的研究，并且取得了相当丰富的成果。这些成果已经能够大体上为未来的网络融合勾画出粗略的轮廓（见图 6）。这样，用户就可以在 XNI 界面上选择他们需要的电信业务；电信公司就可以在 SNI 界面上构造他们需要的核心网络。

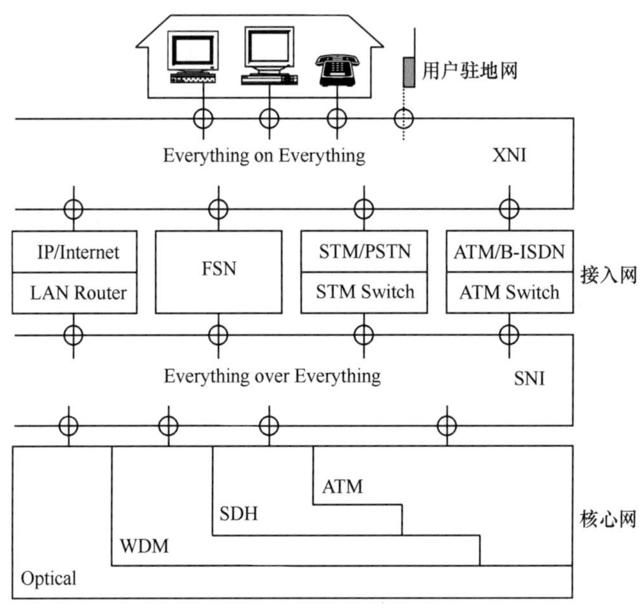

图 6　网络融合形态轮廓

但是，上述成果之中的每一种方案，在否定较前出现的方案不久，随即被较后出现的方案所否定，因而每一种方案都不足以被工程界广泛接受。可见，关于网络融合支持技术尚待深入研究。关于标准制定，1999 年 2 月 ITU-T/SG13 会议期间，新成立了一个 IP 专家组并设立了一组 IP 项目研究题目。看来，ITU-T 将加速对网络融合的研究，特别是有关 IP 技术方面。但是，从这些题目内容的深度和广度来看，近期很难得出相应结论，这是大体上的主流趋势吗？

三、电信网络的经济性

电信技术总是与经济性密切相关;电信网络总是在原有基础上发展。电信技术和电信网络的发展能突破这些羁绊吗?

在网络融合讨论之中，有人设想：如果光纤变得非常便宜，甚至达到“传输带宽零成本”的程度，构造带宽传输网络就不再受经济问题困扰；如果网络传输通带比业务流量充裕得多，IP 业务的质量就可以得到充分保证。但是，有人立即联想到：如果这种前提存在，何必采用各种复用技术？何必采用各种寻址操作方式？STM、IP、ATM 技术还有什么本质区别？也有人疑问：什么时候光传输系统才能便宜到如此程度呢？在现实环境中产生的这一代电信技术的有效寿命能延续到那么理想的时候吗？看来，概念性推理已经无济于事，迫切需要的是客观深入的研究，这是不是本次会议的期望呢？

我期待着师长们的指点和专家们的高见。

注：本文为 1999 年在中国工程院香山会议上的主题报告。

下一代电信网络发展问题讨论（2003 年）

NGN 基本概念问题：NGN 是什么？

NGN 出现的背景问题：为什么出现 NGN 问题？

NGN 发展进程问题：在 NGN 名义之下已经做了哪些工作？

NGN 发展方向问题：下一代电信网络究竟如何发展？

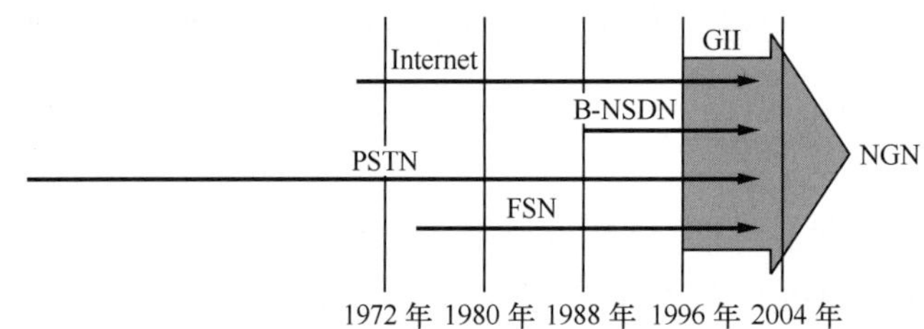

一、NGN 问题的提出

1996 年美国政府提出 NGI（Next Generation Internet）行动计划；随后其他组织提出或参与 NGN（Next Generation Network）行动计划。例如：

1．美国大学的 Internet2；

2．互联网工程任务组（IETF）的下一代 IP；

3．3G 伙伴组织（3GPP）与通用移动通信系统（UMTS）论坛的下一代移动通信；

4．加拿大的 CANET3 和 CANET4；

5．欧洲联盟的 NGN 行动计划；

6．Telcordia（Bellcore）的基于软交换的 NGN。

基本问题：NGN 到底是什么？

二、关于 NGN 的各种看法

（一）欧洲电信标准协会（ETSI）的观点

2001 年欧洲电信标准协会关于 NGN 的定义："NGN 是一种规范和部署网络的概念，通过使用分层、分面和开放接口的方式，给业务提供者和运营者提供一个平台；借助这一平台逐步演进以生成、部署和管理新的业务。"

上述定义的 NGN 模型结构，如图 1 所示。

1．应用面（Application Plane）；

2．会话控制面（Session Control Plane）；

3．传递面（Trasport Plane）；

4．管理面（Management Plane）。

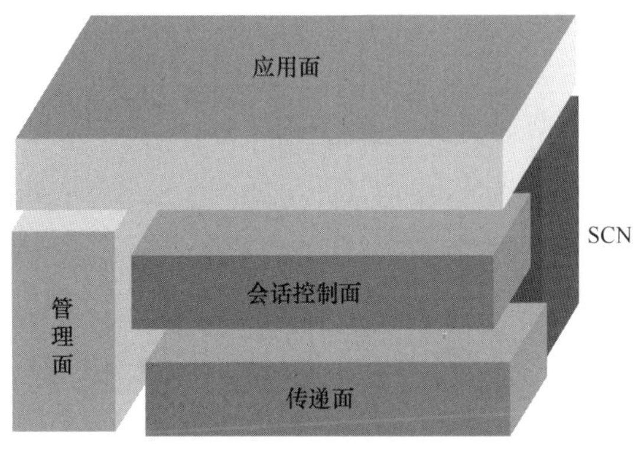

图 1　ETSI：NGN 结构模型

（二）国际电信联盟标准局（ITU-T）的观点

1．2001 年 4 月 ITU 的 ITU/SG13（2001—2004 年）第一次会议

关于 NGN 与 GII 的关系取得共识如下。

（1）GII 已经涵盖了现有网络和未来网络的全部内容，随着业务和技术的发展，应不断加以扩充，不应当重新启动新的项目。

（2）ITU 领导的 GII 标准化工作包括了 PSTN/ISDN、ATM、IP 和基于多协议的网络。

（3）其间形成的建议有，Y.110 建议：GII 原则和框架体系；Y.130 建议：信息通信体系；Y.140 建议：互联参考点。这些领域的成果对下一代网络起着重要作用。

（4）会议决定在 SG13 内设立 NGN 2004 project 组.负责研究如何实现 GII。

2. 2002 年 2 月 ITU-T SG13（NGN 2004 project）关于 NGN 概念

“下一代网络难于用专门的技术、结构和拓扑来定义。NGN 与 GII 的概念并不矛盾，它将作为 GII 概念的具体实现技术。NGN 被看作是 GII 的网络联邦（用 IP 能力增强传统电信、广播和数据网的联合）的一部分。这一概念使人们能够在任何时间、任何地点以及以可以接受的价格和质量，安全地使用一组包括所有信息模式和支持开放式多种应用的通信业务。”因此，NGN 应当具备以下基本特征：

（1）基于分组传输；

（2）控制功能与承载能力分离；

（3）通过开放接口，业务提供与网络开发独立；

（4）支持广泛类型业务，包括实时、非实时、流媒体、多媒体业务；

（5）具有端到端透明性的带宽能力；

（6）与现有网络互通；

（7）支持移动功能；

（8）用户无限制地进入和对业务的自由选择能力。

为此，ITU-T 制定了 7 个研究方向：

（1）通用框架模型；

（2）功能模型；

（3）端到端的 QoS；

（4）业务平台（API）；

（5）网络管理；

（6）网络安全；

（7）广泛的移动性。

3. ITU-T 给出了 NGN 参考模型

整体分为 3 层：传输层、交换路由层、应用层；

每层分为 3 面：用户面、控制面、管理面。

如图 2 所示。

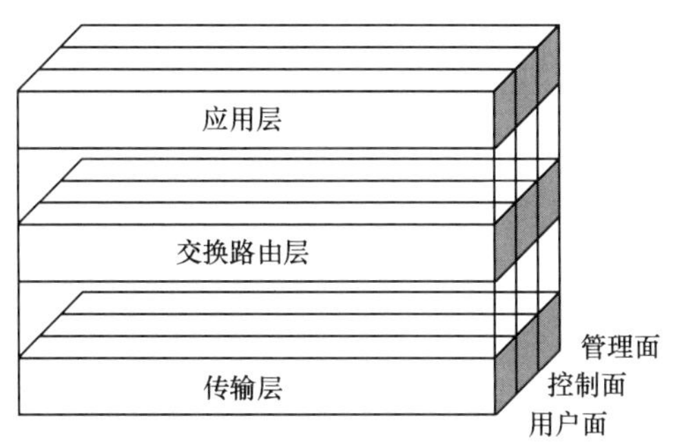

图 2　ITU-T NGN 结构模型

（三）互联网工程任务组（IETF）的观点

IETF 的宗旨是发展 Internet，从 IPv4 向 IPv6 发展；IETF 目前重点研究 IP 技术体制与光网络的融合方面。IETF 认为，NGN 将具有高带宽、大容量和足够的地址资源等主要特征。IETF 已经提出的有关 NGN 的协议包括：

1．网络协议 RFC 12543——SIP 建议；

2．接入媒体网关协议 RFC 3015——Megaco 和 RFC 2705——MGCP。

IETF 正在与 ITU-T 密切合作研究 NGN 有关技术。

（四）国际软交换协会（ISC）的观点

ISC 重点研究 VoIP。ISC 认为，下一代分组话音网络（Next Generation Voice Network）的目标是，传输媒介不受限于铜线、带宽和光纤，可经任意传输媒介，基于分组传送话音、数据和视频信息。

1．NGN 参考模型的 4 个平面

（1）业务应用平面与媒体服务器构成业务应用面；

（2）传输平面：IP 传输域、非 IP 接入域、互联域；

（3）呼叫控制和信令平面；

（4）管理平面。

具体如图 3 所示。

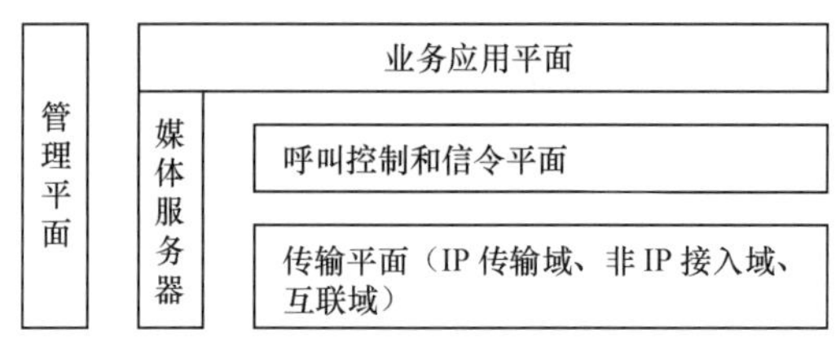

图 3　ISC：NGN 结构模型

2. NGN 参考模型的 8 个实体

（1）AS-F/SC-F 实体：提供应用服务器功能/业务控制功能；

（2）SPS-F/R-F/A-F 实体：提供 SIP 代理服务器/路由功能/计费功能；

（3）MS-F 实体：提供媒体服务器功能；

（4）CA-F/MGCF 实体：提供呼叫处理/媒体网关服务器功能；

（5）AG 实体：提供接入网关信令 AGS-F/媒体网关 MG-F 功能；

（6）IW-F 实体：提供互通功能；

（7）SG-F 实体：提供信令网关功能；

（8）MG-F 实体：提供媒体网关功能。

具体如图 4 所示。

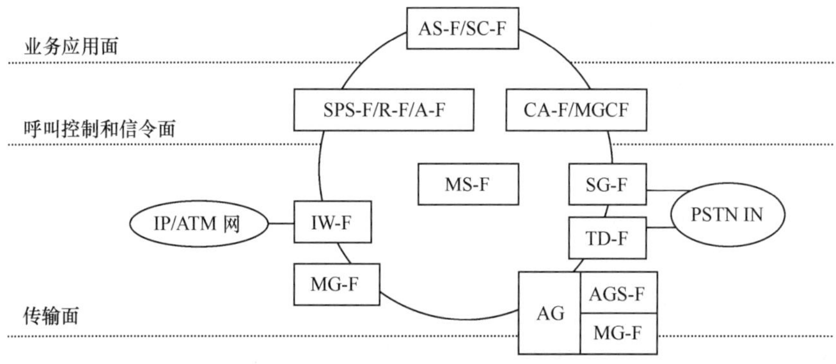

图 4　ISC：NGN 实体模型

（五）欧盟 NGN 行动计划的观点

1. 欧盟 NGN 行动计划（NGNI）

2001－2003 年任务：创建一个网络基础设施，为 NGN 研究提供开放的研究环境，促使现有分散的研究成果取得共识，以推动欧洲信息技术的发展。

2. 本计划分为 7 个工作组

（1）网络设施；

（2）移动与无线；

（3）光网络；

（4）家庭网络；

（5）边缘设备；

（6）QoS/CoS、SLA/SLS、流量工程；

（7）网络管理、主动网络。

3. 欧盟认为：NGN 应该是比今天更好的网络

（1）更快；

（2）能支持更多的业务；

（3）能够以更综合的方式支持多种业务；

（4）能够支持多种水平的质量；

（5）运行维护和管理更简单经济。

4. 欧盟达成结论

（1）将有多种多样的接入网与核心网服务于社会；

（2）由于网络技术的多样性，互通和互操作将是今后的主要问题；

（3）NGN 将广泛用来支持带宽、高质量、安全的业务；

（4）新的通信软件将驱动个性化的增值业务的发展；

（5）标准将在 NGN 中起到重要作用。

5. 欧盟 NGN2010 行动计划内容

（1）家庭网络；

（2）接入网；

（3）光网络；

（4）QoS；

（5）网络管理；

（6）AAA（授权认证）；

（7）安全；

（8）移动；

（9）自组织网络；

（10）数字电视广播；

（11）卫星；

（12）技术经济性；

（13）中间件；

（14）协议（IP、Pogt IP、Multi-access）等。

（六）我国政府有关 NGN 行动

1. 我国政府有关 NGN 行动

（1）1999 年国家自然科学基金委员会：中国高速互联研究试验网络；

（2）2002 年中国高技术研究发展计划：新一代信息网络发展战略；

（3）2003 年国家发展和改革委员会：准备执行 CNGN 行动计划。

2. 专家典型看法

（1）IP+QoS 是 NGN 能力的标志；

（2）至今实现 NGN 的技术，除了以 IP 作为统一协议之外并不明朗；

（3）选择 IP 协议并非认为其足够理想，而是因为它已无处不在；

（4）有人认为若用 QoS 来改造 IP，则可能回到类似 ATM 的情况。

3. 在 IP 基础上的实现技术是当前研究的热点

（1）综合服务（IntServ）；

（2）区别服务（DiffServ）；

（3）多协议标签交换（MPLS）；

（4）软交换体系（SoftSwitch）；

（5）自动交换光网络（ASON）；

（6）第三代移动通信（3G）；

（7）IPv6。

（七）我国军方有关 NGN 行动

电信网络应当统一遵循网络融合思想，融合采用 STM、IP、BTV 和 ATM 四类技术体系，构成了 GII 网络形态。大家的基本看法是：

1. GII 已经涵盖了现有网络和未来网络的全部内容，随着业务和技术的发展，应不断加以扩充和完善，没有必要也没有基础讨论新的网络形态概念；

2．ITU-T 建议 Y.110、建议 Y.130 和建议 Y.140，提供了国际、国内和本地网络连接的框架和标准；

3．GII 网络形态容纳了所有四类技术体系，它们的最新成就将自然及时地支持 GII 网络形态的发展；

4．在相当时期内，应当努力发展 GII 的实现技术。

三、关于 NGN 观点的讨论

（一）关于 NGN 的观点归纳

上述 NGN 的观点归纳如下。

组织	任务	观点（NGN 是……）
美国政府	信息技术预先研究	下一代 Internet
3G 论坛	研究移动通信标准	下一代移动通信
ETSI	研究欧洲电信标准	规范和部署电信网络的概念
ITU-T	研究国际电信标准	支持 GII 的实现技术
IETF	研究 Internet 发展	从 IPv4 向 IPv6 发展
ISC	研究 VoIP	软交换技术
欧盟	信息技术预先研究	广泛的信息技术研究
国内政府	信息技术预先研究	IP 加 QoS 的网络形态
国内军方	信息技术预先研究	是支持 GII 的实现技术

从表中可以看出如下内容。

1. 每个组织都要根据其宗旨谋求持续发展。各个不同的组织因其宗旨差异，分别具有不同的发展目标和行动计划；内容各不相同，观点自然也不相同。

2．问题出自 NGN（Next Generation Network）这个名词上。看来这个名词具有特殊魅力（政府容易接受？用户容易接受？专家容易接受？）。于是这些组织都把自己特定的发展计划冠上了 NGN 行动计划，这就如同把很多不同的东西塞入一个筐中，从远处看是一个整体，从近处看是很多不同的实物。

3．有必要澄清：NGN 是指技术体系/网络形态的宏观发展方向；NGN 是指一种特定的技术体系/网络形态。如果 NGN 表示宏观发展方向，人们自然会寄托无限美好的期望；如果 NGN 表示特定的网络形态，

那么谁能确信：特定方案就能实现这些美好的期望？目前，NGN 概念的含义各不相同；而且，概念的含义随着时间推移将会演变；看来，这是造成 NGN 概念讨论混淆的原因。

（二）关于分层和分面结构

1. 分层和分面结构的基本概念

（1）开放系统互连参考模型

分层分面概念起源于网络的体系结构。为了打破不同计算机厂商网络体系结构的封闭性，以真正解决网络间的互通问题，国际标准化组织（ISO）于 1983 年 10 月公布了 ISO/7498——开放系统互联参考模型。

在此模型中：共有 7 个层次；在信息交换（信号传递）的过程中，每一个层次具有特定功能；并且上一层要利用下一层功能所提供的服务；最终为应用进程使用网络环境提供服务。这是分层结构的第一次标准化。OSI 的 7 层模型是后续 20 年各种分层思想的“始祖”。

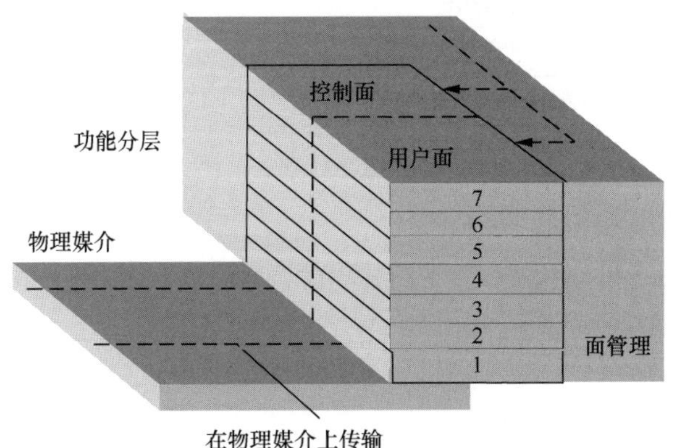

（2）ISDN 参考模型

ISDN 技术的发展促进了“面”的概念的产生，它是基于网络运行中网络应用的要求而提出的。在 ISDN 的参考模型中：“面”包含用户面、控制面、面管理；每一个面都包含 7 层功能；形成一个“立体”的结构。

在 B-ISDN 协议参考模型中："7 层"的划分更结合实际的应用，划分为 4 层（但其并不违背 7 层的原则），提出了"合并层"的概念，7 层的网络层更细分为适配层和高层。

在下列参考模型中可以看出，分层、分面结构是由 GII 发展而来的。

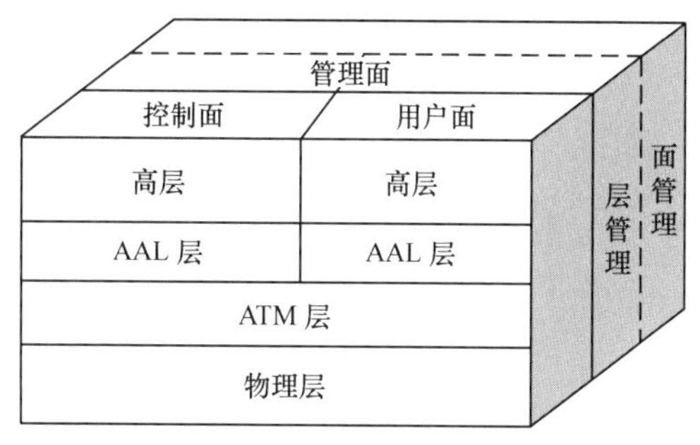

B-ISDN 协议参考模型

（3）其他 NGN 结构模型

各种 NGN 中提到的分层、分面结构是继承了 OSI 的分层和 GII 的分面的思想：

－ETSI 的 NGN 分面定义；

－ISC 的基于分组话音的分面结构；

－ITU-T 的分层分面 NGN 结构模型。

其实质与 GII 的思想如出一辙。

各种 NGN 提出的分层、分面结构具有更好的工程效果：

－传统的交换方式（从 IDN 交换到 MPLS）将接入控制、呼叫控制、业务应用统合在一起，交换控制、信令、业务紧密相关，不可分割；

－软交换技术体制将接入、呼叫控制、业务分离开来，使运营商与基础设备提供商分离，提供了更加灵活的业务支持能力和设备升级能力。

各种 NGN 中提到的分层、分面结构，是继承了 OSI 的分层和 GII 的分面的思想：

－ETSI 的 NGN 分面定义；

－ISC 的基于分组话音的分面结构；

－ITU-T 的分层分面 NGN 结构模型。

2. 评论

分层和分面结构是 ISO 和 GII 早已提出的概念；分层和分面结构是所有电信网络共同发展方向；不是哪个特定网络形态所特有的。无疑，在下一代网络形态研究发展中，分层和分面结构思想必然会进一步发展，以获得更好的工程效果。

（三）关于软交换技术

1. 软交换技术的基本概念

（1）PSTN 与 Internet 之间的网关

软交换技术是在 IP 电话的基础上发展起来的新技术。为了实现 PSTN 与 Internet 之间的电话业务互通，必须在 PSTN 与 Internet 之间设置网关，利用这个网关实现：

—用户面互通（例如，媒体网间信号格式变换）；

—控制面互通（例如，PSTN 的编号与 Internet 的地址变换）；

—管理面互通（例如，资源管理、计费管理等）。

（2）IP 电话网这的其他网关

在 IP 电话网中，考虑到网关功能的灵活性、可扩展性和高效率，把 IP 电话网关分解为：

—媒体网关：完成媒体流的传送和转换；

—信令网关：完成信令的传送和转换；

—媒体网关控制器：完成呼叫控制功能。

媒体网关控制器就是软交换的前身。

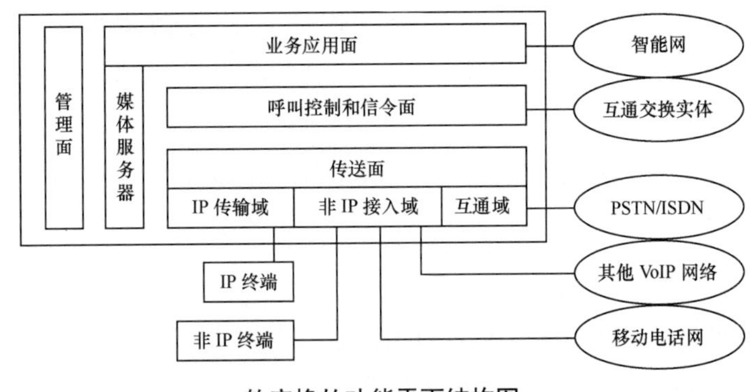

软交换的功能平面结构图

2. 软交换的定义和含义

（1）国际工程协会（IEC）的定义

软交换是一种新的电话交换方法的通称，它包括了本地电话业务的所有服务智能，可以克服本地交换机的所有缺点。

（2）国际软交换协会（ISC）的定义

软交换：基于分组网利用程控软件提供呼叫控制功能。“软”的意义：其一，传统交换系统的实现以硬件为主；软交换系统的实现基本采用软件技术；其二，传统交换系统是主要由专用件实现的封闭系统结构；软交换系统是主要由通用件实现的开放系统结构。软交换的主要优点：将寻址控制与电信业务分开，因而允许电信业务运营商与电信基础设备提供商分别操作，这样就可以分别改善电信业务支持能力和电信设备升级能力。

3. 评论

软交换的基本技术机理是有连接操作寻址。软交换实现技术在统计复用基础上实现有连接操作寻址，因而改善了呼叫控制和连接控制的实时性。

软交换实现了电信业务与网络资源进一步的分离，无疑使得将来引入新业务比较方便。但是，除了原有基本功能的重新组合之外，似乎看不出有什么新的功能。

（四）关于自动交换光网络（ASON）

1. 自动交换光网络的基本概念

自动交换光网络是光传输系统发展过程中的一项成就。简单光传输系统解决了传输质量和传输容量问题；光自愈环路系统解决了传输可靠性问题；自动交换光网络解决了传输网络结构可控性问题。上述演变都是基于光传输自身机理的发展。

电信网络要求	光传输系统演变
传输质量; 传输容量: WDM——密集波分复用	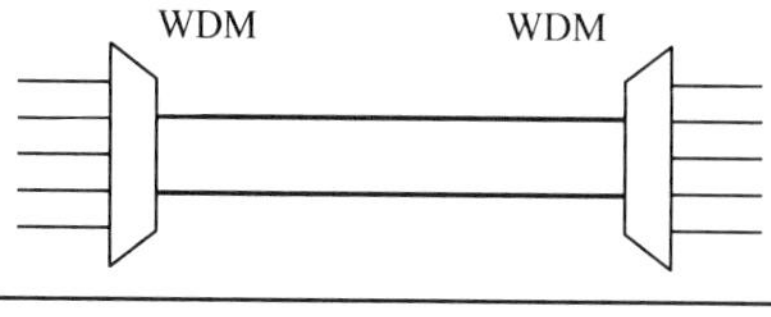 WDM　WDM

续表

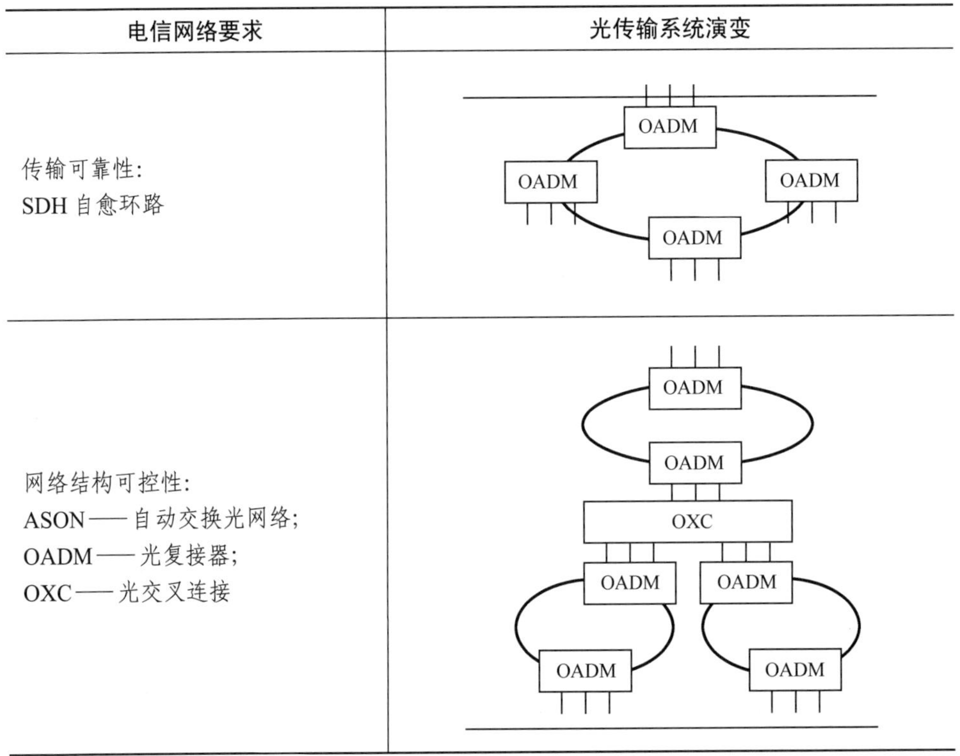

电信网络要求	光传输系统演变
传输可靠性: SDH 自愈环路	
网络结构可控性: ASON——自动交换光网络; OADM——光复接器; OXC——光交叉连接	

2. 自动交换光网络由传送平面、控制平面和管理平面组成

（1）传送平面通过光交叉连接设备改变光传输网络结构，以便适配网络信号流量分布;

（2）传送平面受控制平面控制，受管理平面监视;

（3）控制平面受管理平面和用户信令管理。

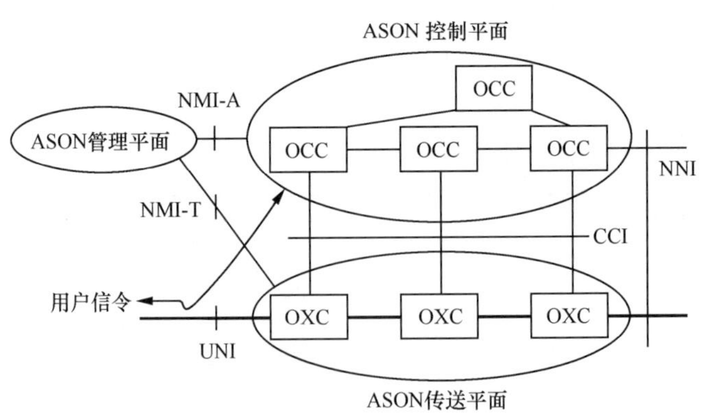

3. 评论

自动交换光网络技术是依据其自身的机理和规律发展。这种发展不依赖任何其他技术；光传输系统是所有电信网络的传输基础。自动交换光网络的基本功能是：能够实现传输网络结构与电信网络中信息流量分布相匹配，以提高电信网络资源利用效率。

这是所有电信网络追求的目标。自动交换光网络不从属于任何一种电信网络技术体系。所以，把自动交换光网络看作是未来电信网络的基础技术是正确的。

（五）关于多协议标签交换（Multiprotocol Label Switch，MPLS）

1. MPLS的工作原理

（1）数据包进入边缘LSR（支持MPLS的标记交换路由器）时，根据这个数据包的路由信息、应用类型和业务等级，网络利用LDP（标记分发协议，相当于PSTN信令）向网络所有节点分发固定长度的标签，建立起LSP（标记交换路径－数据包转发路径）。

（2）离开输入边缘LSR时，在数据包的前面加上第一个标签；到达第一个核心LSR时，依靠第一个标签，数据包通过第一个核心LSR的自寻址网络，并且在其出口根据路由表更换预先分配到该节点的标签；然后通往下一个节点。

（3）如此重复直到输出边缘LSR，去掉标签，根据数据包头寻找目的地。

2. MPLS的功能

（1）由于采用标签而容易处理，一个标签只在一个节点起作用而容易分配；

（2）采用FEC（转发等价类）因而提高了处理效率，提高了转发速度；

（3）对分组的选路只在网络边缘进行，核心网只是根据标记进行转发，不易发生拥塞；

（4）解决了“N^2”问题，改善网络的可扩展性；

（5）利用硬件排队和缓存机制提供不同的服务等级；

（6）实现流量工程，更加有效地利用网络资源，均衡网络负载；

（7）能够实现 VPN，为企业提供专用的、基于 IP 网络的服务；

（8）MPLS 主要针对核心网提出，提高了核心网边缘路由器之间的转发速度。

3. 评论

多协议标签交换的基本机理是“统计复用+有连接操作寻址”，所以它属于 ATM 技术体系；MPLS 的寻址机理和过程与基本的 ATM 寻址完全相同；不同点仅仅是 MPLS 采用了 FEC 规约。因此，它是 GII 的基本实现技术；自然，MPLS 也能够支持其他电信网络形态。

（六）关于 IPv6

1. IPv6 协议的基本概念

（1）IPv6 是由 IETF 制订的用来取代 IPv4 的新的 IP 版本

1994 年 11 月 IESG（Internet Engineering Steering Group）制定草案，产生下一代 IP 协议，并命名为 IPv6。

（2）IPv6 与 IPv4 的区别

－扩展了地址空间；

－增加了地址类型；

－简化了报头格式；

－增加了对扩充和选项的支持；

－增加了流标识能力；

－强化了身份认证和隐私能力。因此，

（3）IPv6 比 IPv4 的优势

－提高了可扩展性；

－比较容易配置；

－改善了安全性；

－与 IPv4 相比有很好的兼容性。

2. IPv6 协议相关的 RFC（征求意见）

RFC 1287——未来的 Internet 体系结构；

RFC 1454——下一版本 IP 提案的比较；

RFC 1671——向 IPng 过渡和其他考虑的白皮书；

RFC 1715——地址分配效率比例系数 H；

RFC 2373——IPv6 寻址体系结构；

RFC 2374——IPv6 可集聚全球单播地址格式；

RFC 2375——IPv6 组播地址指派；

RFC 2185——向 IPv6 过渡的选路问题；

RFC 1970——IPv6 的邻居发现；

RFC 1971——IPv6 无状态地址自动配置；

RFC 1972——在以太网上传输 IPv6 包的一种方法；

RFC 1981——IPv6 的路径 MTU 发现。

3. 问题：IPv6 何时能够取代 IPv4?

现实：1998 年 IPv6 标准（IETF 标准 RFC 60）已经成熟，但是至今未得到推广应用。主要原因是：

—地址短缺问题不像预测得那么严重；

—移动终端需求不像想象得那样迫切；

—目前网络上没有吸引人的 IPv6 服务；

—IPv6 与 IPv4 相比，业务质量和安全性未得根本改善；

—IPv6 与 IPv4 相比，并不完全兼容；

—过渡期间，同一网络并存两个版本，两个版本之间的通信比较复杂；

—IPv6 的投资经济效益不明显。

4. 评论

用 IPv6 代替 IPv4，并未改变 Internet 网络形态的技术机理，所以 Internet 的服务质量和安全性未得根本改善；

IPv6 比 IPv4 的其他技术性能确实有所改善；从技术角度来看，IPv6 取代 IPv4 似乎只是时间问题；从经济角度来看，未必如此。

（七）关于第三代移动通信（3G）

1. 第三代移动通信（3G）概况

（1）2001 年 3GPP 主流标准

2000 年 ITU 和 2001 年 3GPP，确定了 3G 无线接口技术主流标准：

—WCDMA（欧洲、日本）；

—cdma2000（美国）；

—TD-SCDMA（中国）。

（2）评价

采用了更有效的调制解调和多址技术，实现了更高的频谱利用效率，无疑在技术上是重大进步。问题是：

—多媒体业务和带宽业务并未按当事人的预测发展；

—多种标准并存，引入的漫游兼顾问题不易解决；

—2G 和 2.5G 基本上满足了绝大部分用户的移动业务要求，所以 3G 面市时间一再推迟。

2. 评论

移动通信在遵照它自身的规律（技术规律和市场规律）发展着。从宏观来说，第三代移动通信是下一代通信网络中的一种通信网络。但是，它不属于下一代通信网络中的任何其他通信网络。

（八）关于综合服务（IntServ）

1. 综合服务的基本概念和原理

综合服务概念的核心是：资源预留协议（RSVP）。综合服务的原理是：对于每个需要进行 QoS 处理的数据流，通过一定的信令机制，允许端用户为每一个数据流提出资源预留请求，在其经由的每个路由器上进行资源预留，以保证端到端的业务质量。

2. IntServ 组网存在的问题

（1）无法实现网络的可扩展性：RSVP 要求路由器对每个数据流保留状态信息并处理协议过程，预留请求将消耗路由器大量的 CPU 资源；用于业务流控制的分组分类器等与 RSVP 配合使用时，其控制能力太小，难以支持高速端口。

（2）违背因特网的简化原则：进行端到端的资源预留，要求所有路由器必须支持所实施的信令协议，使因特网成为一个同时具有有/无连接操作寻址的复杂网络。

（3）无保障的策略控制安全问题：综合服务需要解决 RSVP 协议的安全性问题，以保证网络资源不被无权用户盗用或占用。

以上问题决定：IntServ 模型仅适用于网络规模较小的企业网络、园区网络。

3. 评论

综合服务（IntServ）是一项基于有连接操作寻址的资源预留协议（RSVP）；目的是改善服务质量；但是，受技术机理限制，应用范围有限。它是不属于任何一种特定的网络形态的通用协议。

（九）关于区别服务（DiffServ）

1. 区别服务（DiffServ）的基本概念

（1）DiffServ 的基本思想

—将策略控制功能与核心网分开；

—核心路由器只需关心分组的转发；

—策略控制功能移至网络边界；

—在网络边界将数据流按 QoS 要求进行简单分类；

—大量的控制功能由边界的控制平面完成。

（2）服务对象

可见，DiffServ 的服务对象是，具有相同特性的数据流的集合。

2. 关于区别服务（DiffServ）

（1）基本机制

—在网络的边缘路由器上，根据业务的服务质量要求进行分类；

—利用 IP 分组中的 DS 字段，唯一表示该业务特定的服务类别；

—网络中各个节点根据该字段对各类业务预先设定的服务策略，保证相应的时延服务质量。

（2）DiffServ 的优点

—节点路由器不需要保存数据流状态；

—不需要向策略控制点发出请求；

—不需要进行分组分类；

—对于特定的数据流，在每次连接的过程中，无需 QoS 控制，从而避免了 RSVP 中高昂的建路成本；同时，使得这种技术具有较好的反应灵敏度，特别适合于大量存在的短时连接。

（3）DiffServ 的缺点

不提供端到端的全程 QoS 保证，而是将 QoS 限制在不同的域内加以实现。所以不同域之间要有一定的约定和标识的翻译机制。以上特点决定了 DiffServ 适用于核心网应用。

3. 评论

区别服务（DiffServ）是一种适用于与 MPLS 配合在核心网使用的规约，可以明显改善寻址效率，它是不属于任何一种特定的网络形态的通用协议。

四、关于 NGN 发展的讨论

（一）概述

机理推断与客观事实一致明确：4 类技术体系和网络形态说明，以 GII 为代表的现代电信网络形态总体概念和技术机理已经成熟。因此下一代电信网络可能发展途径有以下两条：其一，发明新技术，以支持实现 GII 网络形态；其二，发明新的总体概念和机理，以建立全新的 NGN。

从上述对 NGN 的各种观点来看，关于电信网络总体概念和机理，都未超越 GII 的内容；但是不能排除在电信网络各个基本要素的发展动态之中，潜伏着新的电信网络总体概念和机理。为此，将从电信网络各个基本要素的发展动态中来讨论下一代电信网络的发展动向。

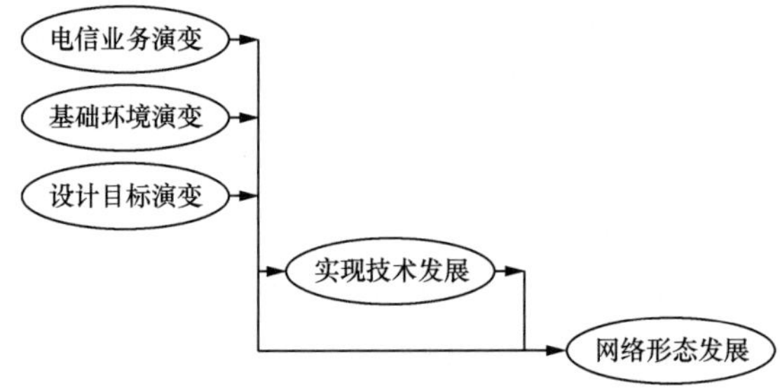

（二）电信业务发展动态

1. 发展

（1）会话型交互业务和分配型业务在稳步发展；

（2）消息型交互业务和检索型交互业务在高速发展；

（3）多媒体业务和带宽业务在缓慢推行；

（4）近年来出现了视频流媒体业务的概念。流式传输：影像或动画时基媒体由视频服务器向用户计算机的连续、实时传送，用户不必等到整个文件全部下载完毕，而只需几秒或十几秒的启动时延，即可进行观看。视频流媒体业务：在 Internet 中使用流式传输的连续时基媒体。

2. 观点

（1）客观事实：目前尚未出现新的突然发展的电信业务；

（2）有关预测：讨论多年的多媒体业务和带宽业务，远远不是人们估计的那样；除了会议电视业务之外，可视电话业务似乎可能要逐步发展。由此看来，电信业务的发展规律是由人类社会的发展过程决定的。

（三）基础环境演变动向

1. 动向

（1）关于光传输系统

光传输系统在稳步发展：点到点光传输系统解决了传输质量和容量问题；光环路传输/分支系统解决了传输可靠性问题；自动交换光网络解决了网络结构与网络负荷适配问题。

（2）无线传输系统

无线传输技术问题尚未得到良好解决：无线传输系统的传输质量、传输容量、传输安全和建设成本，都不能充分满足电信网络需求。但是无线传输技术发展相当缓慢；

（3）平流层空间转信平台

1995 年 Sky Station International Inc.提出了平流层空间转信的概念，1996 年 FCC 批准其经营平流层转信业务。平流层空间转信为微波传输提供了理想环境，因此可以从机理上解决支持高质量和大容量传输。

2. 观点

光传输系统从点间传输、自愈环直到自动交换光网络的发展；从核心网远程传输向网络节点中的交叉连接的逐步扩展，在不断演变的光电界面上，可能产生新概念和新机理；平流层空间转信为无线传输提供了理想的传播环境，在此基础上可能产生新的电信网络技术体制。

（四）电信网络设计目标演变动向

1. 动向

（1）关于服务质量

传统电信服务质量的标准已经被人类广泛接受；对于比较低的收费，用户可能一时接受低质量，但是用户不会永远接受低质量。

（2）关于网络资源的利用效率

网络资源的利用效率始终是经营者的追求目标；网络资源一时充裕可能放宽对效率的苛求，但是经营者不会永远放宽网络资源的利用效率。

（3）网络安全

以前ITU关于电信网络的优劣判据主要考虑信息业务质量和电信网络资源领域效率；后来提出了信息安全问题，它与电信网络技术体制基本无关；近期提出了网络安全问题，它与电信网络技术体制密切相关。

2. 观点

今后电信网络的设计目标必须同时考虑服务质量、网络资源利用效率和网络安全。对于某些特定的电信网络，必须特别考虑网络安全问题，这将对电信技术和网络形态产生重大影响。

（五）电信网络实现技术发展动态

1. 动向

（1）多协议标签交换（MPLS）：一种有连接操作寻址技术；可以用于 GII 核心网，支持非实时业务的中转寻址技术。

（2）软交换体系（Soft Switch）：在 Internet 中，用于与 PSTN 电话业务互联的技术设备；可以用于支持 GII 与 Internet 之间电话业务互联。

（3）第三代移动通信（3G）：支持多媒体业务的蜂窝移动通信的发展规范；与 GII 之间存在网间互联关系。

（4）IPv6：用于取代 IPv4 的新的 IP 版本。

（5）区别服务（DiffServ）：在 Internet 中，改善核心网分类业务寻址效率的协议；可以配合 MPLS 用于 GII 核心网络。

（6）正交频率复用（OFDM）：一种与频分复用配合的传输技术，能够有效地支持 GII 接入传输。

2. 观点

电信技术始终是电信领域最活跃的因素。主流发展方向是更有效、更简明和更经济。上述技术都是有关 NGN 文献中提到的技术，从中看不出有关电信网络新概念和新机理的内容。上述技术多数可以用于支持实现 GII，所以把这些技术看成是 GII 的实现技术是恰当的。

从电信技术发展历程来看，一种技术从它出现时起，就以它的基本机理为基础，向更有效、更简明和更经济的方向逐步发展，但是始终未摆脱其基本机理的限制。

（六）电信网络形态发展演变动向

1. 动向

（1）用 IPv6 替代 IPv4：此举并未改变 Internet 网络形态的技术机理。

（2）IP 加 QoS：已经出现了几种比较有效的技术方案，如 MPLS 和软交换。共同特点是，把无连接操作寻址改为有连接操作寻址。因此把其技术基础从 IP 技术体系改为 ATM 技术体系。如果适度放宽网络效率的要求，就可以适度改善业务质量。但是这种思路不能推广，因为完全不考虑网络效率的要求，所有技术体系将失去存在价值。

（3）自动交换光网络（ASON）：从电信网络形态角度来看，自动交换光网络是向全光网络发展的重要一步。

（4）数据链：一种支持格式化消息的实时数据电信网络；原型数据链是一种基于时分复用的无线数据广播网络；多用户可以同时广播；多用户可以同时接收任何广播；机理上属于确定复用和无连接存在寻址。

（5）虚拟业务综合：物理上统一建设和统一管理电信网络；机理上特定技术体系支持特定电信业务，因而实现了高质量、高效率和低成本。

2. 观点

GII 网络形态：针对特定的电信业务、网络环境和设计要求，融合采用了现存 4 类技术体系的长处；同时回避了它们的短处，所以，GII 是现实主流网络形态；NGN（如果看作是一种特定的网络形态）：这种网络形态的总体概念和机理都未超越 GII 的内涵；自动交换光网络：可能形成全新的网络形态，但是至今尚未提出完整的总体概念。

结语

1．NGN 是近年各国际电信组织发展行动计划共同冠有的词汇。这些发展行动计划都是谋求发展，但内容各不相同。所以，把目前的 NGN 当作特定的网络形态是不确切的。

2．众多发展行动计划都愿意冠以 NGN，可能有其道理。但是，无论冠以什么词汇，都不会改变这些发展行动计划各自的本质。

3．NGN 是把很多发展计划塞入一个 NGN 筐中，从远处看是一个整体，从近处看是很多不同的实物。所以目前关于 NGN 整体概念性的讨论没有意义。

4．值得注意的是那些特定发展计划中的具体成就，支持实现 GII 的更为有效的新技术；全新的下一代网络总体概念和技术机理。

电信网络总体概念讨论

电信发展经历了 160 多年(见图 1),积累了丰富多彩的电信技术(见图 2),形成了多种多样的电信网络形态(见图 3)。为了有效地利用和发展这些资源,有必要讨论以下总体概念问题:

一、电信网络的形成;

二、电信网络技术分类;

三、电信网络机理分类;

四、业务质量属性分析;

五、网络资源利用效率属性分析;

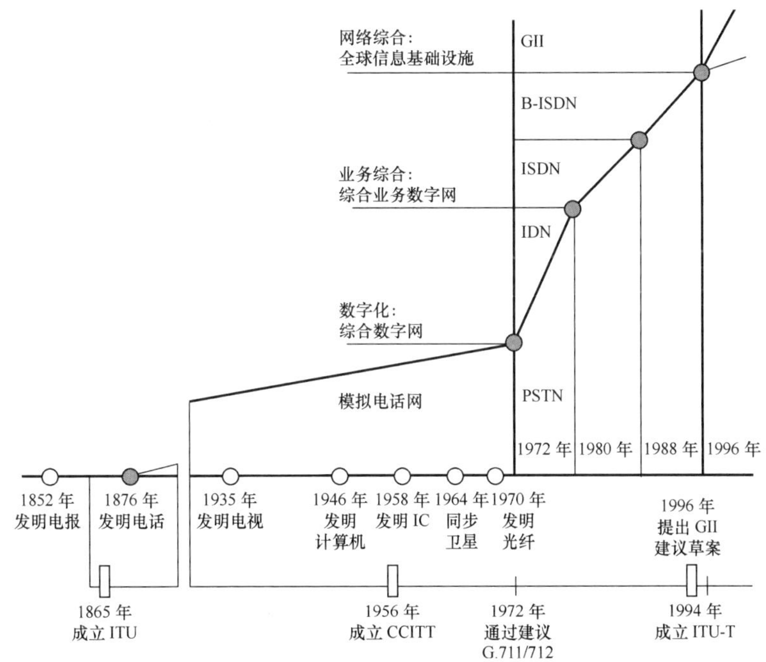

图 1　国际电信技术的发展历程

六、网络安全属性分析；
七、电信网络工程应用原则；
八、发展和应用电信技术的指导思想；
九、电信网络技术融合问题；
十、电信环境演变及其影响。

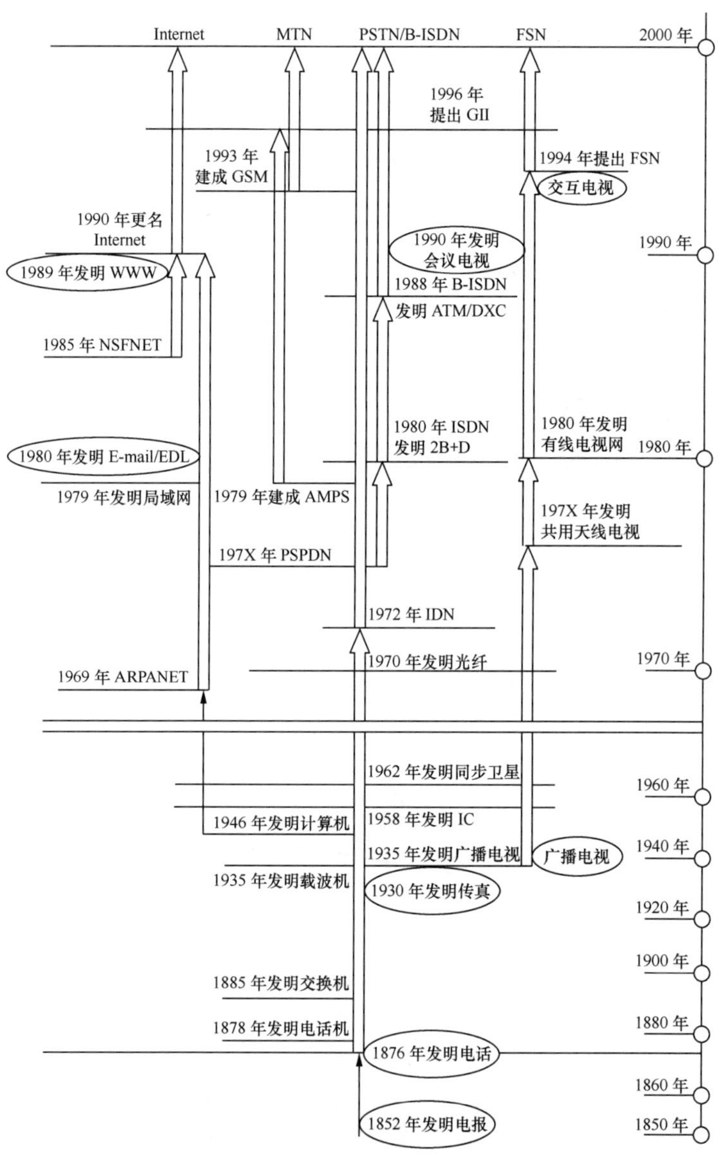

图 2　电信技术体系（2000 年）

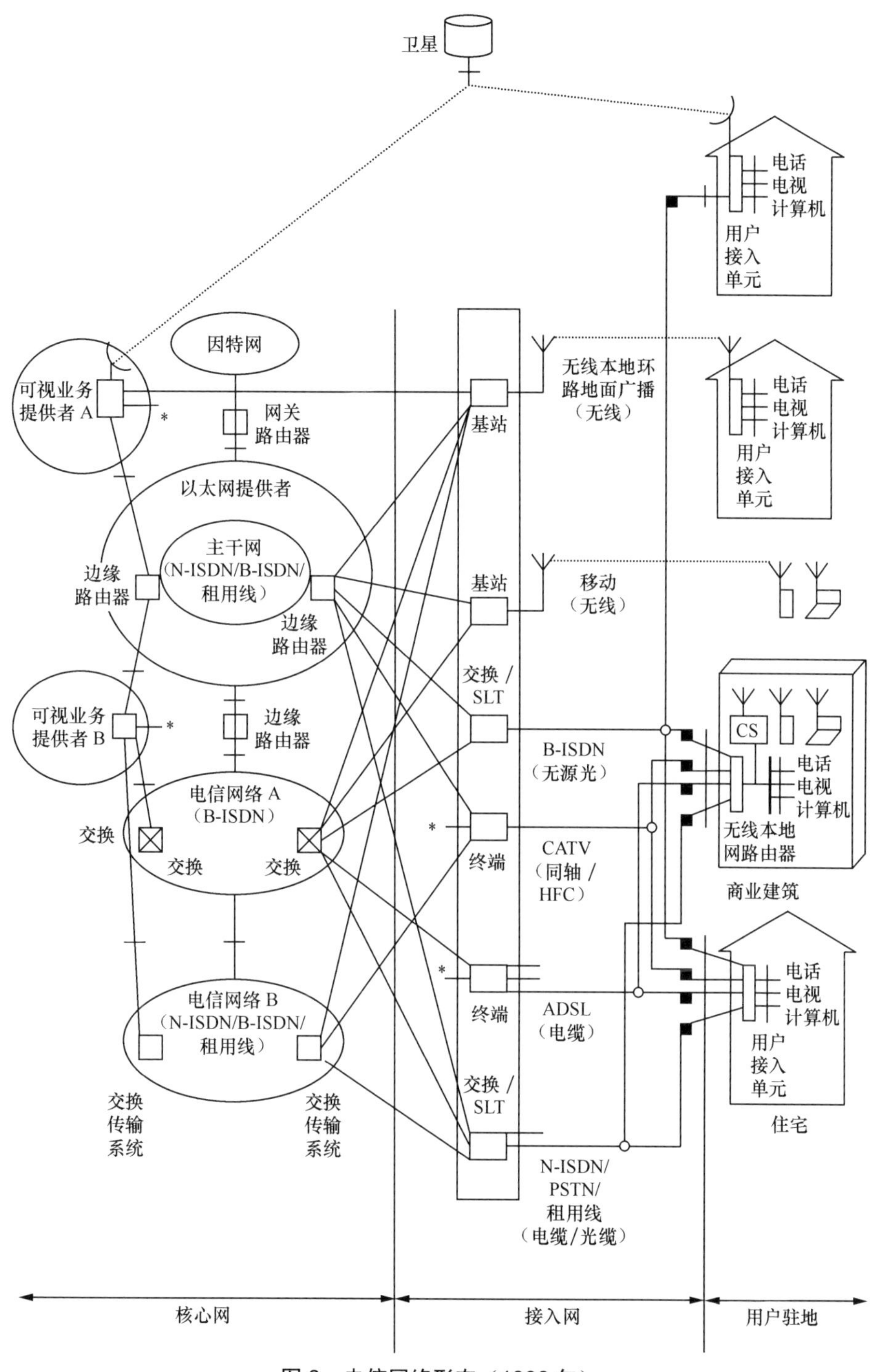

图 3　电信网络形态（1998 年）

一、电信网络的形成

（一）电信原始概念

1. 通信（Communication）的定义

按照一致同意的协定传递消息。

2. 电信（Telecommunication）的定义

利用电磁系统传递承载消息的信号。

3. 电信与通信的关系

通信——利用各种方法传递消息；电信——利用电磁系统传输信号；信号承载消息。可见，电信是通信的一个组成部分，电信与通信的关系如图 4 所示。

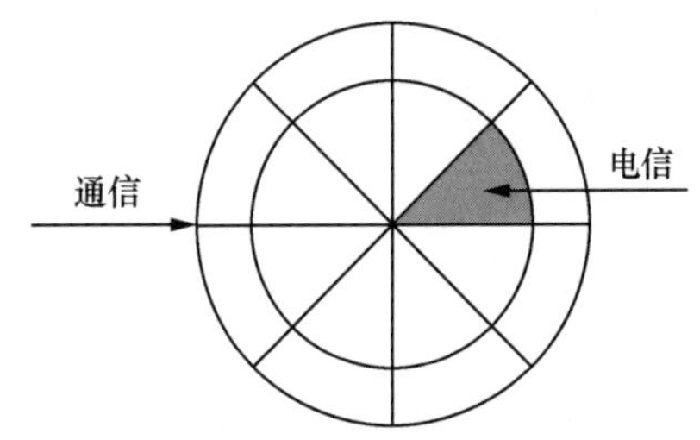

图 4　电信与通信的关系

（二）基本电信系统

1. 基本电信系统概念

（1）基本电信系统的定义：执行基本电信功能的系统。

（2）基本电信系统的构成：基本电信系统由传输系统组成。

（3）基本电信系统的特点：从信源到信宿；信号独行。

（4）基本电信系统的评论：实现基本电信功能不需要电信网络。

2. 基本电信系统的 N^2 关系

定义：用户数量为 N、用户之间传输信道数量为 $N(N-1)\approx N^2$、信道最大可能利用率为 $1/(N-1)\approx 1/N$。

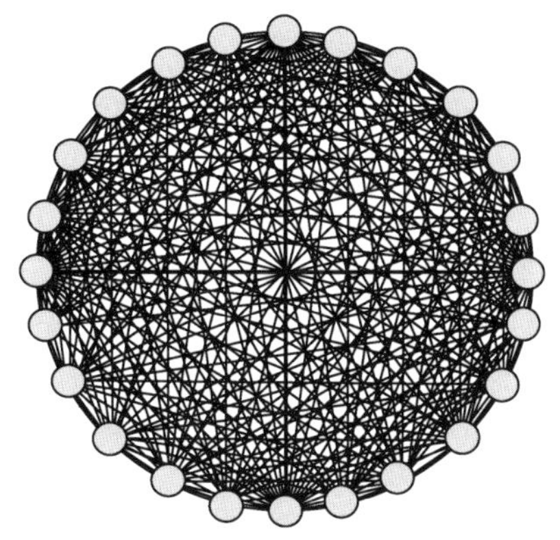
图 5　基本电信系统的 N^2 关系示意图

（三）基本电信系统的 N^2 问题

1．当用户数量 N 比较小时，基本电信系统无可非议。

2．当用户数量 N 比较大时，用户之间传输的信道数量按 N^2 增加；

传输信道最大利用效率按 $1/N^2$ 降低。所以形成了一个经济问题，即 N^2 问题。

3．为了降低建设成本和提高应用效率，基本电信系统必须解决 N^2 问题。

（四）采用复用技术解决 N^2 问题

采用复用技术设备，减少了长途电路的信道数量；降低了长途电路的建设成本，如图 6 所示。

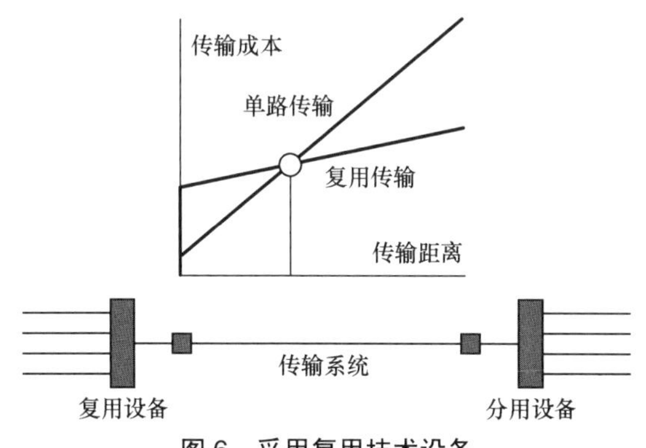

图 6　采用复用技术设备

（五）采用寻址技术解决 N^2 问题

采用寻址技术设备，提高了长途电路的利用效率；减少了用户接入的电路数量，如图 7 所示。

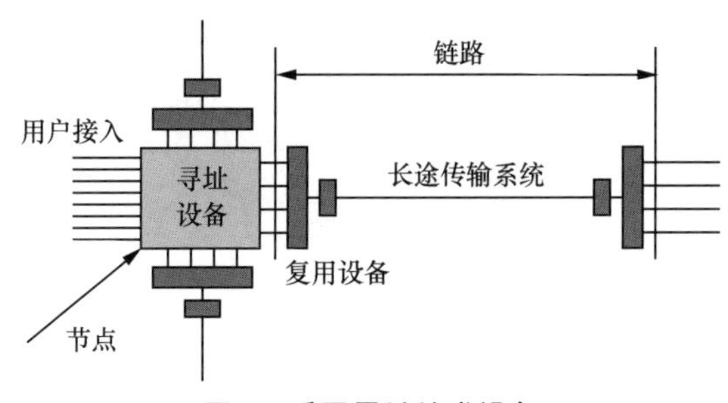

图 7 采用寻址技术设备

（六）形成电信网络

1. 电信网络的形成

采用复用技术和寻址技术解决了 N^2 问题，形成了电信网络。

2. 电信网络的定义

传输系统加复用设备称为链路（Link）；寻址设备称为节点（Node）；电信网络（Network）是链路与节点的集合，如图 8 所示。

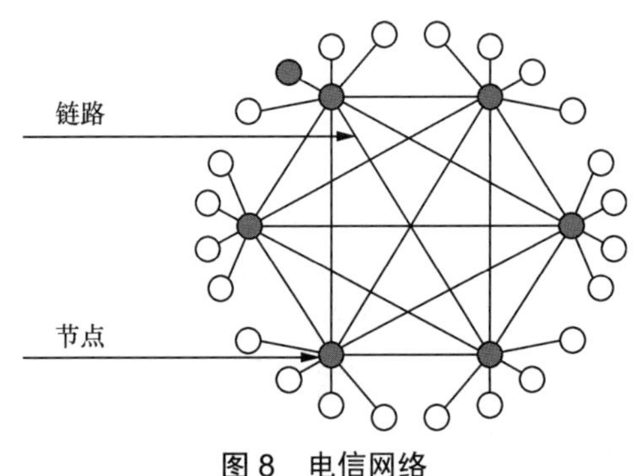

图 8 电信网络

3. 实用的电信网络

实用的电信网络的主体具有多层次结构，加上各种就近连接的“高效路由”，电信网络形成一种大拓扑、多层次和高复杂的网络形态。

二、电信网络技术分类

（一）数字连接

1. 数字连接的定义

“数字连接”是传输系统、复用设备和寻址设备的串接。

2. 数字连接的地位

“数字连接”是电信网络的基本结构。

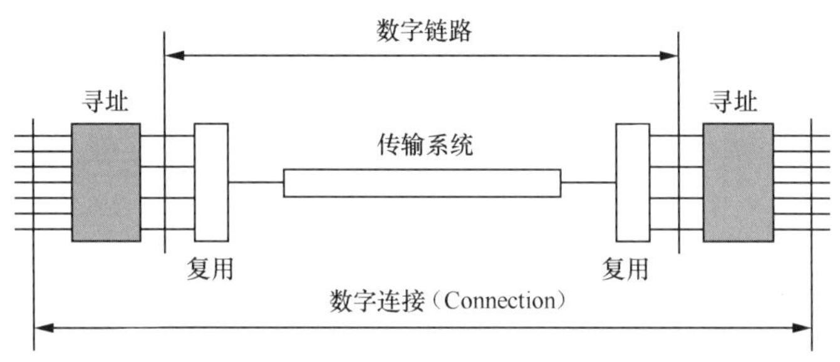

图 9　数字连接

3. 假想参考连接

长途通信最大距离可能超过 15 节基本数字连接。ITU 根据 13 节基本数字连接——假想参考连接来规划传递指标，如图 10 所示。

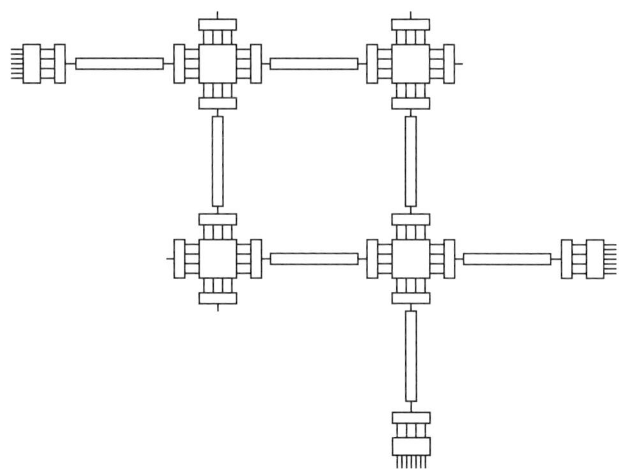

图 10　假想参考连接

（二）数字连接正常工作的前提

1．正常工作的内容：媒体网络按规范质量传递信号。

2．正常工作的前提：同步网、信令网、管理网的支持。

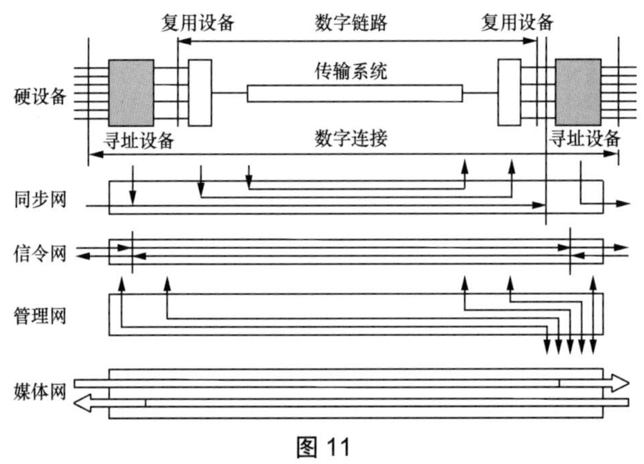

图 11

（三）同步支持网络

3 层同步支持网络协同工作：

1．传输同步；

2．复用同步；

3．交换同步。

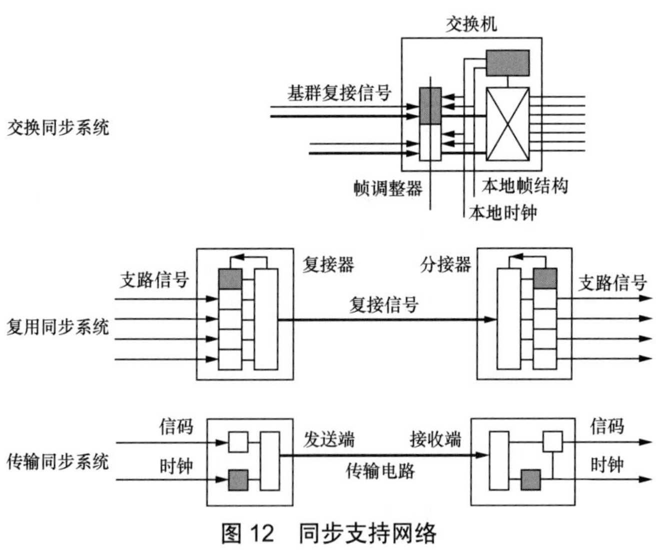

图 12　同步支持网络

（四）信令支持网络

配合交换机执行寻址功能的实时控制系统。

1．功能划分：线路信令、记发器信令。

2．配置划分：人机信令、局间信令。

3．体制划分：随路信令、共路信令。

4．我国标准：ITU 第 3 级 No.7 信令、中国一号信令。

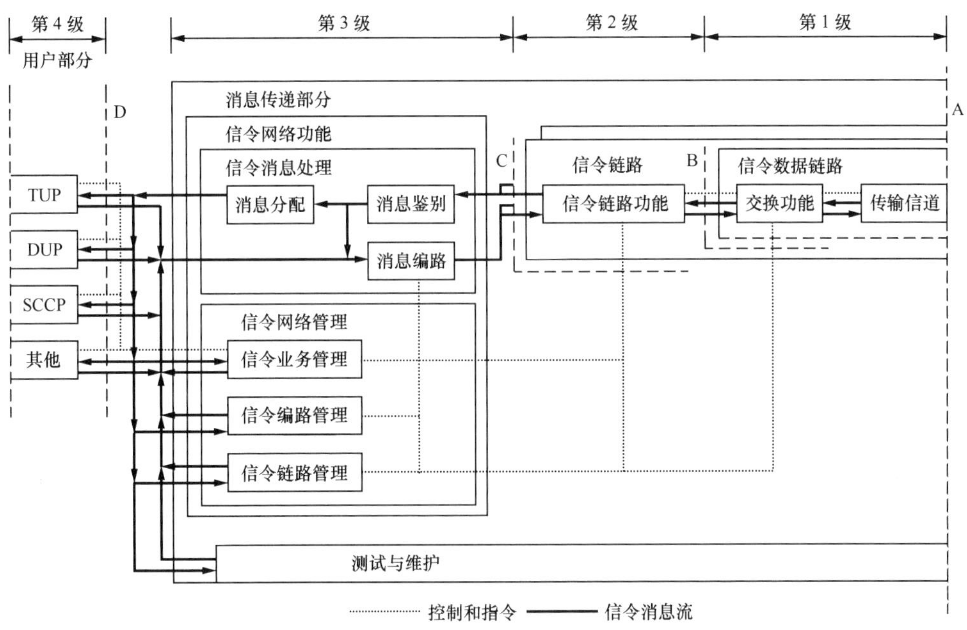

图 13　AQ050 No.7 信令系统功能结构

（五）管理支持网络（TMN）

1．**构成：**操作系统（OS）、工作站（WS）、数据通信网（DCN）、网元（NE）。

2．**功能：**配置管理、性能管理、故障管理、安全管理、账务管理。管理所有网元的准实时信息网络。

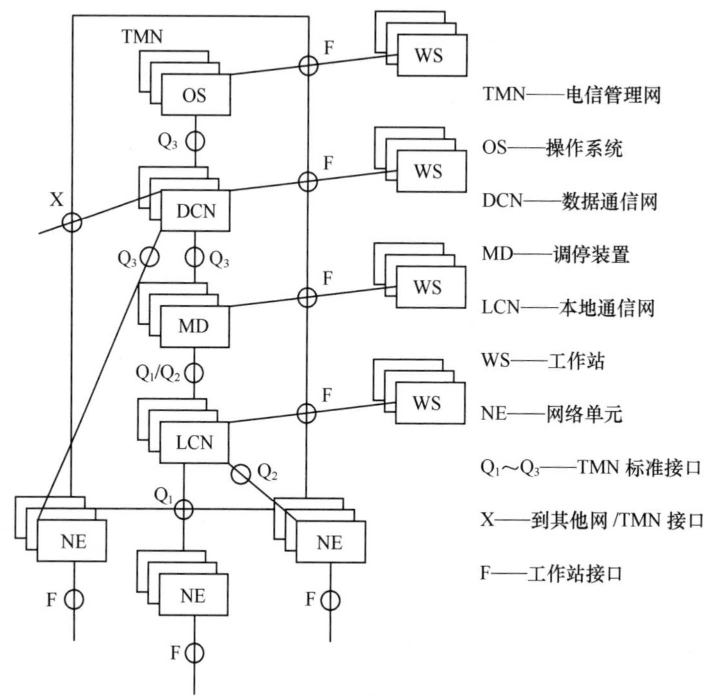

图 14 管理支持网络

（六）传输损伤控制

1．**传输损伤的定义**：信号通过网元产生的差异。

2．**传输损伤控制**：对全部网元分配和限制传输损伤：误码、抖动、漂移、滑动、延时、丢失、失步。

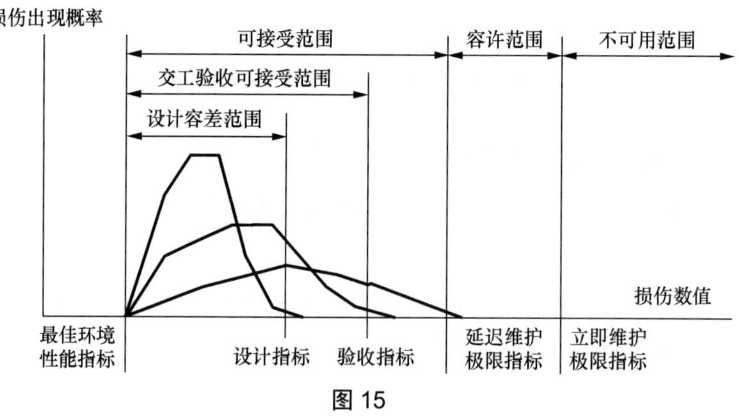

图 15

（七）电信网络技术分类

电信网络技术的分类见表 1。

表 1　　电信网络的技术分类

软技术 \ 硬技术	传输系统	复用设备	寻址设备
同步网络	传输同步	复用同步	寻扯同步
信令系统	信令传输	信令复用	寻址信令
管理网络	传输管理	复用管理	寻址管理
损伤控制	传输损伤	复用损伤	寻址损伤

（八）电信网络功能分类

1．**媒体网络功能：**物理层（传输）功能、链路层（复接）功能、网络层（寻址）功能。

2．**支持网络功能：**除上述底层功能之外，具有高层功能。

电信网络功能分类如图 16 所示。

图 16　电信网络的功能分类

三、电信网络机理分类

（一）电信网络分类依据

1．**电信网络分类根据：**媒体网络的技术机理。

2．**媒体网络技术包括：**传输技术机理相同；复用技术分为两类；寻址技术分为两类。

3．**电信网络机理的分类根据：**复用技术机理和寻址技术机理。

（二）复用技术分类

复用技术按机理分类：确定复用技术、统计复用技术，如图 17 所示。

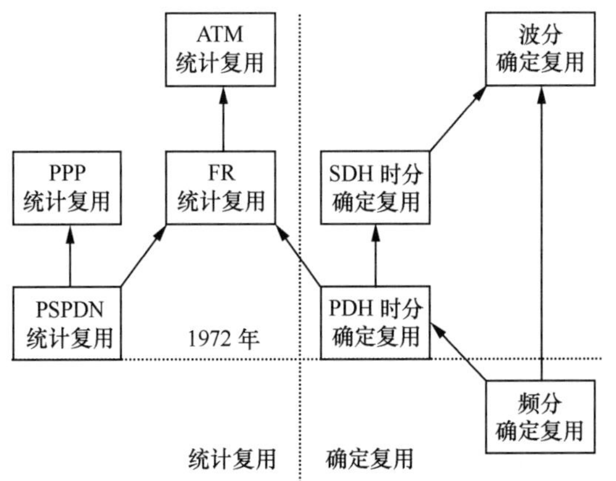

图 17　复用技术按机理分类

1．**确定复用技术机理**。一次通信过程中：同时建立两个方向的连接；只利用一条确定电路的一个确定部分；始终连续专用确定部分，如图 18 所示。

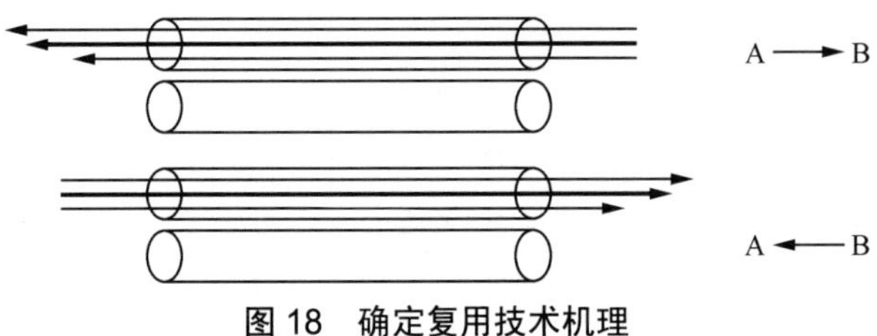

图 18　确定复用技术机理

2．**统计复用技术机理**。一次通信过程中：只建立一个方向的连接；可能随机使用一个方向上的所有电路；时分交替占用其中一条电路的全部传输容量，如图 19 所示。

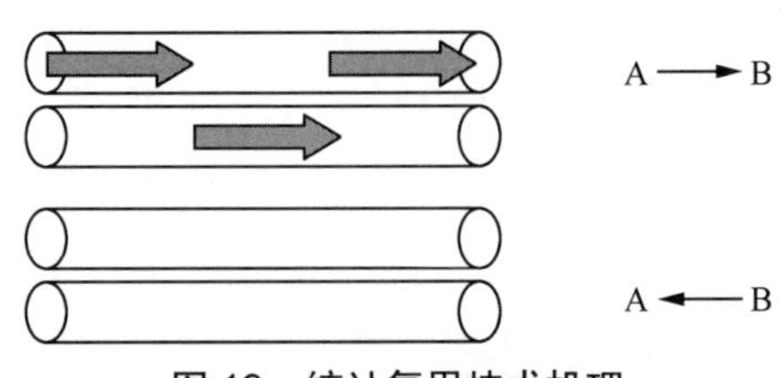

图 19　统计复用技术机理

（三）寻址技术分类

寻址技术按技术机理分类：有连接操作寻址、无连接操作寻址，如图 20 所示。

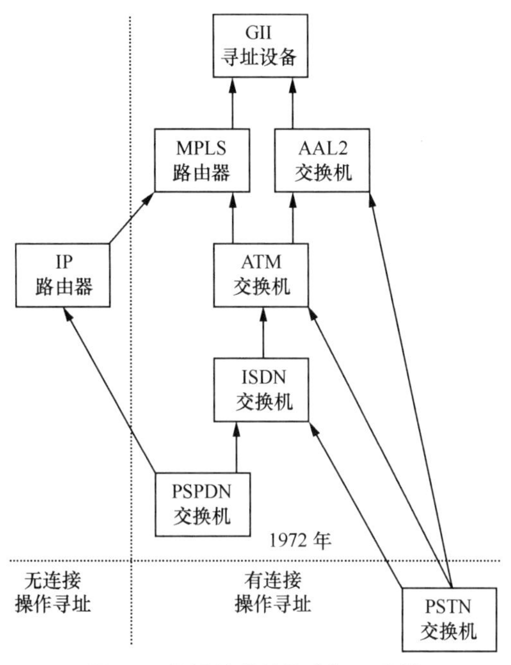

图 20　寻址技术按技术机理分类

1．**有连接操作寻址机理**。寻址过程：用户利用人机信令信号，把寻址要求通知给信令网；信令网根据预先设置的寻址策略，在信源与信宿之间建立起连接；然后，用户专用这条连接传递信号；在此期间，信令网进行全过程监视；呼叫结束，信令网释放网络资源，如图 21 所示。

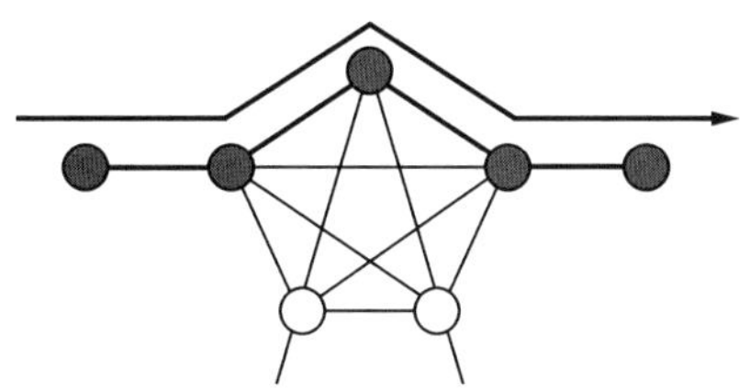

图 21　类似火车运行方式

2．**无连接操作寻址技术机理**。寻址过程：数据具有规定的分组结构和目的地址；在每个节点路由器的入口都进行竞争接入；节点路由器根据预先设置的寻址策略和目的地址，将数据分配到已选择的空闲链路；如此重复，直到到达目的地，如图 22 所示。

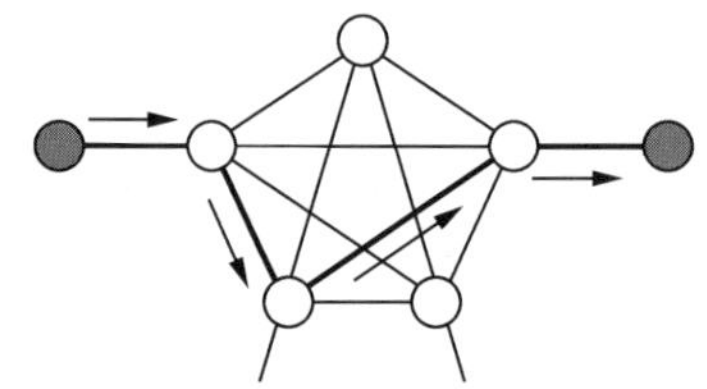

图 22　类似汽车运行方式

（四）电信网络机理分类

媒体网络根据复用技术和寻址技术分为 4 类，媒体网络决定了需求的支持网络。形成了 4 类电信网络形态，见表 2。

表 2　电信网络机理分类

电信网络	复用技术	寻址技术	现实网络
第 1 类	确定复用	有连接操作寻址	PSTN
第 2 类	统计复用	无连接操作寻址	Internet
第 3 类	确定复用	无连接操作寻址	CATV
第 4 类	统计复用	有连接操作寻址	B-ISDN

（五）电信网络机理分类讨论

根据技术机理得出的 4 类电信网络形态，与现实存在的 4 类电信网络形态一致。这说明机理推理的正确性以及在竞争环境中形成的电信网络技术已经成熟。

四、业务质量属性分析

（一）广义电信网络业务质量

ITU 电信网络业务质量及其保障体系如图 23 所示。

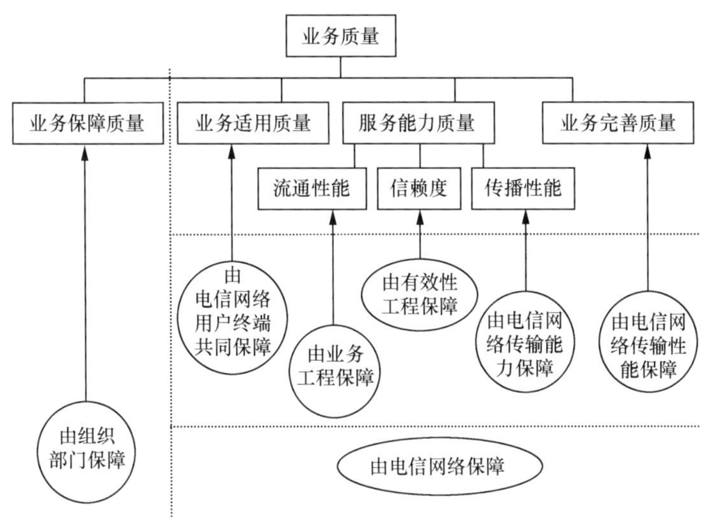

图 23 ITU 电信网络业务质量及其保障体系

1. **业务保障质量：**由电信主管部门的组织机构保障。

2. **业务适用质量：**由电信网络和用户终端共同保障。

3. **服务能力质量：**分为流通性能、信赖度和传播性能。流通性能由电信业务工程保障；信赖度由有效性工程保障；传播性能由电信网络传输性能保障。

4. **业务完善质量：**由电信网络传输性能保障。

（二）狭义电信业务质量

1. **狭义电信业务质量的定义方法：**择取广义质量中的部分内容作为狭义电信业务质量。

2. **狭义电信业务质量定义的不一致性：**不同网络形态狭义电信业务质量的选择内容不同。

（三）第一类电信网络（PSTN）的业务质量

1. **明确规定。**《电信业务工程》规定：呼叫拥塞概率小于 1%。

2. **隐含规定。**传输损伤控制规范：保障电信网络正常工作；同时保障服务质量。

（四）第二类电信网络（Internet）业务质量

第二类电信网络业务质量见表 3。

表 3　　第二类电信网络业务质量

业务等级	组丢失率	传递延时
电信级业务	1×10^{-3}	150ms
实时交互业务		400ms
非实时传递业务		1 000ms
尽力而为级业务	不限制	

此处“不限制”提法不妥。如果对于找不到归宿的数据不限制延时，最终将导致网络拥塞。

（五）第三类电信网络（CATV）业务质量

支持预先定时的广播电视业务；完全符合广播电视业务质量要求：ITU-T 建议的表 2/N.62 或表 1/N.64。

（六）第四类电信网络（B-ISDN）业务质量

用于核心网络时的业务质量规定见表 4。

表 4　　用于核心网络时的业务质量规定

业务等级	分组丢失率	传递延时
实时交互业务	3×10^{-7}	400ms
非实时传递业务	1×10^{-5}	400ms

（七）业务质量属性讨论

1. 采用确定复用时的业务质量

建立连接过程存在争取资源的竞争现象，一旦建立连接，就转入“专线”信号传递阶段。业务质量与网络负荷无关。

2. 采用统计复用时的业务质量

不存在建立连接过程，只有信号传递过程，信号传递过程始终存在竞争现象，业务质量与网络负荷密切相关。可见，采用不同复用技术时的服务质量比较困难。

五、网络资源利用效率属性分析

（一）广义网络资源利用效率

广义网络资源利用效率：设备利用率与时间利用率的乘积。

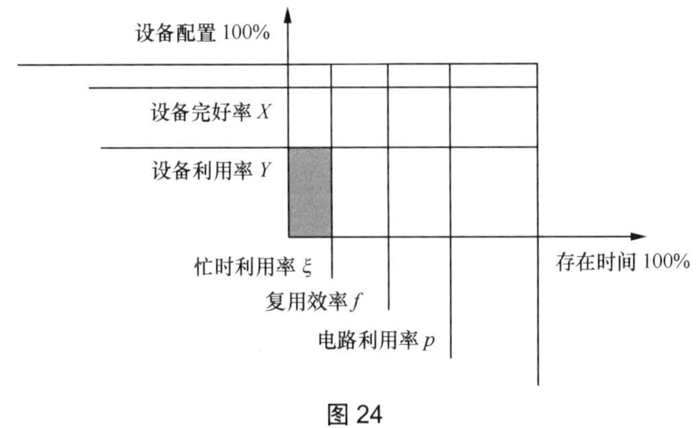

图 24

（二）狭义网络资源利用效率

假定设备利用率为 100%。

电路利用度ρ——电路应用时间与电路存在时间之比。

复用效率 f——电路应用期间，媒体信号比特数与总信号比特数之比。

忙时利用率ξ——承载信息的比特数与媒体信号比特数之比。

狭义网络资源利用效率：承载信息的比特积累时间与电路存在时间之比。

$$F = \rho f \xi \tag{1}$$

其中，ρ、f、ξ都取决于电信网络机理。

（三）第一类电信网络网络资源利用效率

1. 电路利用度

根据爱尔兰 B 公式和电路利用度公式得出：保证呼叫拥塞概率小于 1%，电路数量大于 100 条时，电路利用度小于 85%，如图 25 所示。

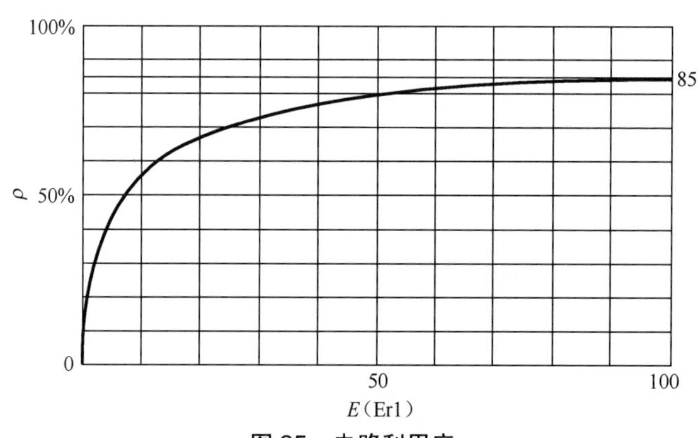

图 25　电路利用度

2. 网络复用效率

如图 26 所示，基群传输效率为 64×30/2 048=**93.8%**。

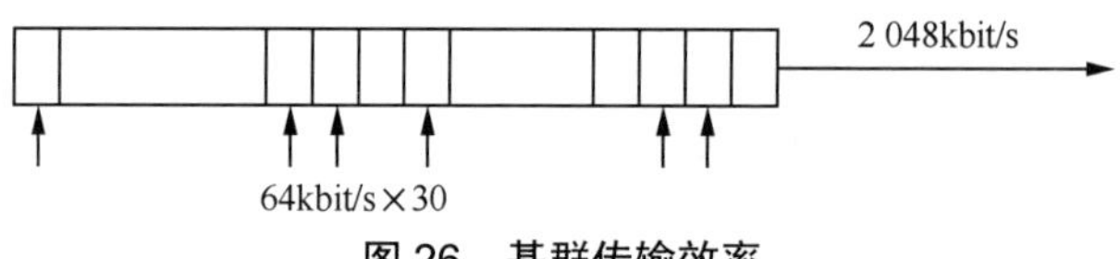

图 26　基群传输效率

3. 忙时利用率

如图 27 所示，单方向电路忙时利用率统计平均值为 **30%**。

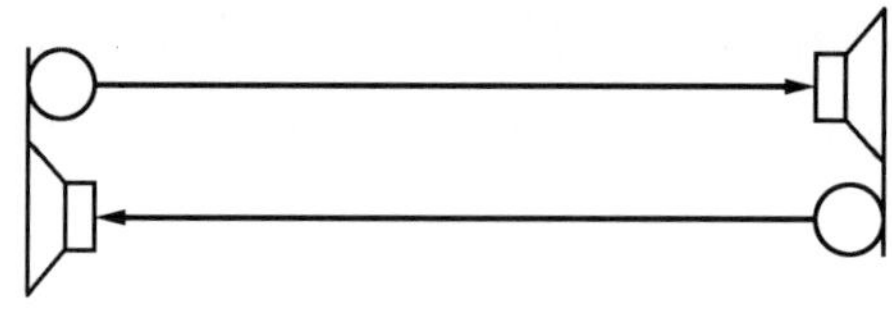

图 27　单方向电路忙时利用率

4. PSTN 的网络资源利用效率

最高网络资源利用效率为 85.0%×30.0%×93.8%=**23.9%**。

（四）第二类电信网络网络资源利用效率

1. 电路利用度

假定分组到达时间分布符合泊松分布；采用 $M/M/1/K$ 排队论模型：分组丢失率 $P_{loss}=1\times10^{-3}$；输出速率为 $R=64\times10^3$（bit/s）；分组长度为 $L=1\ 518\times8/2$（bit）。

分组丢失率计算如式（2）。

$$P_{loss}=P_k=[(1-\rho)\rho^k]/[1-\rho^{K+1}] \tag{2}$$

其中，ρ 为电路利用度；K 为缓冲存储器容量；P_k 为丢失概率；采用统计复接器（$M/M/1/K$）系统。

最大延时如式（3）。

$$T_{max}=KL/R \tag{3}$$

其中，R 为支路传输速率，单位为 bit/s；L 为分组长度，单位为 bit，采用统计复接器（$M/M/1/K$）系统。

电路利用度计算结果如图 28 所示。

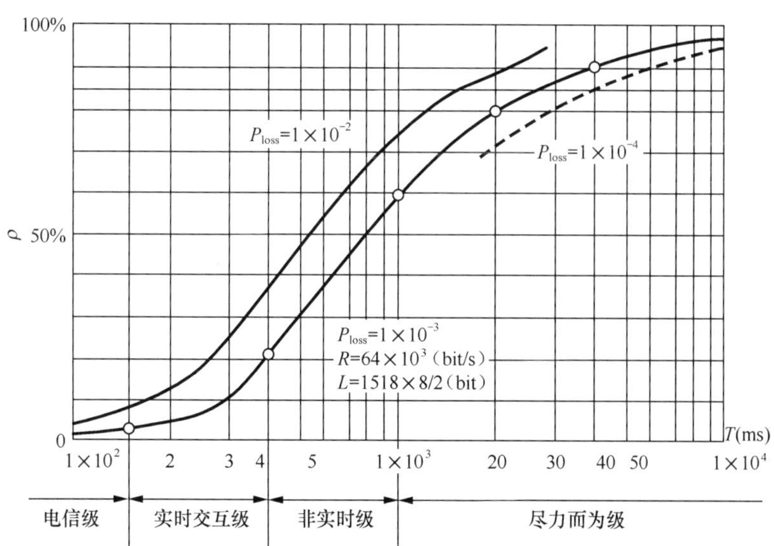

图 28 电路利用度计算结果

2. 复用效率计算

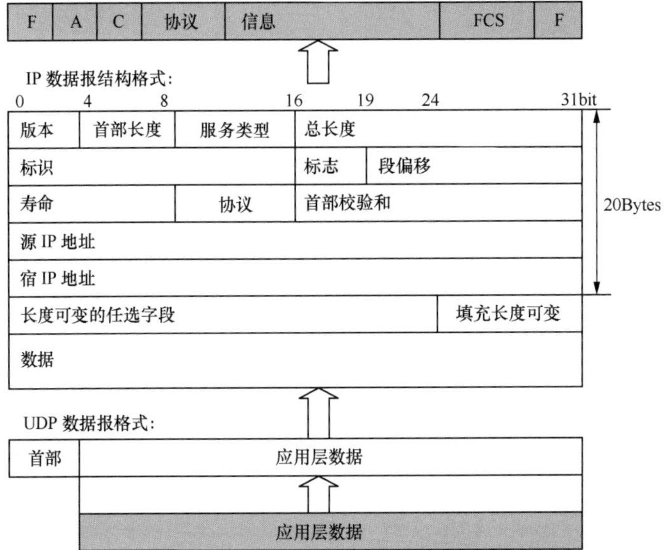

图 29 PPP-IP-UDP 帧结构

PPP-IP-UDP 帧结构计算，如图 30 所示。

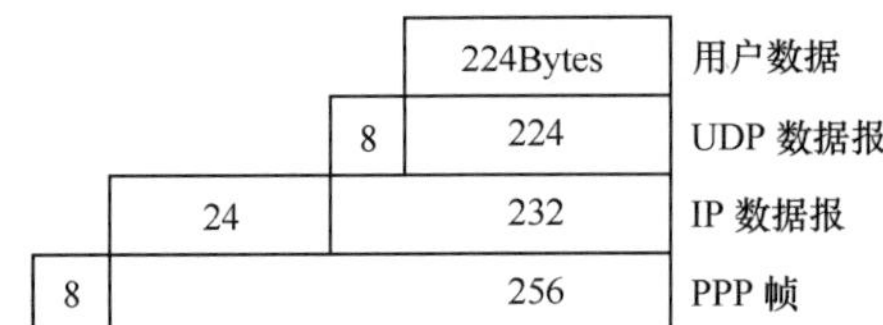

图 30 PPP-IP-UDP 帧结构计算

PPP 统计复用效率为 84.9%。

3. 忙时利用率

100%。

4. 第二类电信网络的最高网络资源利用效率

见表 5。

表 5 第二类电信网络的最高网络资源利用效率

业务等级	电路利用度	复用效率	资源利用率
电信级级	<3.0%	84.9%	**<2.6%**
实时交互级	<18.0%		**<15.3%**

续表

业务等级	电路利用度	复用效率	资源利用率
非实时传递级	<55.0%	84.9%	**<46.7%**
尽力而为级	>55.0%		**>46.7%**

（五）第三类电信网络网络资源利用效率

1．电路利用度：在预先规定的时间内，电路利用度为 100%。

2．忙时利用率：100%。

3．复用效率。

第三类电信网络复用：传送包复用帧结构如图 31 所示。

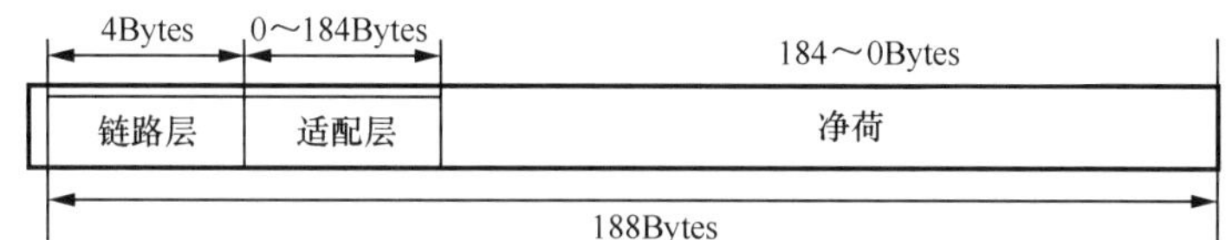

图 31　传送分组复用帧结构

传输场传输帧结构：美国大联盟（GA）标准，如图 32 所示。

图 32　传输场传输帧结构

BTV/FSN 电信网典型应用。高清晰度电视确定复用效率：地面广播复用效率为 58.5%；专线传递复用效率为 87.5%；ATM 传递复用效率为 86.8%。

4．第三类电信网络的最高网络资源利用效率见表 6。

表 6　　第三类电信网络的最高网络资源利用效率

传递方式	电路激活率	忙时利用率	网络资源利用效率
地面广播	100%	58.5%	58.5%
专线传递		87.5%	87.5%
ATM 复用		86.8%	86.8%

（六）第四类电信网络网络资源利用效率

1. 电路利用度

假定：信元到达时间分布符合泊松分布；采用 $M/M/1/K$ 排队论模型：输出速率为 R=2048×10³（bit/s）；分组长度为 L=53×8（bit）。

电路利用度计算结果见表 7。

表 7　　电路利用度计算结果

业务等级	T_{max}（ms）	P_{loss}（–）	ρ
电信级	≤150	1×10^{-6}	≤99.6%
实时交互级	≤400	1×10^{-6}	≤99.9%
非实时传递级	≥400	1×10^{-6}	≥99.9%

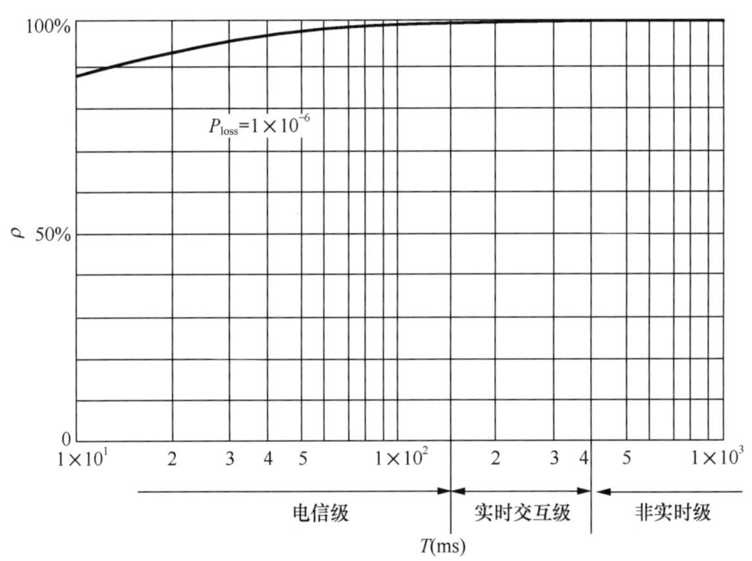

图 33

2. 忙时利用率

100%。

3. 复用效率

ATM/AAL2 统计复用效率。

第四类电信网络复用如图 34 所示。

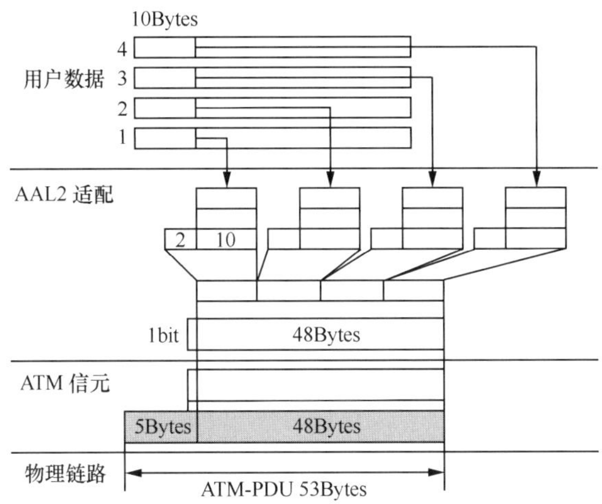

图 34　第四类电信网络复用

$$10\times4/(5+48)=75.5\%$$

第四类电信网络复用效率计算（如图 35 所示）：

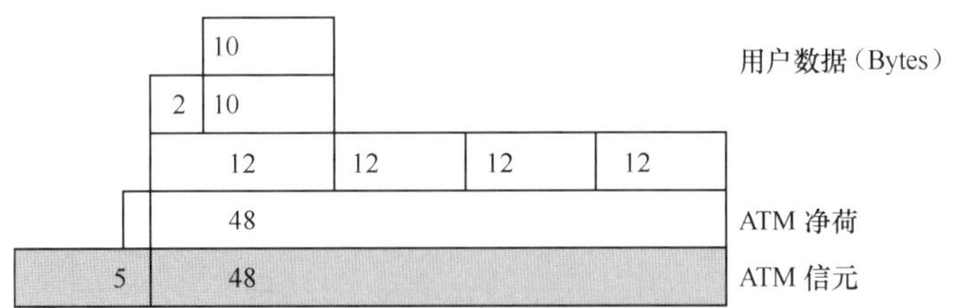

图 35　第四类电信网络复用效率

4. 第四类电信网络的最高网络资源利用效率

见表 8。

表 8　　第四类电信网络的最高网络资源利用率

业务等级	电路激活率	复用效率	网络资源利用率
电信级	<99.6%	75.5%	**<75.2%**
实时交互级	<99.9%		**<75.4%**
非实时级	>99.9%		**>75.4%**

（七）统计复用类电信网络的网络资源利用效率讨论

1. 网络资源利用效率与传递延时的关系

网络资源利用效率与传递延时的关系如图 36 所示。降低质量（增加延时）可以提高效率；降低效率可以提高质量（减少延时）。

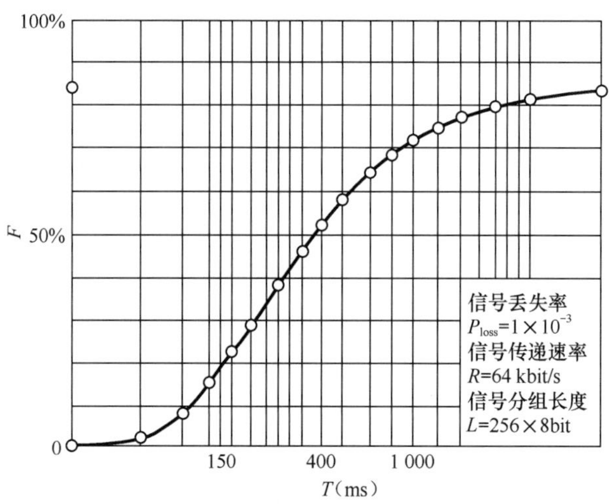

图 36　网络资源利用效率与传递延时的关系

2. 网络资源利用效率与信号传递速率的关系

网络资源利用效率与信号传递速率的关系如图 37 所示。网络资源利用效率随着信号传递速率的增加而增加。即提高接入速率可以提高效率。

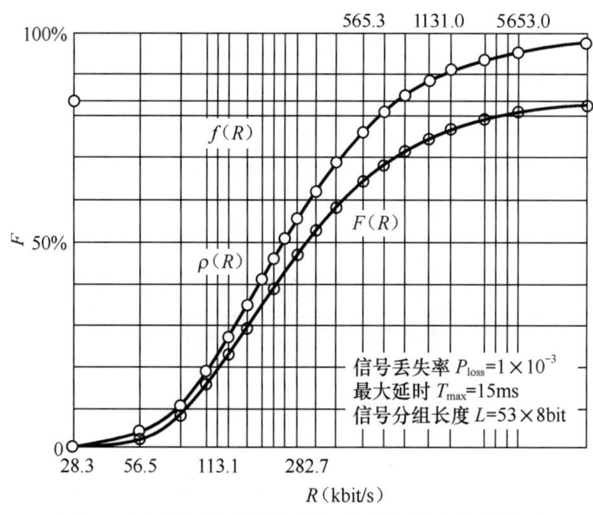

图 37　网络资源利用效率与信号传递速率的关系

3. 网络资源利用效率与字长的关系

网络资源利用效率与字长的关系如图 38 所示。

（1）存在最佳字长，可获得最高网络资源利用效率。

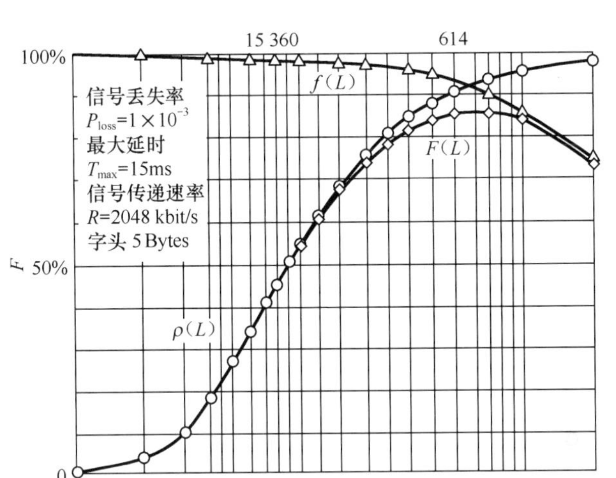

图 38　网络资源利用效率与字长的关系

（2）相对于最高效率的最佳分组字长计算如式（4）。

$$L_{opt}=F（P_{loss},T_{max},R,LO） \quad （4）$$

其中，P_{loss} 为分组丢失率；T_{max} 为传输延时；R 为接入速率；LO 为分组字头长度。

最佳字长计算公式，可以作为 NGN 自适应调整的一种基础。

（3）关于最佳分组字长的推论。因为统计复用存在最佳字长，所以在不同次通信过程中，ATM 定字长是不合理的。在同一次通信过程中，IP 变字长也是不合理的。

六、网络安全属性分析

（一）网络安全属性概念

1．网络安全概念：在对抗环境中出现的对抗概念。

2.“信息安全”与“网络安全”含义不同。

（1）概念：电信是利用电磁方法传递承载信息的信号。其中，电磁相当于道路、信号相当于车辆、信息相当于货物。

（2）信息安全任务：保护信息（货物）安全；信息安全技术：加密、解密、破译等。

（3）网络安全任务：保护电磁和信号（道路和车辆）安全。

（二）第一类电信网络的网络安全属性

1. 用户终端接入采用专用电路。
2. 用户具有由网络确定的唯一确定地址。
3. 连接经过的节点和节点之间的电路确定。
4. 媒体信号与控制信号在不同电路中确定复用传递。
5. 信令网和管理网是封闭的专用网络。

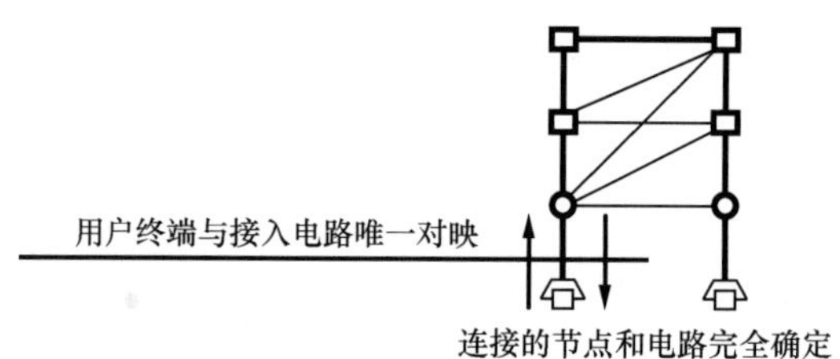

（三）第二类电信网络的网络安全属性

1. 用户终端并列接入公用电路。
2. 用户终端地址可以由用户设置。
3. 信号传递通过的节点和节点之间的电路都不确定。
4. 媒体信号与控制信号在相同电路中统计复用传递。
5. 管理网是封闭的专用网络。

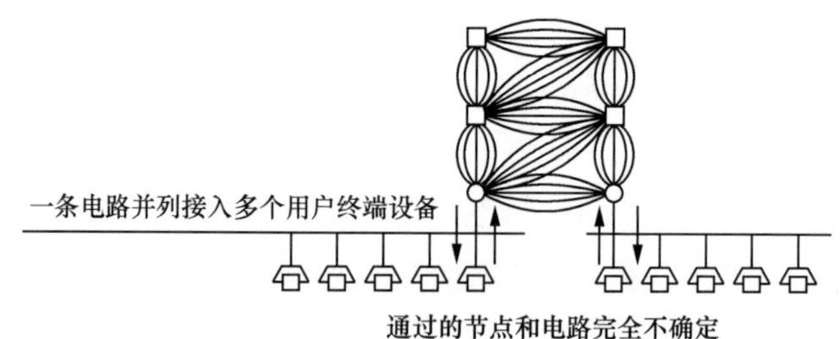

（四）第三类电信网络的网络安全性

1．通常用户终端只有接收能力。

2．网络结构和传递电路固定。

3．媒体信号自上而下流动。

4．媒体信号与控制信号在不同电路中确定复用传递。

5．管理网络是封闭的专用网络。

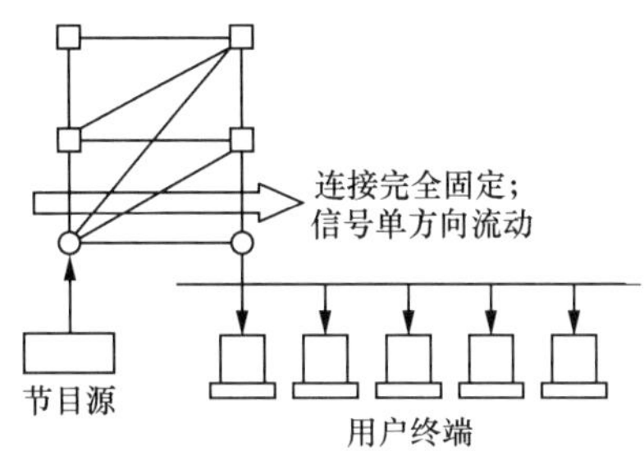

（五）第四类电信网络网络安全属性

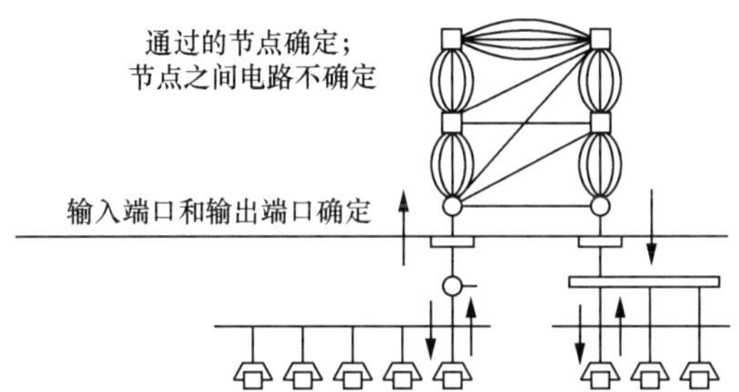

1．用于核心网络时，信号输入端口和输出端口确定。

2．信号通过的节点确定。

3．信号通过的节点之间的电路不确定。

4．媒体信号与控制信号在不同电路中传递。

5．信令网和管理网是封闭的专用网络。

（六）网络安全属性讨论

1. 网络安全关注的问题

（1）电信网络是否容易被对方秘密使用，例如偷用。

（2）电信网络是否容易被对方公开侵入，例如骚扰。

（3）电信网络是否容易被对方秘密侦测，例如木马。

（4）电信网络是否容易被对方恶意破坏，例如病毒。

2. 支持网络是各类电信网络共同的安全薄弱部位

（1）正常情况下，支持网络只接受管理者控制。

（2）支持网络遭受入侵，可能破坏整个电信网络。

七、电信网络工程应用原则

（一）信息系统构成

信息系统的构成如图 39 所示。

1. **信息基础设施**：支持信息业务系统的网络平台，同时支持其他基础设施。

2. **信息业务系统**：支持特定服务的应用系统，由客户机和服务器组成。

3. **信息系统**：信息基础设施和信息业务系统的集合。

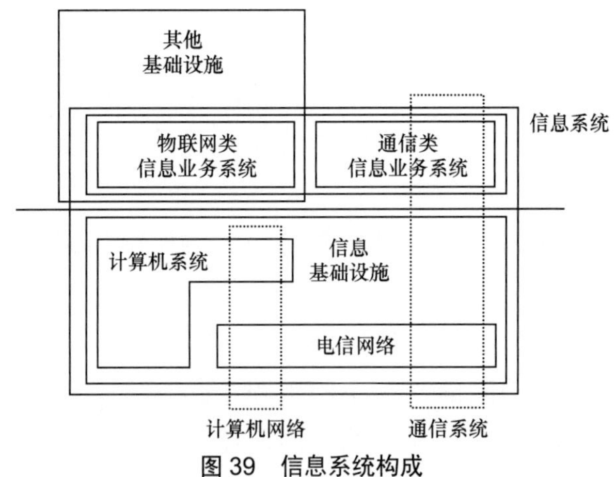

图 39 信息系统构成

（二）信息基础设施分类

1．**第一类信息基础设施**：由电信网络构成，原称电信网络。

2．**第二类信息基础设施**：由电信网络和计算机系统构成，原称计算机网络。

3．**第三类信息基础设施**：由计算机系统构成，原称计算机系统。

4．**关于“Cyberspace”“Cyber”**

本名词出自 2003 年美国白宫文件：“网络空间安全的国家战略”（The National strategy To Secure Cyberspace）。网络空间是由大量计算机、服务器、路由器、交换机和光缆组成。美国的关键基础设施就是依靠它们得以运行。”可见，“Cyber”与 ITU 关于“信息基础设施”的定义和功能是一致的。

（三）信息系统分类

1．**第一类信息系统**：用于人与人之间的信息系统，原称通信系统。

2．**第二类信息系统**：用于人与物之间的信息系统，原称遥控系统。

3．**第三类信息系统**：用于物与人之间的信息系统，原称遥测系统。

4．**第四类信息系统**：用于物与物之间的信息系统，现称为物联网（Internet of Things）。

习惯称呼：与人相关的信息系统，称为通信系统；与物相关的信息系统，称为物联网，所以这两类信息系统之间存在模糊地带。

（四）通信系统分类

1．分类根据

（1）**电信网络因素**：传输系统应用状态、复用设备应用状态、寻址设备应用状态。

（2）**电信业务因素**：支持电信业务类别。

（3）**用户终端因素**：用户终端工作状态。

2．通信系统分类

通信系统的分类见表 9。

（1）如果仅考虑网络因素，可分为 27 类。

（2）如果同时考虑服务因素，可分为 81 类。

（3）如果同时考虑终端因素，可分为 243 类。

（4）如果同时考虑其他因素，可分为更多种类。

表 9　　通信系统的分类

信息系统		电话系统	传真系统	数据系统	广播电视	网络电视	MUTS	DL	Ad hoc	MSTP
传输	单工				●					
	半双工							●	●	
	双工	●	●	●		●	●			●
复用	确定	●	●		●		●	●		●
	统计			●		●				
	不用								●	
寻址	有连接	●	●				●			
	无连接			●		●				
	不用				●			●	●	●
支持业务	电话	●					●			●
	数据		●	●				●	●	●
	电视				●	●				●
终端状态	固定	●		●	●	●				●
	可搬移		●	●						
	移动					●	●	●	●	

3．近年，通信系统随时大量出现，但是得到推广应用的却很少。

4．很多现代通信系统是重大应用发明。例如：数据链——半双工无线电台按时分同步工作，成为现代兵器的支持系统；短消息——在互联网中非实时传递短数据，成为极高效率和极低成本的通信系统。

（五）电信网络在工程应用中的优劣判据

1．工程应用属性

（1）**网络环境**：拓扑规模、结构层次、传输环境。

（2）**电信业务**：实时业务、非实时业务。

（3）**设计目标**：业务质量、网络资源利用效率、网络安全、建设和维护成本。

2. 工程应用优劣判断

（1）**优劣概念**：电信网络的属性无优劣概念。电信网络工程应用出现优劣概念。

（2）**电信网络工程应用的优劣判据**：电信网络属性是否与工程应用属性匹配，匹配则优；不匹配则劣。

（3）**电信网络工程应用的总体评价**：4 类网络都能很好地支持与其属性匹配的应用；任何网络形态都不能最好地支持所有工程应用。

（六）物联网是信息化发展进程的里程碑

在人类社会信息化发展进程中，通信系统首先得到推广应用，遥测系统和遥控系统随后也得到广泛应用。直到近年，我国才逐渐推广应用物联网。不言而喻，这是社会信息化从低级到高级的发展过程，所以推广应用物联网是信息化进程的里程碑。

（七）家居物联网研制典型案例

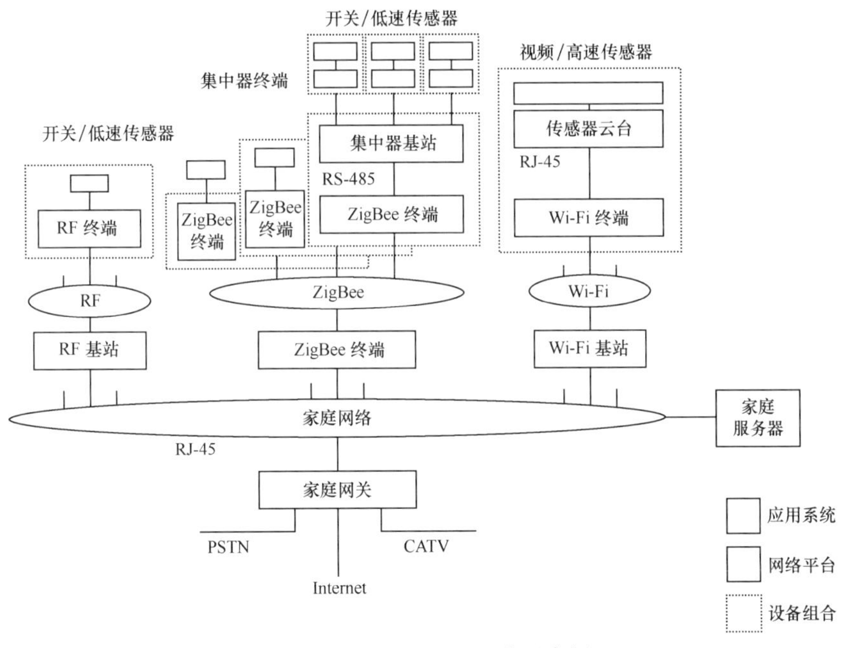

图 40　家居物联网研制典型案例

八、电信技术应用和发展的指导思想

（一）指导思想分类

电信技术及其属性是客观存在，如何利用和发展信息技术取决于人的思想。关于如何利用和发展信息技术历史上先后出现过以下两类指导思想。

1. 业务综合思想。
2. 网络融合思想。

（二）业务综合思想

1. 背景

（1）1980 年以前，第一类网络形态（PSTN）处于强势状态。

（2）1980 年 ITU 提出建议 I.120：综合业务数字网（ISDN），其中引入基于 ISDN 的业务综合思想。

2. 业务综合思想概要

用一种基本技术体系；构成一种基本网络形态；支持所有各类信息业务。

3. 历史评价

业务综合思想曾经起到积极指导作用。例如，PSTN 原始定义误码指标：平均误码率，能够很好地支持电话业务，有时却不能很好地支持数据业务；PSTN 重新定义误码指标：平均误码率、无误码秒时间百分数，能够同时很好地支持电话和数据业务。

4. 1990 年之后遇到的矛盾和困难

排他性与网络基础多样性之间的矛盾；理想性与现实网络基础之间的矛盾；总体思路与技术基础之间的矛盾。

（三）网络融合思想

1. 背景

（1）1990 年以后，4 类电信网络形态逐渐呈现均势状态。

（2）1996 年 ITU 提出建议 Y.110：GII 的原则和框架结构，其中提出了网络融合思想。

2. 网络融合思想概要

（1）技术配合：技术相互学习，以改善技术效能。

（2）资源兼用：资源配合应用，以改善网络功能。

（3）平滑过渡：各类网络形态逐步扩大共同点，以趋近目标。

如图 41 所示，1996 年之前存在 3 类网络系统，大异小同。

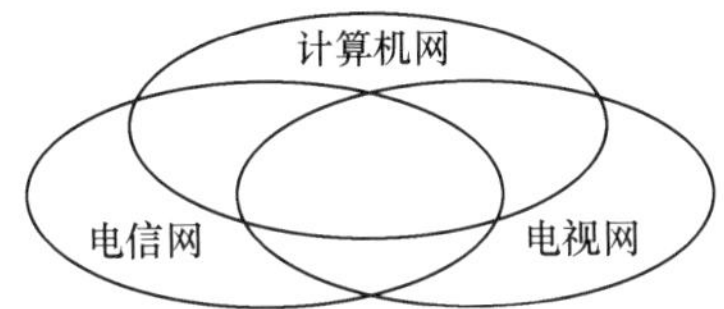

1996 年近期形态：共同点逐渐扩大：

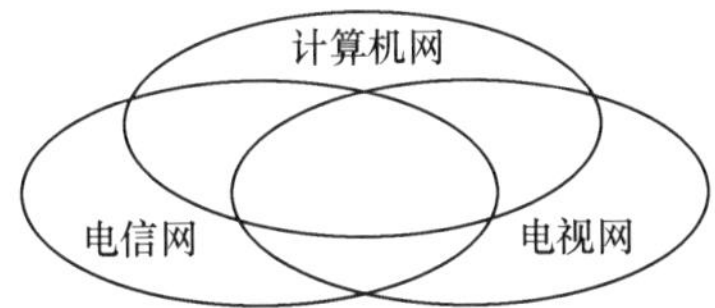

1996 年将来形态：大同小异：

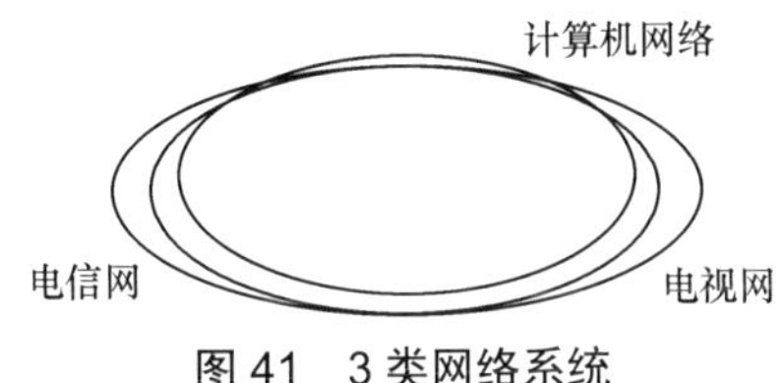

图 41　3 类网络系统

（四）网络融合思想的工程效果

1. 1980 年研制 ISDN 交换机

（1）遵循业务综合指导思想。

（2）研制成功的 ISDN 交换机：利用电路交换模块支持电话交换；利用数据交换模块支持数据交换。

（3）工程效果评价：当时认为这是一种无奈的临时解决方案：未能采用一种技术体系；未能研制出统一体制的交换机；未能支持单一体制

的网络形态。

1982年研制成功的ISDN交换机，如图42所示。

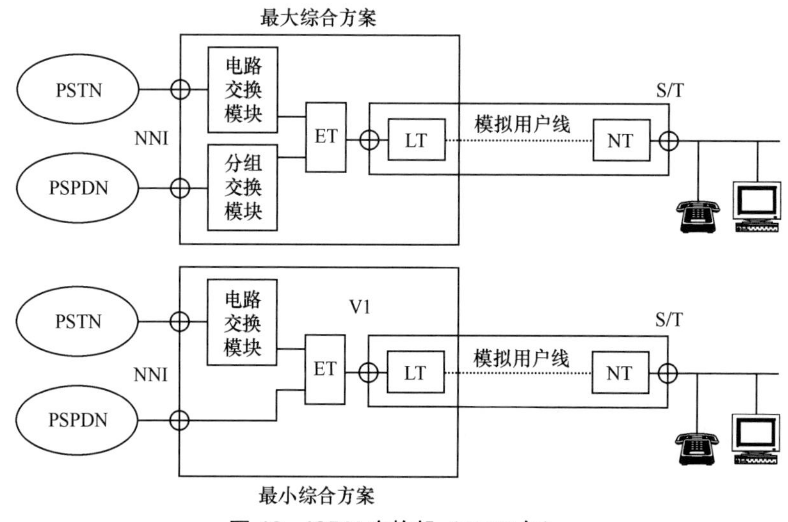

图42　ISDN交换机（1982年）

2. 1998年研制GII寻址设备

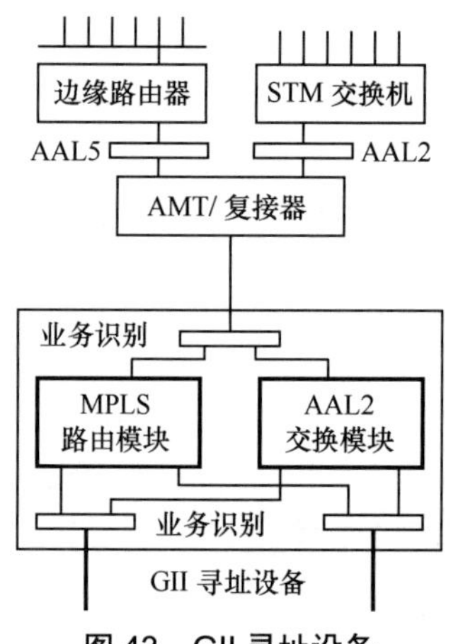

图43　GII寻址设备

（1）遵循网络融合指导思想。

（2）研制成功的GII寻址设备：利用AAL2交换模块支持高实时电话业务；利用MPLS路由模块支持高效率数据业务。

（3）工程效果评价：认为是良好的工程设计：因为不折中，获得最好质量、最低成本、花费最短研发时间。

九、电信网络技术融合问题

（一）提出核心网的网络融合问题

1996 年以前的电信网络形态是三网分立。为了大幅度简化电信网络，ITU 提出了“核心网络的网络融合”问题，如图 44 所示。

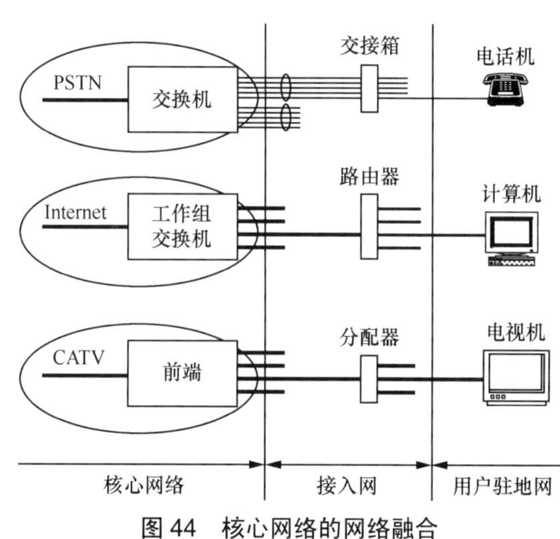

图 44　核心网络的网络融合

（二）核心网实现网络融合

1. 问题提出

1996 年以前，存在 3 种电信网络形态：PSTN、Internet、CATV。在核心网环境中，采用其中任何一种电信网络都不能同时高质量和高效率地支持综合业务。

2. 核心网实现网络融合

PSTN 放弃确定复用，采用统计复用；Internet 放弃无连接操作寻址，采用有连接操作寻址。结果是殊途同归，发明了采用“统计复用和有连接操作寻址”的宽带综合业务数字网（B-ISDN）。B-ISDN 在核心网环境中，能够高质量和高效率地支持综合业务。

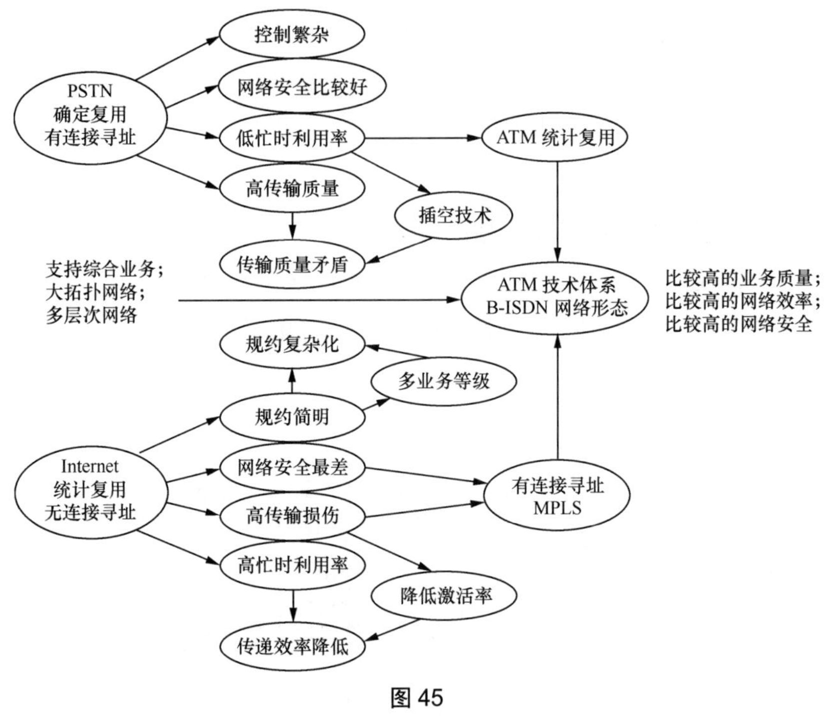

图 45

（三）提出接入网的“三网融合”问题

1. 核心网网络融合的结果

B-ISDN 居于核心网中间，其余 3 类电信网络被推到核心网边缘。

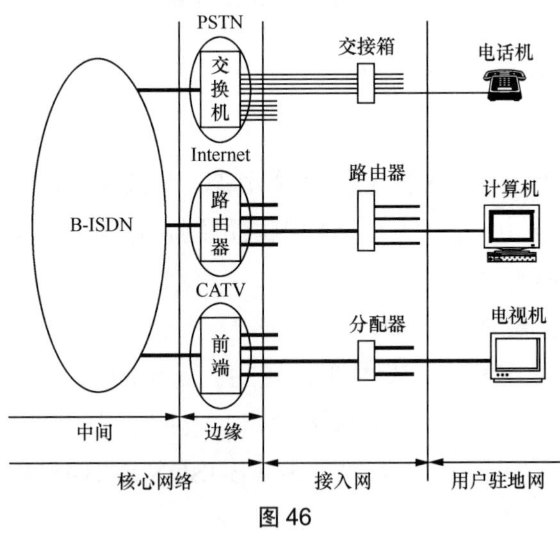

图 46

2. “三网技术融合”的概念

在接入网和用户驻地网环境中，充分利用 PSTN、CATV、Internet 3 类技术体系的潜在效能，最大限度地简化网络形态。

3. ITU 于 1996 年提出的问题

数据业务的出现，带来“网络融合”问题。受电信业务状况、技术水平、经济现实、运营体制等因素的限制，接入网的三网融合问题迟迟未得解决。

（四）用户驻地网实现三网融合

1. 研究环境

因为接入链路融合问题迟迟未得解决，所以用户驻地网迟迟未被电信界特别关注。因而也不存在经济现实等因素制约。于是，得以比较单纯地研究用户驻地网融合问题。

2. 近年研究结论

用户驻地网采用第二类网络形态，能够较好地支持综合业务。

3. 总体评价

用户驻地网的研制和试点应用，证明了上述结论的合理性；近年来网络电视的迅速发展，也进一步证实了上述结论的合理性。

（五）接入网实现三网融合

1. 接入网技术融合结论

接入网夹在核心网与用户驻地网之间，核心网与用户驻地网都采用统计复用技术，所以接入网地采用统计复用技术。

2. 实现时机

目前，依靠多媒体支持的综合业务越来越普及；简明、便宜、宽带的无源光网络越来越成熟；国际上越来越多的国家推行运营融合政策；用户驻地网络（家庭网络）逐渐普及；交互电视和互联网电视迅速发展，这就给实现接入网三网融合以强大的推动力。因此，各国政府和电信界普遍认识到，现在应该是实现接入网三网融合的时候了。

（六）接入网三网融合技术的现实问题

三网融合技术问题已经被解决。推广应用中的成本问题：IPTV 完全取代互动电视，将取消波分复用；VoIP 完全取代模拟电话，将取消软交换。

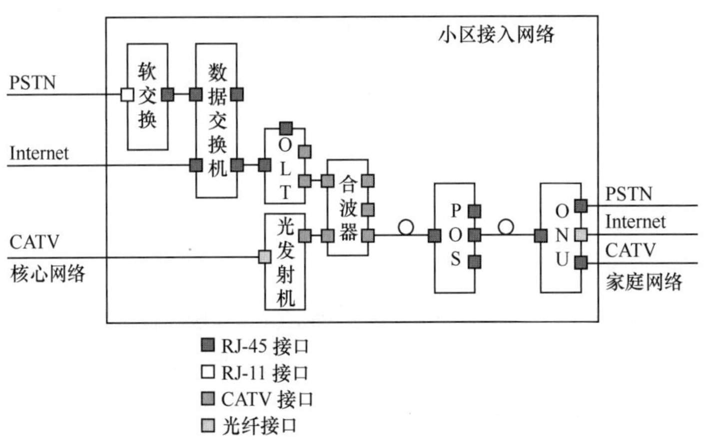

十、GII 及 NGN 研究进展

（一）GII 研究进展

国际电信联盟（ITU）关于全球信息基础实施（GII）研究框架如下。

1．Y.100 概述。

2．Y.200 业务、应用和中间件。

3．Y.300 网络方面。

4．Y.400 接口和协议。

5．Y.500 编号、地址和命名。

6．Y.600 运营、管理和维护。

7．Y.700 安全性。

上述研究成就已经为现实和发展中的电信网络构建了总体框架。

（二）GII 的基本思路

支持 GII 的电信网络形态简称 GII 网络形态。构建 GII 网络形态的基本思路归纳如下。

1. 遵循网络融合思想。
2. 充分利用所有技术体系的长处。
3. 尽可能利用现有的网络资源。
4. 尽可能很好地支持所有电信业务。
5. 尽可能简便地向 GII 方向过渡。

（三）GII 的设计目标

1. 支持的电信业务是综合业务；
2. 支持的网络环境是大拓扑复杂结构网络；
3. 设计目标是同时提供：

（1）高业务质量；
（2）高网络资源利用效率；
（3）高电信网络安全性；
（4）尽可能的低成本。

（四）GII 的网络结构

GII 的网络结构如图 47 所示，它充分利用各类技术体系。

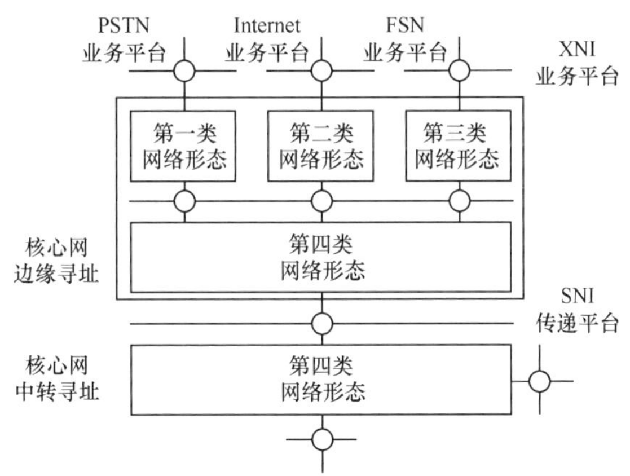

图 47　GII 的网络结构

1. 利用第一类网络形态，支持电话业务；
2. 利用第二类网络形态，支持数据业务；

3．利用第三类网络形态，支持广播电视；

4．利用第四类网络形态，支持综合业务。

四网合一：外部：一种技术；内部：多种技术。

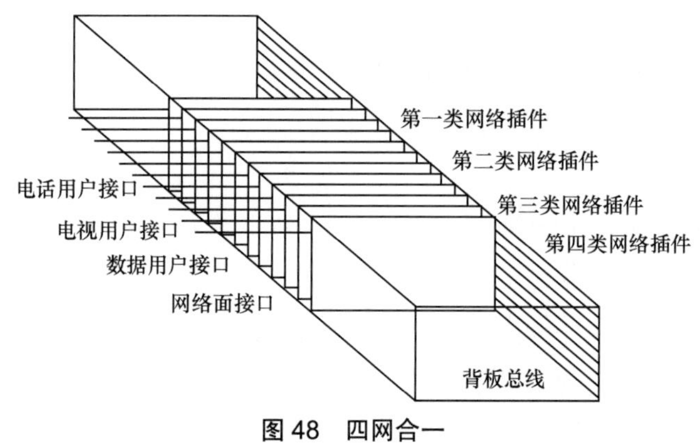

图 48　四网合一

（五）NGN 研究进展

1．ITU-T 认为，NGN 是实现 GII 概念的技术体系。

2．2001 年 ITU-T 开始研究遵循 NGN 体现发展技术问题。NGN R1 标准已经公布。NGN 功能结构引起电信界普遍关注。

3．NGN 具备以下基本特征。

（1）多业务网络能力融合。

（2）分组技术广泛使用。

（3）承载和业务分离。

（4）业务信号与控制信号逻辑分离。

（5）资源和业务逻辑分离。

（6）支持多种接入技术。

（7）支持广泛移动性。

（六）NGN 技术归纳

1．异步传递方式（ATM）统计复用技术。

2．多协议标签交换（MPLS）路由器技术。

3．第二类异步适配（AAL2）寻址技术。

4．GII 寻址技术。
5．软交换技术。
6．区别服务（DiffServ）协议。
7．综合服务（IntServ）协议。
8．自动交换光网络（ASON）技术。
9．IPv6 技术。
10．第三代（3G）移动通信技术。
11．正交频率复用（OFDM）技术。
12．基于组合公共密钥（CPK）的标识认证技术。
13．无线空间转信技术。

（七）NGN 功能结构

NGN 的功能结构如图 49 所示。

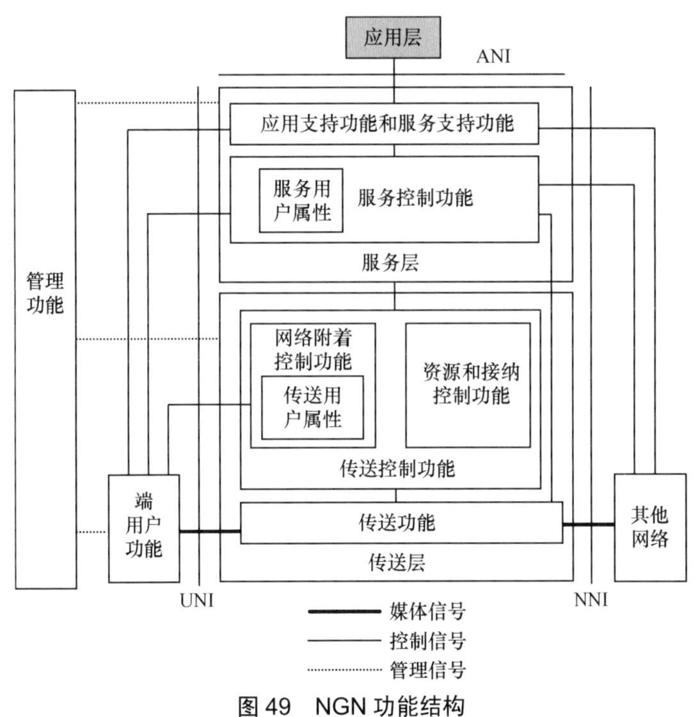

图 49　NGN 功能结构

（八）一种现实而有效的电信网络自适结构调整方案

根据给定参量，利用最佳分组字长计算公式（式（4））求得最佳字长 L_{opt}。

在这次通信过程中，采用这种最佳字长，因而获得这次通信过程的最高可能的网络资源利用效率；在另次通信过程中，采用另一种最佳字长，因而获得另次通信过程的最高可能的网络资源利用效率。

十一、电信环境演变及其影响

（一）电信应用环境的演变

1. 双重环境

电信技术的出现处于双重环境之中，即“竞争应用环境”和“对抗应用环境”。

2. 早年环境

多数应用环境属于“竞争环境”，例如，民用通信。少数应用环境属于“对抗环境”，例如，军事通信。

3. 近年环境

对抗应用环境在迅速扩大。曾几何时，从军事对抗、政治斗争、经济竞争环境，迅速向民众服务业和日常通信环境扩展。例如，1994 年美国参议院签署“司法强制性通信协助法案”，开辟了“合法侦听”的先河。

（二）竞争类电信技术

1. 概念

竞争应用环境要求电信技术通用，以便为全人类服务。于是，1865 年就成立了国际电信联盟（ITU），组织国际电信制造商和运营商业，研究制定统一的“建议”（设备标准和运营规范）。

2. 标准

竞争类技术具有客观标准，实现了某些标准就是某种设备。

3. 评价

可以这样评价竞争类技术的水平：一家首先掌握了这种技术就称为

“技术领先”；多家首先掌握了这种技术就称为“技术先进”。

（三）对抗类电信技术

1. 概念

对抗应用环境要求电信技术特殊，以便为部分人服务。于是，这部分人（例如军队）研究特殊电信技术（例如加密和破译），实现对抗目标。

2. 目标

对抗类技术不存在客观标准，存在相对目标：针对现实攻击的防卫；针对现实防卫的攻击。

（四）“对抗类技术”与“竞争类技术”的关系

1. 信息安全与电信网络机理无关，所以信息安全技术不需要竞争类技术支持。

2. 网络安全与电信网络机理密切相关，所以网络安全技术需要竞争类技术支持。在网络安全技术领域中，竞争类技术是对抗类技术的基础。

（五）对抗类技术设备的设计原则

1. 对抗类技术设备设计的针对性

对抗类技术总是针对具体目标：针对特定攻击的防卫；针对特定防卫的攻击。例如，针对普通百姓，CA 设备简单即可行；针对黑客高手，CA 设备复杂也无效。

2. 对抗类技术设备设计的现实性

对抗类技术总是具有现实性。如果现实的对抗目标消失了，那么这项对抗技术也就无效了。例如，如果某种病毒消失了，针对这种病毒的杀毒软件也随着消失。

（六）对抗类技术的应用管理问题

1. 对抗类技术必须集中管理

对抗类技术不存在客观标准。因此，对抗性技术设备不存在专家们的优选方案，只存在主管者的认可方案。

2. 对抗技术不成功管理案例

例如，CATV 条件接收（CA）管理：由各个机顶盒生产厂家分别设计、生产和销售；我国出现了 180 多种 CA 方案和 70 多种机顶盒。

3. 对抗技术成功管理案例

例如，军事通信加密管理：由主管部门授权独家设计、生产和销售；把保密设备做成“黑盒子”；不公开原理和方案。

结语

一、关于电信网络机理分类

1. 电信网络按技术机理分为 4 类网络形态。理论预计的与现实存在的电信网络形态一致。

2. 竞争环境中产生的电信网络技术已经基本成熟。

3. 电信网络机理分类为电信网络属性分析和信息系统分类奠定了基础，也为电信网络应用和对抗奠定了基础。

二、关于信息系统应用分类

1. 如果考虑网络、服务、终端和其他因素，电信类信息系统就可能出现超过 243 类之多。

2. 世界上随时都在出现大量多种多样的信息系统。

3. 人们不可能应用和对抗看起来杂乱无章的世界，人们只能应用和对抗已经看出规律的部分。

4. 可见，应用系统研究具有重大价值。

三、关于应用和发展电信技术的指导思想

1. 电信网络及其属性是客观存在，无所谓优劣之分。

2. 人类如何应用和发展这些技术，却出现了优劣之分。

其主要原因源于人的指导思想。

3. 目前，电信技术处于发展成熟时期，其间，主流指导思想是“网络融合”思想。

四、关于电信网络融合

1．网络融合的目标是在特定的应用环境中，充分发挥各种电信网络的潜在效能，以尽可能简化电信网络的建设和维护成本。

2．在公用电信网络环境中，1996 年已经明确，核心网采用 B-ISDN；近年已经明确，用户驻地网采用 Internet。

3．技术发展与经济现实之间的矛盾决定了网络融合方向；工程实施需要时间。

五、关于电信环境的演变

1．近年来，电信界出现的重大变化是电信环境演变："对抗环境"加速扩展。

2．一个国家在对抗环境中生存发展，必须做出理性反应，甚至别无选择：针对攻击的防卫和针对防卫的攻击。

3．任何国家政府，必须和必然支持"对抗类电信技术"发展，特别是在电信网络对抗技术方面。

六、电信网络技术向何处发展

1．有些人致力于新一代网络（NGN）研究，支持大幅度提高网络资源利用效率。

2．有些人致力于网络融合技术研究，支持尽可能简化电信网络，以降低成本。

3．有些人致力于电信网络栅格化技术研究，支持网络平台更有效地多维应用。

4．有些人致力于对抗类技术研究，支持国家基础设施尽可能不被破坏。

5．有些人致力于广泛深入的信息化，支持国民经济可持续发展。

注：本文为根据 2005—2015 年历年电信网络机理讲座整理而成。

国家信息基础网络的网络安全体系框架

（2006 年）

一、背景

（一）国家信息基础设施（II，Information Infrastructure）的构成

1．信息系统由信息基础设施和信息业务系统组成；信息基础设施由计算机系统和电信网络组成。电信网络执行信息传递功能；计算机系统执行信息处理功能；信息业务系统执行信息应用功能。

2．本报告中的“国家信息基础网络”就是 ITU 定义的“电信网络”（Telecommunication Network）。

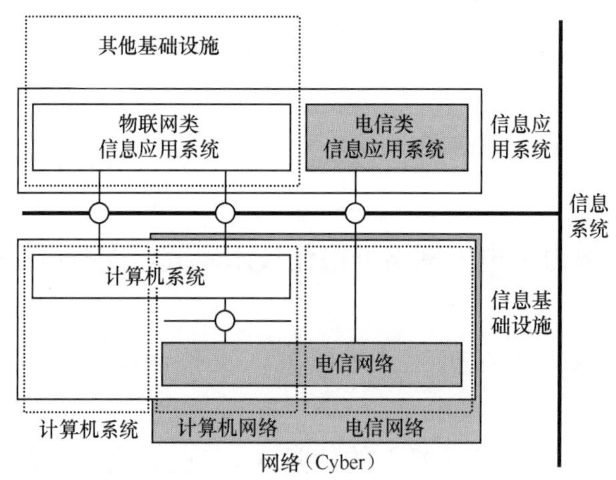

（二）国家信息基础设施的重要性

1．国家基础设施泛指：农业、工业、教育、邮政、交通、信息、贸

易、能源、银行、服务、政府、国防、科学和娱乐等部门的公共和私营基础设施。

2. 国家信息化的结果：利用国家信息基础设施支持其他国家基础设施，使得其他国家基础设施越来越有效，其他国家基础设施与国家信息基础设施联系越来越密切，最终国家信息基础设施成了其他国家基础设施的公共基础之一。

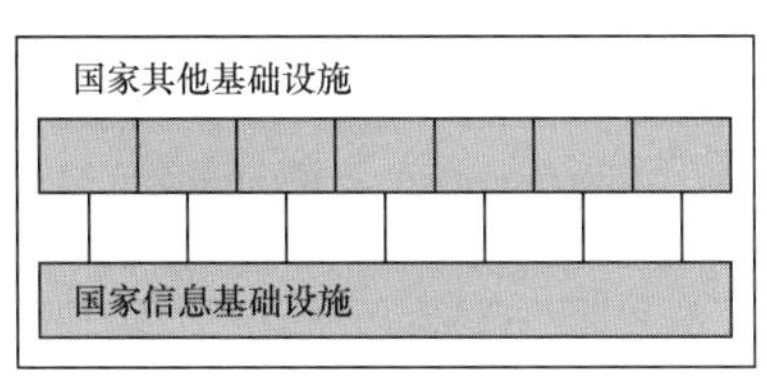

国家基础设施

（三）国家信息基础设施的脆弱性

随着信息技术的发展，国家信息基础设施的脆弱性表现如下。

1. 在“可信世界”中产生的国家信息基础设施：信息系统的安全漏洞越来越明显，信息系统的安全防卫越来越困难。

2. 在“不可信世界”中产生的黑客和有组织势力：攻击信息系统的工具越来越先进，实施信息系统攻击越来越容易；

3. 信息系统对抗形势：越来越不利于安全防卫，国家信息基础设施越来越脆弱。

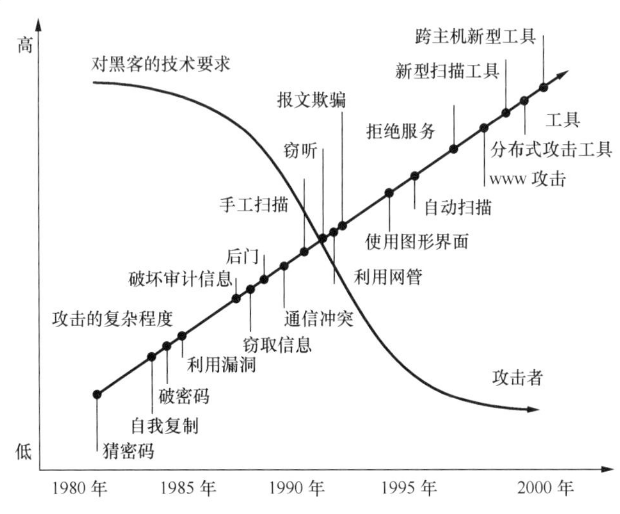

（四）信息系统安全的概念

信息系统安全问题来源于电信网络在执行信息传递过程中引入的安全问题；计算机系统在执行信息处理功能过程中引入的安全问题；信息业务系统在执行信息应用过程中引入的安全问题。低层次安全问题通常是高层次安全问题的形成原因；电信网络的安全是整个信息系统安全的基础。

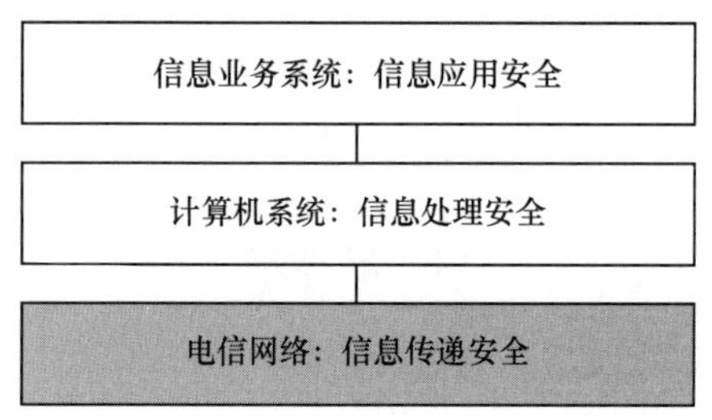

（五）信息系统安全问题发展演变

1. 通信保密年代（20 世纪 40 年代）

（1）应对问题：军用电信网络之中出现了“窃密”问题。

（2）技术专业：建立以电信专家为主的保密专业。

（3）安全构件：机密性。

（4）支持技术：传统的密码技术。

（5）中心任务：把“信息”保护起来。

2. 计算机安全年代（20 世纪 70 年代）

（1）应对问题：窃取、篡改和伪造信息业务系统中的信息。

（2）技术专业：形成以计算机专家为主的信息安全专业。

（3）安全构件：机密性、完整性、可用性、可控性和可追溯性。

（4）支持技术：现代密码和破译技术。

（5）中心任务：把“计算机系统”保护起来。

3.（计算机）网络安全年代（20 世纪 90 年代）

（1）应对问题：计算机网络遭受的病毒和黑客入侵问题。

（2）技术专业：信息安全和计算机专业融合形成网络安全专业。

（3）安全构件：保护、探测、响应、控制和报告。

（4）支持技术：计算机网络安全防卫和信息业务系统的对抗。

（5）中心任务：把“计算机局域网络”保护起来。

4. 向网络世界安全过渡年代（21 世纪初）

（1）信息系统中的安全对抗经历着深刻的变化：攻击者不限于单个黑客，还有更具威胁的有组织的攻击；攻击目标不限于信息和计算机网络，扩展到电信网络。

（2）面对新的攻防斗争形势的技术演变：美国白宫 2003 年提出了“Cyber：网络世界”安全概念；安全技术界提出“构建可信网络世界”的设想。可信网络世界包括可信计算、可信连接和可信应用。其中，可信连接是构建可信世界的基础。

（3）可信连接就是电信网络安全的内涵。因此，电信网络的网络安全是信息系统安全的组成部分。

（六）信息系统安全体系结构

从电信网络角度，我们可以归纳出简明的信息系统安全结构：信息系统安全包括信息安全和信息基础设施安全。其中，信息安全包括信息应用安全和信息自身安全；信息基础设施安全包括计算机系统安全和电信网络安全。

信息系统安全

信息安全	信息应用安全
	信息自身安全
信息基础设施安全	计算机系统安全
	电信网络安全

（七）电信网络的网络安全概念

1. 广义电信网络的网络安全概念

保证电信网络在规定环境下完成规定功能和性能；在环境恶劣时，保持最低需求的功能和性能；在环境恢复时，能够恢复规定功能和性能的网络设施、相关程序及人员行为的集合。

2. 狭义电信网络的网络安全概念

对抗敌人利用、侦测、破坏电信网络资源的集合。

3. 网络安全属性优劣概念

关于网络安全属性评估，目前尚无统一文本。关于电信网络的网络安全属性优劣概念是明确的：入侵和阻止入侵电信网络的难易程度；侦测和防止侦测电信网络的难易程度；破坏和恢复破坏电信网络的难易程度。

（八）电信网络安全的重要性

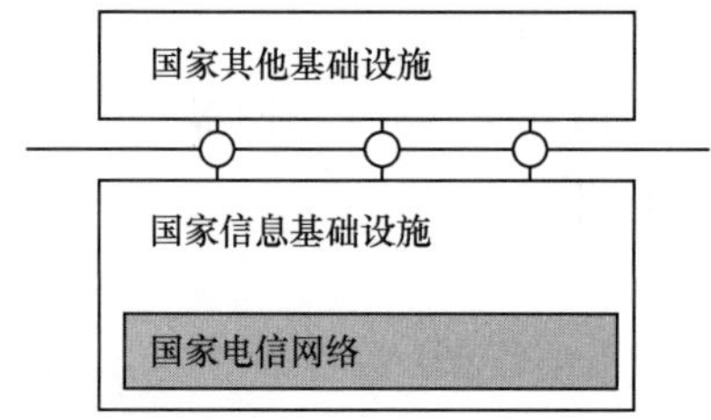

1. 针对信息系统的远程攻击，其都是通过电信网络引入和传播的；
2. 国家电信网络本身已经成为敌人攻击的目标；
3. 国家电信网络不安全的后果，威胁到整个国家基础设施的安全。

国家计算机网络与信息安全管理中心 2005 年大陆地区计算机网络的网络安全事件统计：

1. 蠕虫和木马事件：278 697 次；
2. 截获新病毒：72 836 个；
3. 被置木马主机数：>22 500 台；
4. 境外与木马通信的主机数：>22 800 台；
5. 被置木马主机数：>22 500 台；
6. 被置间谍软件主机数：700 000 台；
7. 境外攻击主机数：220 000 台
8. 发现规模大于 5000 在线节点的僵尸网络：143 个；
9. 网络安全事件：123 939 件。

（九）我国现实网络安全问题

我国陆续出现了一些网络安全问题：

1. 恶意电话和短信骚扰；
2. 非法电视插播；
3. 短信垃圾和垃圾邮件；
4. 电话、数据和图像犯罪；
5. 电信网络中的“后门”行为；
6. 电信网络中的“木马”行为；
7. 通过电信网络，对计算机系统的攻击；
8. 通过电信网络，对信息业务系统的攻击。

这些问题已经起到恶劣影响和破坏作用，而且至今尚未得到妥善解决。

（十）本报告内容范围

本报告的目的是提出国家电信网络的网络安全体系框架。为此定界如下：

1. 本报告限于电信网络的网络安全；
2. 本报告限于电信网络的网络总体安全问题；
3. 本报告主要讨论网络安全技术层面；
4. 本报告主要讨论对抗环境中的网络安全问题；
5. 在电信网络领域中主要讨论总体框架。

国家电信网络在对抗环境中的网络安全技术总体框架，为后续解决国家电信网络对抗性安全问题做准备。

二、国外信息基础设施的安全对策

（一）1994 年美国提出了《合法侦听》立法和实施标准

关于《合法侦听》，美国已经积累了十多年实践经验。

美国 1994 年通过了《合法侦听》立法，建立了国家《合法侦听》

系统；

美国 1997 年发布了《合法授权电子监视（过度标准）》；

美国 2003 年发布了《合法授权电子监视（A 版）》；

美国 2003 年发布了《合法授权电子监视（B 版）》。

美国在全世界首先开始了电信网络的网络安全对抗。

（二）2003 年美国白宫提出《保护网络世界的国家战略》（The National Strategy To Secure Cyberspace）

1. 美国对于网络空间威胁和脆弱性的认识

国家经济建设和国家安全完全依赖于信息基础设施。国家依赖的信息基础设施的核心是互联网。最初，互联网用于美国科学家之间共享非涉密的研究成果，如今却连接着数百万个其他的计算机网络，敌对个人能够对国家信息基础设施实施攻击，其中，最受关注的是有组织的网络攻击。为此，国家必须发展稳健的对抗能力。

2. “网络世界”（Cyberspace）定义

网络世界是由大量互联的计算机、服务器、路由器、交换机、光纤构成。网络世界是国家基础设施的神经系统，是整个国家的控制系统，是关键基础设施运行的基础。

不难理解，美国提出的“网络世界”（Cyberspace，Cyber）与国际电信联盟（ITU）早年定义的“信息基础设施”（II，Information Infrastructure）具有相同的含义。鉴于信息基础设施包括电信网络和计算机网络两种网络形态，所以网络世界可能是电信网络或者计算机网络，因而常常把 Cyber 翻译作“网络”。

3. 保护网络世界的国家战略的目标

（1）防止对国家网络世界的网络攻击；

（2）减轻国家网络世界对抗网络攻击的脆弱性；

（3）国家网络世界在遭受网络攻击时，尽量减少损失并缩短恢复时间。

4. 保护网络世界安全的关键优先工作

（1）国家网络世界安全响应系统；

（2）国家网络世界威胁和脆弱性消减计划；

（3）国家网络世界安全意识培训计划；

（4）保护政府部门的网络世界安全；

（5）国家安全和国际网络世界安全合作。

（三）2005 年美国总统信息咨询委员会提出报告：《网络世界安全：急中之急》（Cyber Security：A Crisis Prioritization）

1. 目的

私营部门已经承担了保护国家网络世界的重要角色：部署了可靠的安全产品；采取了良好的安全实践措施。

联邦政府也要担负起在网络世界安全方面的职责：支持网络世界安全技术的研究开发；从根本上改进网络世界安全现状。

2. 存在的问题

美国在数十年间，没有开发成功安全协议；没有研究出国家信息基础设施安全所需要的实践措施；没有培训出足够数量的能够有效使用安全机制的专家。目前采取短期补丁和修补方案，来处理孤立的漏洞的方法是有效的，但它们对核心问题难以奏效。美国国家网络世界安全问题已经出现很多年了，并且还将继续困扰美国，因此必须在情况恶化和损失增大之前采取行动。

3. 优先工作建议

（1）政府对长期性、基础性的网络世界安全研究资助：每年达到 9000 万美元；

（2）网络世界安全基础研究队伍建设：到 2010 年网络安全专家增加一倍（到 500 人）；

（3）将研究成果转化为有效的国家网络世界安全能力：政府应强调指标、模型、数据集和测试床的开发；

（4）对联邦网络世界安全研发的协调和监督：建立一个专门从事关键信息基础设施保护的跨机构工作组，承担协调联邦网络世界安全研发工作的中心机构。美国需要长期性、基础性的研究来发展全新的网络世界安全解决方法。

（四）欧洲信息基础设施的安全对策

欧洲电信标准技术委员会已经发表了一系列安全对策：

1998 年，数字蜂窝电信系统（GSM，阶段 2+）；合法侦听—第一阶段；

1999 年，网络上电信和 IP 协议的协调；安全；合法侦听影响的研究；

1999 年，数字蜂窝电信系统（GSM，阶段 2+）；合法侦听—第二阶段；

2000 年，智能网络；合法侦听；

2001 年，电信安全；合法侦听；执法机构要求；

2002 年，通用移动电信系统（3GPP，UMTS）合法侦听需求；

2003 年，通用移动电信系统；3G 安全；合法侦听体系结构和功能；

2004 年，电信安全；合法侦听；E-mail 业务的具体业务细节；因特网接入服务的特定服务细节。

三、网络安全现有技术成就分析

（一）2003—2005 年网络安全著作内容分类

我国 2003—2005 年间出版了几十本网络安全著作。电信网络安全相关内容分类如下：

（1）网络安全基本概念；

（2）计算机网络安全；

（3）ISO/OSI 安全体系结构；

（4）因特网的网络安全；

（5）局域网的安全；

（6）无线电信网络共同的安全问题；

（7）全球移动通信系统（GSM）；

（8）无线局域网（WLAN）；

（9）公用交换电话网（PSTN）；

（10）各类网络的通用物理安全。

（二）关于计算机网络安全

这些网络安全著作主要讨论：

层次	安全协议	鉴别	访问控制	机密性	完整性	抗抵赖性
网络层	IPSec	○		○	○	
传输层	SSL	○		○	○	
应用层	PEM	○		○	○	
	MOSSY	○		○	○	○
	PGP	○		○	○	○
	S/MIME	○		○	○	○
	SHTTP	○		○	○	○
	SSH	○		○	○	
	Kerberos	○	○	○	○	○
	SNMP	○		○	○	

计算机系统承担的安全问题在应用层和传输功能层上；因特网承担的网络功能层上的安全问题只有 IPSec 协议。可见，关于“计算机网络安全问题”，其实是讨论“计算机系统安全问题”。而且可以看出，“计算机网络安全”的基本思路是把计算机局域网（内网）与公用电信网络（外网）隔离开。于是形成了这样的局面：堡垒里面的计算机系统可能是安全的；堡垒外面的电信网络却任其恐怖泛滥。于是提出这样一些问题：电信网络是否需要安全？电信网络安全问题对于“计算机网络安全”有什么影响？电信网络安全问题对于“信息安全”有什么影响？

（三）关于电信网络与密码技术的关系

因特网承担的协议 IPSec（IP 安全协议）：为 IPv6 和 IPv4 提供基于密码的安全功能；在 IP 层实现访问控制、数据完整性、数据源验证、抗重播、机密性等安全服务。可见，改善因特网的网络安全能力，仍然是以密码为基础的。众所周知，电信网络中信息加密已经使用多年。这么多年以来，信息安全与电信网络的关系有什么实质性演变？

（四）关于 ISO/OSI 安全框架应用问题

在计算机网络安全工作（成效和问题）基础上，ISO 着手制订 OSI 安全标准：放弃反应式（Reactiv）思路，就事论事地在需要的地方设置安全控制；采取预应式（Proactiv）思路，根据风险分析，建立安全控制。现在，计算机网络现有协议已经推广应用。因此，ISO/OSI 安全标准则难以再推广应用。那么，问题来了，ISO/OSI 安全框架的思路和方法是否可以直接用于电信网络安全？

（五）关于无线电信网络安全问题

早年，无线电信网络安全问题出现在短波远距离通信之中。近年，其蔓延于超短波近距离无线通信之中，其中，主要出现在欧洲 GSM 移动通信网和北美洲 WLAN 无线局域网之中。这些安全问题主要出现于用户终端与基站之间。由于无线传输具有更为透明的开放性，初期，电信界借鉴计算机网络安全技术来解决无线通信网络问题是顺理成章的事，今后，无线通信安全技术发展应该走什么道路呢？

（六）关于固定公用交换电话网（PSTN）安全问题

鉴于 PSTN 处于电信网络的基础地位，移动电信网络通过 PSTN 远程互联；因特网用户通过 PSTN 接入因特网；PSTN 自身承担着多种成熟的电信业务，这些决定了 PSTN 网络安全的重要性。我国对于公用电信网络的网络安全问题尚未引起足够重视。**西方国家 1994 年起就开始建立 PSTN 合法侦听系统。他们为什么这样做？**

（七）电信网络体制机理对于网络安全的影响问题

在讨论电信网络的网络安全文献之中，多处涉及电信网络的技术体制问题。例如，关于因特网的安全属性：“开放性”与“安全性”的安全得失；关于连接方式：“拨号连接”与“永久连接”的安全优劣；因特网安全对策：“网络分离”与“网络隔离”的安全是非等问题。这些问题都涉及电信网络的技术机理和网络安全属性。因此，有必要讨论电信网络的机理分类及其安全属性问题。

四、电信网络机理分类

（一）电信网络概念

1. 电信与电信系统

电信：利用电磁系统，传递（代表承载信息的媒体的）信号。

电信系统：传递信号的设施整体。

基本电信系统：由传输系统和用户终端组成。

2. **基本电信系统存在 N^2 问题**。随着用户数量（N）增加，传输电路数量按 N^2 增加；传输电路利用效率按 $1/N^2$ 降低。

3. N^2 问题是一个必须解决的经济问题。对于实用的电信系统工程来说，用户数量必然要增加；电信系统工程的建设成本和应用效率必须首先考虑。

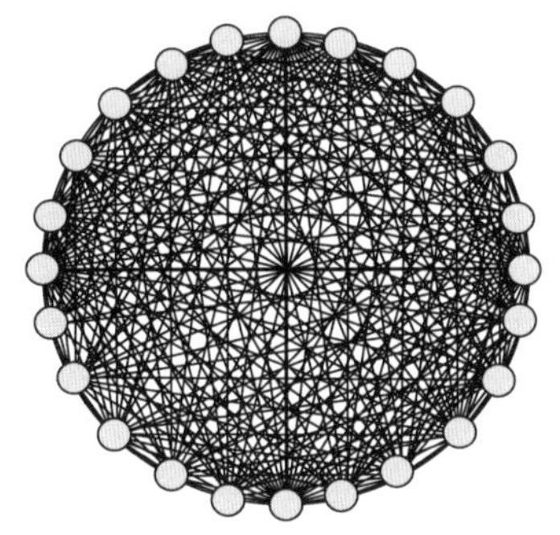

4. 电信网络的形成

利用复用技术和寻址技术，解决了 N^2 问题，因此电信网络出现。

定义：**电信网络是链路和节点的集合**。

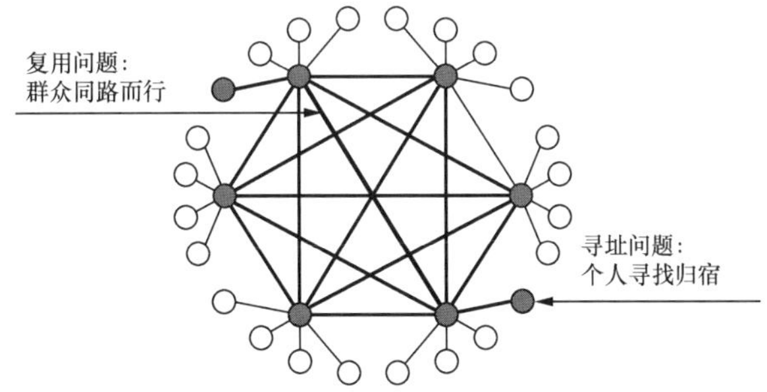

（二）电信网络技术分类

1．**连接**：电信网络结构的基本形式；电信网络提供服务的基本形式。

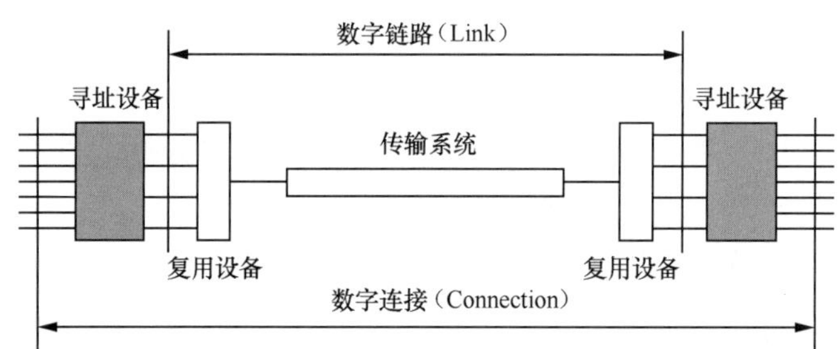

2．**连接的工作原理分析**：媒体网络承担信息传输功能；支持网络、支持媒体网络工作，其中包括同步网、信令网、管理网。

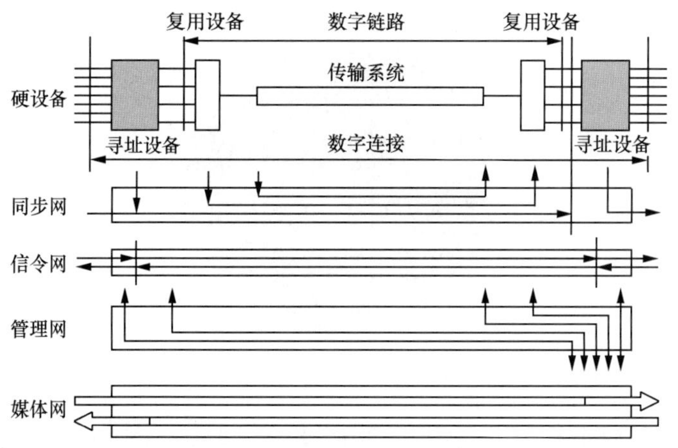

3．电信网络技术分类

硬技术 / 软技术	传输系统	复用设备	寻址设备
同步网络	传输同步	复用同步	寻扯同步
信令系统	信令传输	信令复用	寻址信令
管理网络	传输管理	复用管理	寻址管理
损伤控制	传输损伤	复用损伤	寻址损伤

4. 电信网络功能结构

（三）电信网络形态分类

1. 电信网络分类依据

（1）电信网络是由媒体网络和支持网络组成的；电信网络根据媒体网络的技术机理分类。

（2）媒体网络支持技术包括传输技术、复用技术和寻址技术，其中，传输技术是所有电信网络的基础技术。

（3）复用技术和寻址技术是形成不同网络形态的原因。

（4）复用技术机理和寻址技术机理是电信网络分类的根据。

2. 复用技术分类

（1）确定复用技术原理：在一次呼叫过程中，同时建立两个方向的电路；只使用一个方向的一条电路；持续占用确定电路；占用电路是传输系统容量的一部分。

（2）统计复用技术原理：在一次呼叫过程中，同时建立一个方向的电路；可能随机使用该方向的所有电路；断续占用这些电路；占用电路是传输系统的全部传输容量。

3. 寻址技术分类

（1）有连接操作寻址技术：根据用户拨号，信令网在信源与信宿之间建立起连接，然后传递信号、呼叫结束挂机，信令网释放连接。

（2）无连接操作寻址技术：根据信元中的目的地址数据，信元网借助网络节点具有的寻址知识，在各个网络节点选择通往目的地的链路；在每个节点，其都进行竞争接入选择链路，直到结束传递。

4. 电信网络形态分类

两类复用技术和两类寻址技术组合，形成了 4 类电信网络形态。

网络形态	复用技术	寻址技术	示例
第一类	确定复用	有连接操作寻址	PSTN
第二类	统计复用	无连接操作寻址	Internet
第三类	确定复用	无连接操作寻址	FSN
第四类	统计复用	有连接操作寻址	B-ISDN

（四）信息基础设施和信息业务系统分类

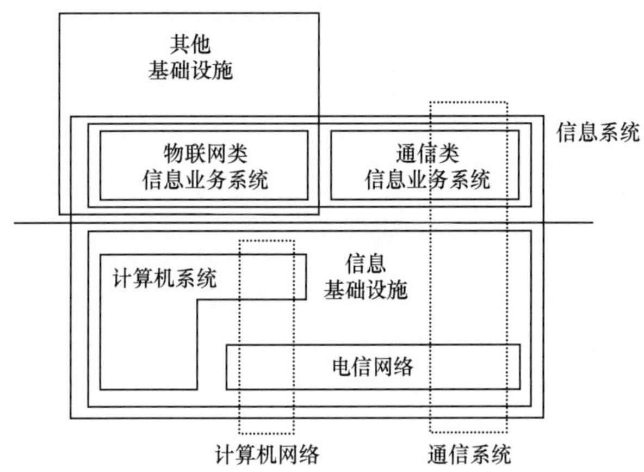

1. 信息基础设施分类

（1）由电信网络组成的信息基础设施；

（2）由计算机系统和电信网络组成的信息基础设施（计算机网）；

（3）由计算机系统组成的信息基础设施。

2. 信息业务系统分类

（1）通信类信息业务系统；

（2）物联网类信息业务系统。

（五）电信网络非法入侵接口分类

1. 电话网合法用户接口；

2. 因特网合法用户接口；

3．广播电视网合法用户接口；

4．宽带综合业务数字网合法用户接口；

5．同步网合法管理接口；

6．信令网合法管理接口；

7．管理网合法管理接口；

8．高层非法侵入接口；

9．网络层非法侵入接口；

10．链路层非法侵入接口；

11．物理层非法侵入接口；

12．电源系统非法侵入接口。

可见，电信网络极其“开放”，各类合法接口和非法切入接口都可能成为非法入侵接口。

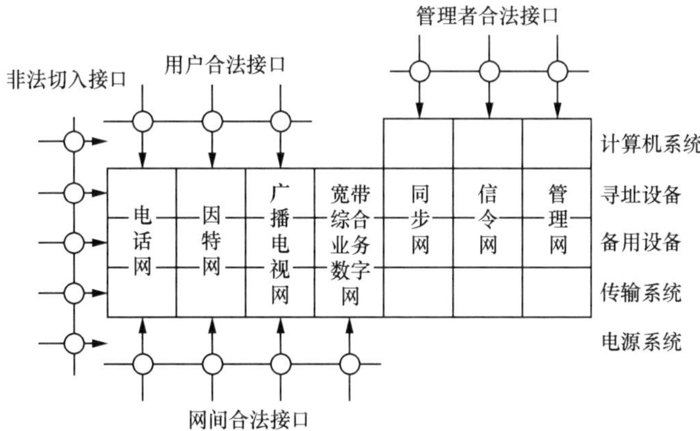

五、电信网络的网络安全属性分析

（一）第一类电信网络的网络安全属性分析

1．网络功能结构模型

（1）媒体网络。物理层：通用数字传输；链路层：确定复用；网络层：有连接操作寻址。

（2）支持网络。同步网、信令网、管理网。

2．第一类电信网络的拓扑结构模型

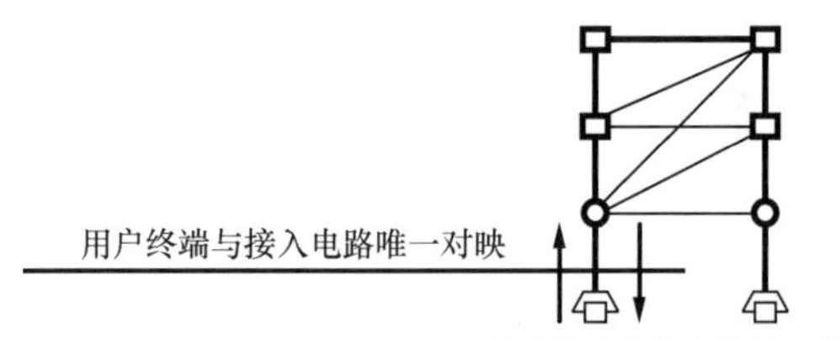

3. 第一类电信网络的网络安全属性

（1）电话网中用户终端以单独用户线方式接入电信网络，用户具有唯一的由网络决定的地址；

（2）先建立连接然后传递信号，连接经过确定的节点，各个节点之间经过确定的电路；在连接的任何截面都可以截获完整的传递信号；

（3）电话网中的控制信号与媒体信号分别在不同的电路中传送；

控制信号只能传送给信令系统或管理系统，媒体信号只能在用户之间传递；

（4）支持网络都是专用计算机网络，它们只接受管理者一个用户控制；

（5）用户终端具有寻址功能，但是智能比较弱；

（6）由电信网络机理决定，第一类电信网络适合用于本地电话网。

（二）第二类电信网络的网络安全属性分析

1. 第二类电信网络的功能结构模型

（1）媒体网络。物理层：通用数字传输；链路层：统计复用；网络层：无连接操作寻址。

（2）支持网络：同步网、管理网。

2. 第二类电信网络的拓扑结构模型

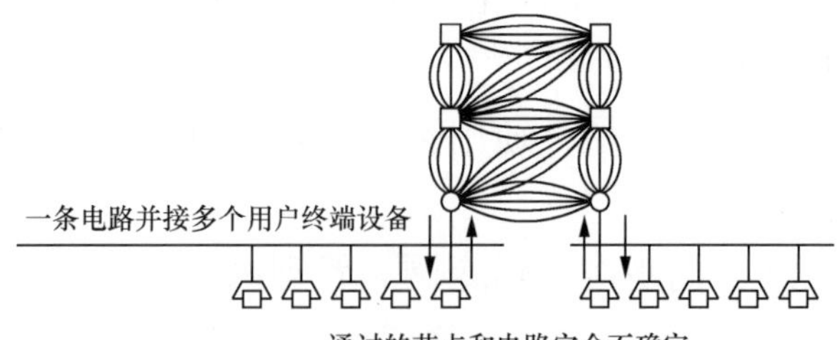

3. 第二类电信网络的网络安全属性

（1）用户终端以平行方式接入电信网络；用户地址可以由用户终端设定；

（2）控制信号与业务信号可以在同一个电路中传递；地址信号与业务信号在同一个数据包中传递；

（3）传递信号无须事先建立连接，传输经过的节点是随机的；传输经过的各个节点之间的电路也是随机的；

（4）在连接的任何截面都不能截获完整的传递信号；

（5）因特网同样需要管理网络支持，管理网络就是因特网中的一个虚拟专用网络；

（6）第二类电信网络适合用于本地网，适合支持非密集、非实时数据业务。

（三）第三类电信网络的网络安全属性分析

1. 第三类电信网络的功能结构模型

（1）媒体网络。物理层：通用数字传输；链路层：确定复用技术；网络层：无连接操作寻址。

（2）支持网络。同步网：没有寻址设备，没有同步网络；管理网：不需要网络配置实时控制功能。

2. 第三类电信网络的拓扑结构模型

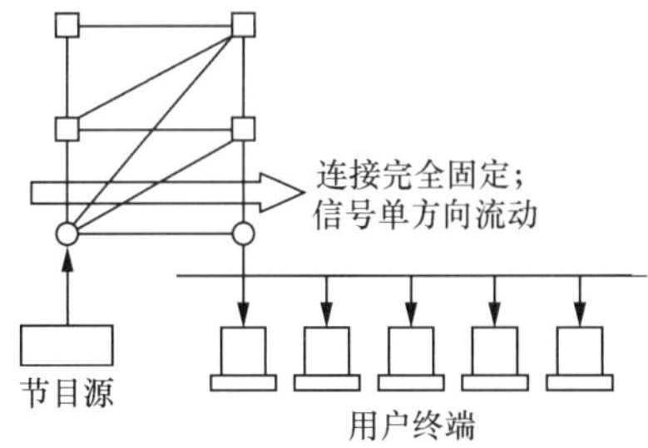

3. 第三类电信网络的网络安全属性

（1）当支持不需用户单独控制的分配型业务时，用户终端只有接收能力；

（2）当支持需要用户单独控制的分配型业务时，用户终端具有接收和发送能力，发送信号仅仅是指示点播内容；

（3）它是一个固定连接的信号分配网络，不接受信令控制；

（4）管理网络是广播电视网络的唯一薄弱环节它们只接受管理网络管理者一个用户控制，不具有网络配置实时控制功能；

（5）广播电视网的（无线和有线）传输系统被非法切入的可能性比较大。

（四）第四类电信网络的网络安全属性分析

1. 第四类电信网络的功能结构模型

（1）媒体网络。物理层：通用数字传输；链路层：统计复用；网络层：有连接操作寻址；

（2）支持网络。包括同步网、信令网、管理网。

2. 第四类电信网络的应用定位

由于技术机理及其基本属性，B-ISDN 不适用于边缘网络，适用于核心网络。所以核心网只有网间接口：与 PSTN 接口；与 Internet 接口；与 FSN 接口；B-ISDN 网间接口。

3. 第四类电信网络的拓扑结构模型

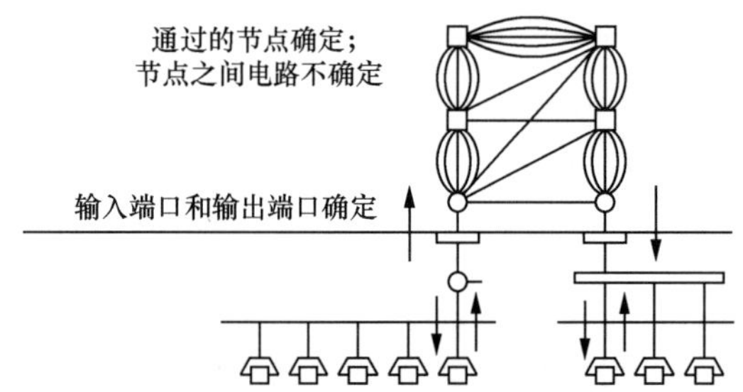

4. 第四类电信网络的网络安全属性

（1）B-ISDN 用作核心网络时，群信号进出核心网的端口都是确定的；

（2）B-ISDN 先建立连接然后传递信号，其连接经过的节点是确定的，节点之间的电路是不确定的；

（3）B-ISDN 的控制信号与媒体信号分别在不同的电路中传送，控制信号只能在信令系统中传递，媒体信号只能在用户之间传递；

（4）B-ISDN 的支持网络都是专用计算机网络，但是，它们只接受管理者一个用户控制；

（5）核心网络依靠各类长途传输系统支持，长途传输系统是比较薄弱的安全环节。

六、电信网络的网络安全对抗体系框架

（一）电信网络的网络安全对抗体系结构

1. 电信网络的网络对抗模型

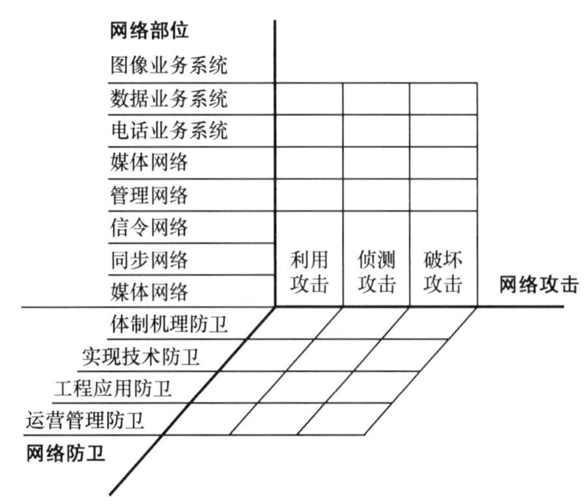

电信网络的网络对抗模型

在电信网络的各个组成部位都存在进攻和防卫对抗事件。在电信网络各个部位中，网络防卫方式总是存在局限性、薄弱环节和漏洞，因此，网络攻击成为可能；网络攻击方式也存在局限性、薄弱环节和漏洞。进而，网络防卫成为必要。网络攻击一再升级，网络防卫一再完善，这就形成了永无尽期的网络对抗。

2. 电信网络的组成部分

（1）**媒体网络**：在同步网络、信令网络和管理网络支持下，实现传递信号的主体网络；

（2）**同步网络**：向媒体网络和其他网络提供定时的同步信号；

（3）**信令网络**：对用户终端和媒体网络进行实时控制，支持媒体网

络实现交换功能；

（4）**管理网络**：对整体电信网络实施控制，实现故障、配置、性能、账务和安全管理；

（5）**业务系统**：在电信网络平台上提供用户服务的系统。例如，电话业务系统、数据业务系统、图像业务系统。

3. 关于电信网络对抗攻击

在美国的《保护网络空间国家战略》中有这样的文字，和平时期，敌人可能对政府、大学的研究中心和私营公司开展间谍活动，预先摸清美国信息系统的情况，选择重要的目标并安装后门或其他访问渠道；在战争时期，敌人可能攻击关键基础设施和重要的经济功能，打击公众对信息系统的信心。

电信网络对抗攻击分类：

（1）非法利用网络资源——对于可控性的攻击；

（2）秘密侦测网络资源——对于机密性的攻击；

（3）恶意破坏网络资源——对于可用性的攻击。

4. 关于电信网络对抗防卫

电信网络的网络安全对抗防卫是涉及广泛的系统工程。电信网络的技术机理、实现技术、工程应用和运营管理等环节都可能存在局限性、薄弱环境和漏洞，因而给敌人“创造”攻击机会；电信网络的网络安全对抗防卫，必须同时考虑机理防卫、技术防卫、应用防卫和管理防卫；必须在电信网络存在的生命周期中，不断改善防卫属性。

电信网络对抗防卫分类：

（1）电信网络机理防卫；

（2）电信网络对抗技术防卫；

（3）工程应用防卫；

（4）运营管理防卫。

（二）第一种网络攻击——非法利用

1. **秘密利用网络资源**：敌人秘密利用我国电信网络资源；占用通信容量；不骚扰合法用户；不破坏网络。

2．**非法电话和数据骚扰**：敌人秘密利用合法用户接口和信息业务系统，骚扰合法用户；不破坏网络。

3．**非法电视插播**：敌人秘密利用我国电信网络资源；转播敌人的节目；不破坏网络。

4．**数据、电话和图像犯罪**：敌人秘密利用合法用户接口和信息业务系统，进行经济欺骗、色情宣传和政治煽动等犯罪行为。

（三）第二种网络攻击——秘密侦测

1．**秘密侦听电信内容**：秘密侦听电信网络传递的信息内容；不骚扰正常通信。

2．**秘密侦测网络参数**：秘密侦测电信网络技术体制和技术参数；秘密侦测电信网络中信号流动分布；不破坏电信网络资源。

3．**秘密设置后门**：选择重要的目标安装“木马”；建立秘密访问渠道。

（四）第三种网络攻击——恶意破坏

1．**电磁干扰和破坏**：施放常规电磁干扰，劣化或阻断电磁信号传输；施放强电磁脉冲干扰，击毁电信网络设备的电子器件。

2．**恶意业务量拥塞电信网络**：秘密制造虚假的大话务量，拥塞电信网络；释放蠕虫，拥塞电信网络。

3．**恶意控制电信网络**：秘密控制或破坏支持网络，使得电信网络工作反常。

4．**破坏电信网络**：直接用电气或物理方法，公开破坏电信网络设施，使得电信网络永久性功能失效。

（五）第一种网络防卫——技术机理防卫

1．电信网络设计的根据：电信业务、网络环境、设计目标和成本限制。

2．设计目标：业务质量、网络资源利用效率和网络安全指标。

3．4 类机理不同的电信网络的网络形态具有不同的业务质量、网络资源利用效率和网络安全属性。

4．电信网络机理决定了电信网络的基本安全属性。技术机理防卫是指，如果电信网络工程具有明确的网络安全要求，必须选择适当的电信网络技术机理以确保网络安全要求；或者尽可能采用网络安全属性比较好的网络形态。

（六）第二种网络防卫——实现技术防卫

1．实现技术机理的种类繁多。各种实现技术具有不同的功能、性能、安全性和成本。

2．各种实现技术的出现，都具有特定的理由：实现特定功能、特定技术指标、特定的安全性或降低成本。

3．大多数实现技术在实现特定功能和性能的同时，都会对电信网络的网络安全产生影响：正面或负面影响。技术防卫是指尽可能采用网络安全属性比较好的实现技术方法。

（七）第三种网络防卫——工程应用防卫

1．工程应用属性：有的要求高服务质量；有的要求高网络资源利用效率；有的要求高网络安全；有的要求高经济性。

2．网络安全属性：实现电信网络的机理和技术决定网络安全属性。应用防卫是指网络安全属性尽可能与工程应用属性匹配：要求高网络安全的工程应用，尽可能采用高网络安全的电信网络；要求低网络安全的工程应用，如果可能换取其他利益也可以采用低网络安全性的网络形态。

（八）第四种网络防卫——运营管理防卫

1．电信网络的网络安全对抗本质上是人与人之间的对抗。电信网络资源及其网络安全属性是物资基础；网络安全对抗的最终结果主要取决于人的行为。

2．管理防卫是指管理在网络对抗中的作用，包括风险评估、制定策略、实现安全、人员培训、安全审核。

七、电信网络的网络安全防卫体系框架

（一）网络安全防卫体系结构

电信网络的网络安全防卫体系由四部分组成：

1．健全法制；

2．加强管理；

3．完善技术；

4．培养人才。

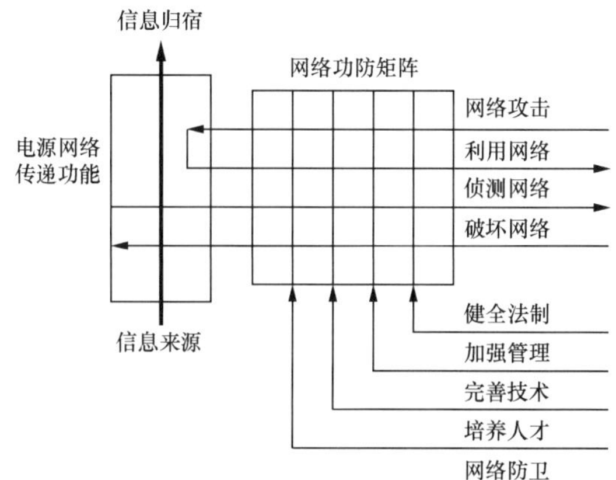

（二）网络安全法制方面

电信网络的网络安全防卫是一种国家行为。它涉及许多法制问题：违法、定罪、处罚、民事、起诉、隐私等。国家目标在于在个人隐私与国家安全之间侧重于国家安全；个人关注在于在个人隐私与国家安全之间侧重于个人隐私，这种差异引起了社会性矛盾。例如，美国民间或党派之间的争论：除非法律要求，运营商不得泄露用户信息（退出策略）；当用户许可时，运营商可以出售部分用户信息（参与策略）。这些矛盾只能通过国家立法和政府政策加以平衡。

（三）网络安全管理方面

1．管理概念

（1）网络安全管理目标；

（2）网络安全管理对象；

（3）网络安全管理系统分类；

（4）安全管理原则；

（5）安全管理过程：风险评估、制定策略、实现安全、人员培训、安全审核。

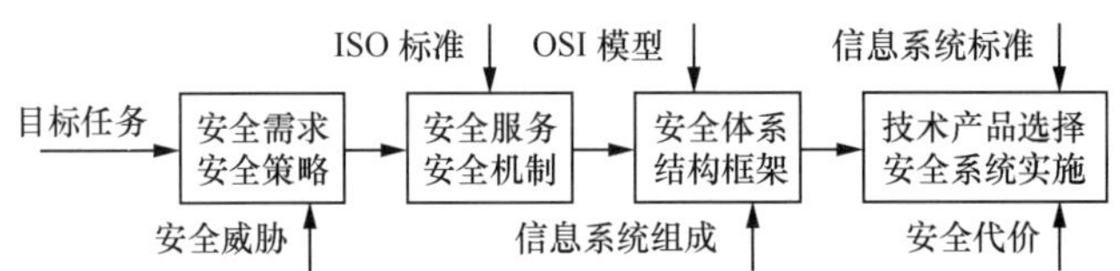

2. 风险评估

（1）由安全专家对于电信网络状况分阶段进行的风险评估；

（2）确定电信网络遭受攻击时可能遭受的损失。

3. 制定策略

该策略规定一些原则：

（1）应该如何配置系统；

（2）正常环境中，电信网络应当如何运行；

（3）异常环境中，电信网络应当如何运行。

4. 实现安全

（1）部署策略；

（2）有效地使用策略；

（3）组织实现安全策略。

5. 安全审核

（1）由安全专家对管理过程分阶段进行安全审核；

（2）得出一个安全循环管理过程的安全评价和安全问题。

（四）网络安全人才方面

安全机制中最薄弱的环节是人。

1. **政府主管人员**：政府在网络世界安全事业中起决定性作用；政府主管人员的安全意识特别重要。

2. **网络安全技术研发专家**：高水平的人才是保证网络安全的基础，

必须加速造就高水平的网络安全人才。

3. **网络安全专业操作人员**：内部脆弱是安全“噩梦”的根源；如果内部安全很脆弱，所有外部安全工作都是白费。

4. **社会群众**：教育广大社会群众一定要重视网络安全问题，不要相信任何因特网业务提供商的空洞承诺。

（五）网络安全技术方面

1. 机理防卫与技术防卫

（1）机理防卫与技术防卫的关系：电信网络机理决定了电信网络的基本安全属性。电信网络基本机理决定采用什么实现技术来实现电信网络；基本安全属性决定采用什么具体安全技术保障安全。

（2）电信网络设计原则：首先选择电信网络机理体制，然后才是选择具体实现技术。

否则，电信网将后患无穷。当年，在可信环境中利用因特网工作是一项重大举创；如今，在不可信环境中，工作却成了重大悲剧。

2. 反应式和预应式策略

（1）**反应式（Reactive）策略**：就事论事地在需要的地方设置安全控制。

（2）**预应式（Proactive）策略**：根据风险分析，建立安全控制。

（3）**预应式安全策略包括**：了解你的组织；进行风险评估；鉴定数字财产；进行资产保护；识别并清除漏洞；建立并实施安全策略；对员工进行安全教育；不断重复上述过程。

3. “周边防卫策略”与“相互猜疑策略”

（1）**“周边防卫策略”**：防止外部攻击者穿透周边，以保护网络内部的所有内容；攻击者一旦突破周边，就取得了内部资源的全部控制权。这种策略的弱点逐渐突出，效能逐渐降低，需要采取比较有效的其他防卫策略。

（2）**“相互猜疑（Mutual Suspicion）策略”**：网络的每个组成部分总是猜疑其他组成部分，因此，资源访问必须经常重新授权。这种防卫策略有待研究完善。

4. 单项技术防卫与防卫技术之间的配合与联合

单项技术功能是网络安全防卫的基础，在信息安全和计算机网络安全技术发展过程中，曾经起到重要作用。其如同在一个不安全的社会中，建设一个个具有高墙环卫的村落和村落之中高墙环卫的家庭。然而，现在需要建立和维持整个社会的安全秩序。这时单项技术已经力不从心，必须考虑不同单项技术相互配合：处于不同位置的同样单项技术相互配合；处于相同或不同位置的不同单项技术相互配合。

5. 防卫技术的相关性与独立性

信息系统安全技术可以分为：信息安全的技术；计算机网络安全的技术；电信网络安全的技术。这些技术之间具有明显的相关性，例如，基于密码学。这是可以理解的计算机网络安全技术早期借鉴于信息安全技术，电信网络安全技术早期借鉴于计算机网络安全技术。众所周知，这种相关性不利于整体防卫。对抗要求需尽可能减少各类防卫技术之间的相关性，强调网络防卫技术之间的独立性。

6. 电信网络安全功能层次结构

（1）物理层：防止传输系统被非法使用，侦测和破坏；

（2）链路层：防止复用设备被非法使用，侦测和破坏；

（3）网络层：防止限制设备被非法使用，侦测和破坏。

3 个层次功能综合起来，通过网络防护、网络检测、网络响应，实现网络安全保障功能。

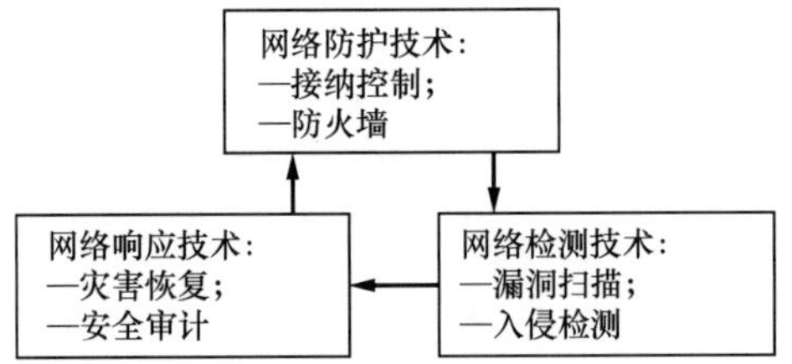

（六）国家电信网络的网络安全防卫体系

1. 国家网络安全防卫系统的组成

（1）国家网络安全需求：提出防卫要求；

（2）国家立法授权：提供执法权限；

（3）国家网络安全防卫系统：执行网络安全防卫功能；

（4）网络安全防卫管理机构：执行系统管理和必要的人为决策；

（5）网络安全防卫监测：监测电信网络运行状态；

（6）网络安全防卫控制：对电信网络实施安全防卫控制；

（7）国家电信网络：接受网络安全防卫系统检测和控制。

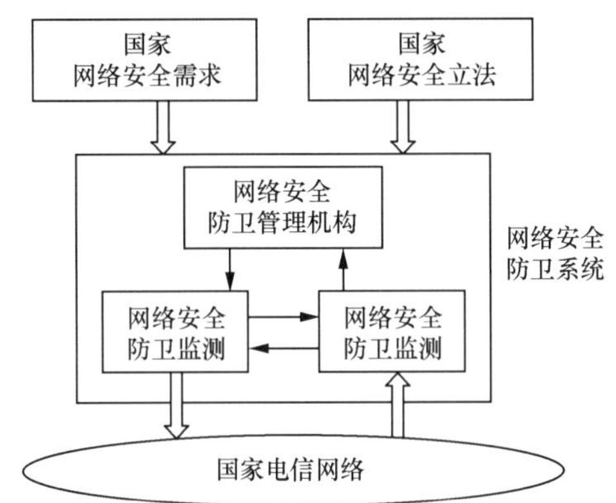

2. 国家网络安全防卫系统的特点

（1）具有明确的**社会性**。涉及国家层面、营运层面和广大用户层面的系统工程。

（2）具有明确的**对抗性**。决定了网络防卫技术的多样性、新颖性和时变性。

（3）具有明确的**连续性**。监测与响应是一个周期完善过程：

一监测：确定一次攻击是否发生或已经发生；

一特征：根据攻击的目的、方式、影响和来源，分析攻击；

一告警：对可能会到来的攻击提供预先警告；

一响应：做出减轻攻击的影响和尽快恢复正常运行的反应；

一调查：积累分析攻击，以便提供反馈的经验。

八、我国电信网络安全防卫问题

（一）第一类电信网络的安全防卫

基于第一类电信网络的典型信息系统是电话网。

1. 电话和短信的骚扰和犯罪问题

电话网中的典型网络安全问题是：**电话和短信的骚扰和诈骗犯罪**。非法分子通过合法用户接口，对其他合法用户发出电话和短信骚扰和诈骗犯罪。例如：政治、商业、色情宣传和诈骗。

2. 可能来源

（1）固定用户电话：来源具有固定的空间位置和明确的地址号码。

（2）公用固定电话亭：来源具有固定的空间位置和明确的地址号码，但是，骚扰者是流动的。

（3）移动用户电话：来源具有明确地址号码；但是，骚扰者没有确定的空间位置。

（4）IP 电话：来源通常具有固定的空间位置；但是，骚扰源没有真实的地址号码。

3. 防卫对策

电话骚扰和犯罪攻击的基本防卫对策是信源实时定位。

（1）公用电话网实时定位问题：需要电信网络实时提供来电用户号码和空间位置。为此需要建设一个全国规模的智能网来提供实时定位服务：被骚扰用户及时通知安全智能网；安全智能网及时报告骚扰源物理地址。公安人员及时采取措施。

（2）支持 IP 电话的因特网实时定位问题：互联网的机理决定骚扰源不可定位。要想实现 IP 电话骚扰源定位，因特网机理必须被改造成为可定位。

（二）第二类电信网络的安全防卫

第二类电信网络的典型电信网络是互联网。

1. 互联网的国际背景

美国完全控制着国际互联网。

（1）名义上，国际因特网是由总部设在华盛顿的民间团体——互联网域名和地址管理机构（ICANN）管理；而 ICANN 受美国商务部通信管理局监管；

（2）网址信息由设置在因特网顶端的 13 台 DNS 根服务器控制；

ICANN 直接控制这些 DNS 根服务器；

（3）美国向国际因特网提供的信息数量与其他国家相比，大于 20∶1；

（4）美国向国际因特网提供的信息质量与其他国际相比，大于 100∶1；

（5）国际互联网的主要干线以美国为中心。

2. 国家计算机网与信息安全管理中心的工作成就

基于第二类电信网络的典型信息基础设施是计算机网络。关于计算机网络安全防卫，他们已经做了大量的卓有成效的工作：

—信息网关系统（005 工程）；

—情报获取系统（0211 工程）；

—短信处理系统（016 工程）；

—网络监控系统（863—917 平台）。

其主要成就集中于计算机系统方面。关于互联网安全方面，尚需进一步加强工作。

3. 互联网安全防卫对策

（1）从长远考虑，必须改变受制于美国的局面；

（2）从现实考虑，必须加强国家互联网的网络安全管理；

（3）一项现实的技术支持工作是研制可定位互联网。

—从机理上说，互联网安全防卫是解决互联网的网络安全属性问题：把无连接操作寻址改变为有连接操作寻址。

—事实上，MPLS 已经获得了比较好的网络安全属性，并在核心网中得到成功应用。

—遗留问题是局域网（LAN）的可定位问题。

（三）第三类电信网络的安全防卫

基于第三类电信网络的典型信息系统是广播电视网。

1. 广播电视网中的典型网络安全问题

（1）敌对势力对卫星广播电视的非法插播；

（2）敌对势力对无线广播电视的非法插播；

（3）敌对势力对有线电视接入网的非法插播；

（4）IPTV、手机电视等新一代媒体中出现的非法节目内容；

（5）敌对势力直接破坏广播电视网络：包括物理破坏、网管系统破坏和无线电干扰等，导致业务系统失效。

2. 广播电视网中的网络安全问题原因分析

（1）关于卫星电视插播：我国的广播电视传输采用国际标准设计的民用系统；采用通用通信卫星转播电视节目，对人为的恶意攻击不具备有效的防范能力；

（2）关于无线插播：缺少监测和定位手段，防范力度有限；

（3）关于有线插播：缺少网管、入侵检测定位等技术手段和有效的防护措施；

（4）关于新媒体内容管理：对于新媒体业务审批、内容审查、节目管理，国家管理职责不清、审批权限不清、管理不规范；没有国家法律依据、缺乏有效技术监管手段，节目内容管理问题形势非常严峻。

3. 广播电视网络安全防范对策

（1）发射广播电视专用卫星；

（2）传输体制从单一卫星转播方式向星网结合方式转变；通过光缆干线网将中央和省的节目送到有线前端，解决信号源的安全问题；

（3）实现有线电视接入网的双向化和缆线入地，提高对网络的监控能力、防范非法插播能力和入侵定位能力；

（4）在有线网中推广数字电视，实现用户接收信号数字化，提高对信息内容的监控能力，增大插播的技术难度；

（5）从政府角度加强对新一代网络媒体的监管，采取有效的技术手段，加强对视听节目内容的管理。

（四）第四类电信网络的安全防卫

第四类电信网络的典型电信网络是宽带综合业务数字网。宽带综合业务数字网通常用于核心网。

1. 核心网的设计要求：核心网是电信网络的主体部分；核心网支持综合业务；核心网是电信网络中逐步扩大的组成部分。因此，核心网需具有最好可能的服务质量、网络资源利用效率和网络安全属性。

2. 核心网络采取第四类网络形态是电信网络发展演变的结果。

（1）PSTN 在长途网络环境中，为了改善网络资源利用效率，采用 ATM 技术，形成了第四类电信网络，获得了比较高的网络资源利用效率；同时保持了高服务质量和比较好的网络安全属性；

（2）Internet 在多层次网络环境中，为了改善业务质量和网络安全属性，采用了 MPLS 技术，形成了第四类电信网络，获得了比较高的服务质量和比较好的网络安全属性；同时保持了比较高的网络资源利用效率。

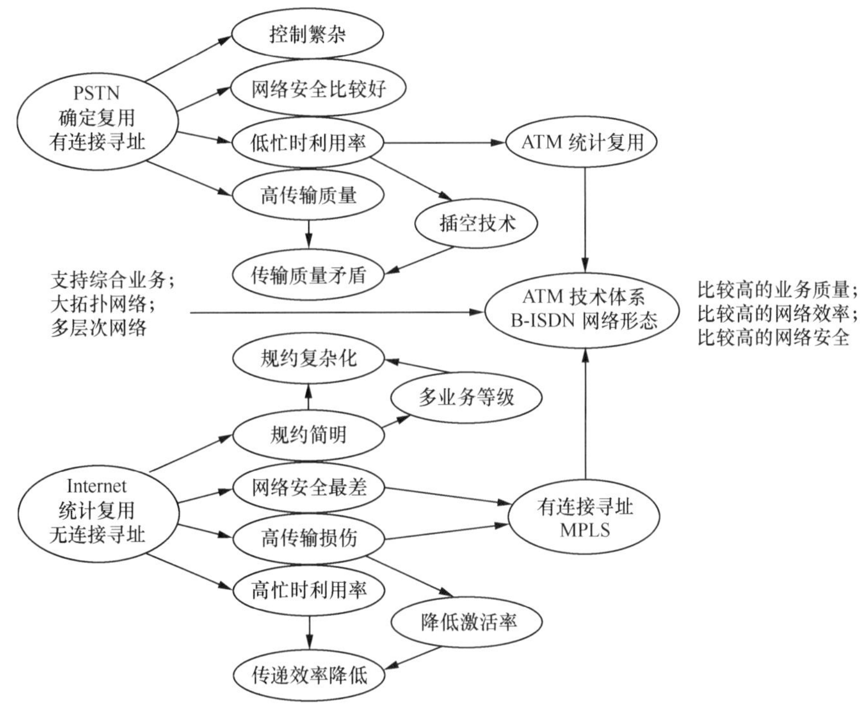

（五）同步网的网络安全防卫

1. 同步网向媒体网和其他支持网提供定时和同步支持。同步网络由时钟源和时钟分配网络组成。同步网的安全问题是指切断或劣化时钟源和时钟传输，以破坏电信网络正常工作。

2. 时钟来源分为内时钟和外时钟两类。外时钟方案是由其他系统提供精确时钟，但是如果其他系统停止提供或劣化时钟，电信网络将工作反常。内时钟方案是由本系统提供精确时钟，需要配置相应设备，但是可以回避上述问题。

3．所有时钟分配网络都必须防卫时钟传输劣化问题。

（六）信令网的网络安全防卫

信令网是第一类和第四类电信网络的支持网络。

1．信令网的特点

信令网接受所有合法用户控制：实时控制网络资源，为用户提供连接服务。信令网是一个专用计算机网络，因此，存在与计算机网络类似的网络安全问题；同时，其可以借鉴计算机网络的防卫技术。但是，信令网的用户终端（电话机）智能有限；信令网对于用户开放的控制功能有限；控制信号传递网络可以自行设定。因此，信令网络可以获得比计算机网络更好的网络安全属性。

2．信令网的典型网络安全问题

（1）通过用户接口对用户信令的入侵问题；

（2）通过传输系统群接口对中继信令的入侵问题；

（3）通过信令网络管理接口对信令配置的入侵问题；

（4）大量的恶意呼叫占用信令资源的入侵问题。

3．信令网的典型网络安全防卫措施

（1）合法用户信令入侵检测与响应；

（2）用户线外接非法终端检测与响应；

（3）通过群接口的入侵检测与响应；

（4）通过管理网的入侵检测与响应。

（七）管理网的网络安全防卫

管理网是所有 4 类电信网络的支持网络，入侵者通过管理网可能严重地破坏电信网络。

1．管理网的特点

管理网络只接受管理者一个合法用户控制，实施故障管理、配置管理、性能管理、账务管理、安全管理。管理网是一个专用计算机网络，因此，其存在与计算机网络类似的网络安全问题，同时可以借鉴计算机网络的防卫技术。但是，管理网只接受管理者一个合法用户控制；控制信号传递网络可以自行设定。因此，管理网络可以获得比计算机网络更好的网络安全属性。

2. 管理网的典型网络安全问题

（1）非授权访问；

（2）监听截获；

（3）对管理网络的主动攻击；

（4）对管理中心平台的网络攻击；

（5）病毒侵袭。

3. 管理网的主要网络防卫措施

（1）管理人员身份认证与访问权限控制；

（2）网管数据传输安全措施；

（3）保护网管系统的网络安全；

（4）增强软件平台的安全性；

（5）其他通用安全措施。

（八）传输系统的切入防卫

传输系统是所有 4 类电信网络的共同基础。

1. 传输系统的特点

传输系统的终端分设在两个节点内；终端之间的传输媒体（电缆和大气层等）裸露在外。因此，传输媒体很容易被非法切入。

2. 传输系统安全防卫对策

（1）有线传输系统：配置实时切入点定位和告警系统；

（2）无线传输系统：常见对抗方式，如提高频段、改善波束设计、加大发射功率、改善信号设计、对抗性防卫控制和识别机制，可以一时解决非法切入问题。

3. 无线传输对抗

无线传输系统也很容易被非法切入是网络对抗比较激烈的地方。无线传输攻击的基本思路是“能够接收到敌方的所有信号”；无线传输防卫的基本思路是“使敌方接收不到我的信号”。所有对抗方式都会得势于一时，但是不能得势于一世；无线传输系统是一个无休止的技术对抗“战场”。

（九）我国电信网络的网络安全共性问题

1. 国家究竟授权给哪个部门来统一管理网络安全？

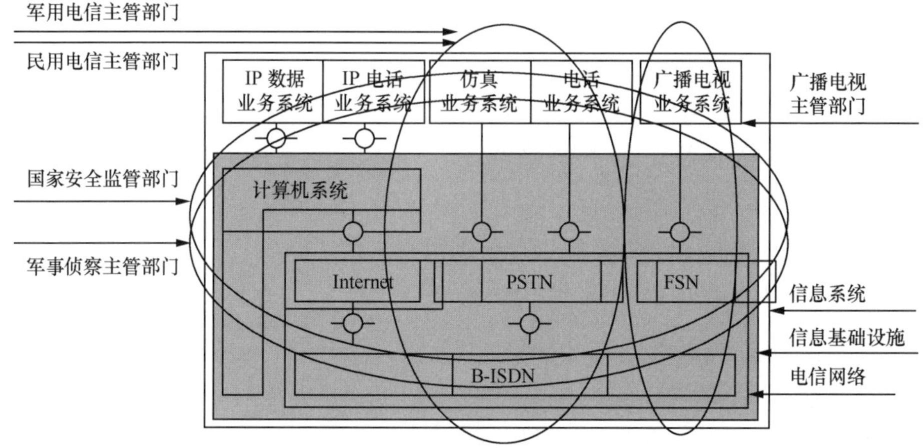

（1）国家关于网络安全管理结构的协调：消除重叠与空缺问题；

（2）国家关于电信网络的网络安全的统一建设规划管理问题；

（3）国家关于网络安全顶层设计和技术研发的统一管理问题。

2. 我国电信网络目前究竟存在哪些安全威胁？

（1）我国各类电信网络之中究竟有多少“后门”；通过这些“后门”可以做些什么事情？

（2）我国各类电信网络之中究竟有多少“木马”；这些“木马”做些什么事情？

为此，我国电信网络必须建设安全威胁检测系统。

3. 在我国电信网络之中出现的犯罪行为究竟来源何处？

（1）发现网络犯罪；找到国内来源；实施处理——形成威慑。

（2）发现网络犯罪；找到国外来源；实施阻断——形成威慑。

为此，我国电信网络必须建设国家电信网络信源定位系统。

4. 国家电信网络一旦遭受破坏，如何保障最低指挥保障能力？

（1）我国各个电信网络都具有各自的灾备能力。

（2）我国各个电信网络之间没有联合灾备能力。

为此，需要建设电信网络之间的联合灾备系统。

5. 我国电信网络的网络安全技术究竟如何发展？

（1）我国电信网络的网络安全起步比美国晚十年。

（2）我们既不能自行其是，也不能跟随追赶。

为此，我国的电信网络必须进行网络安全新理论研究。

九、电信网络的网络安全防卫对策建议

（一）建设国家电信网络的网络安全管理机构

解决“国家究竟由谁来统一管理网络安全”问题。建设国家电信网络的网络安全管理机构内容包括：

1. 建立国家授权的统一管理结构；
2. 建立或落实国家电信网络的网络安全技术支持组织；
3. 制定国家电信网络的网络安全发展策略；
4. 制定国家电信网络的网络安全顶层设计；
5. 国家网络安全的标准与法规建设；
6. 建立国家电信网络的网络安全评估机构。

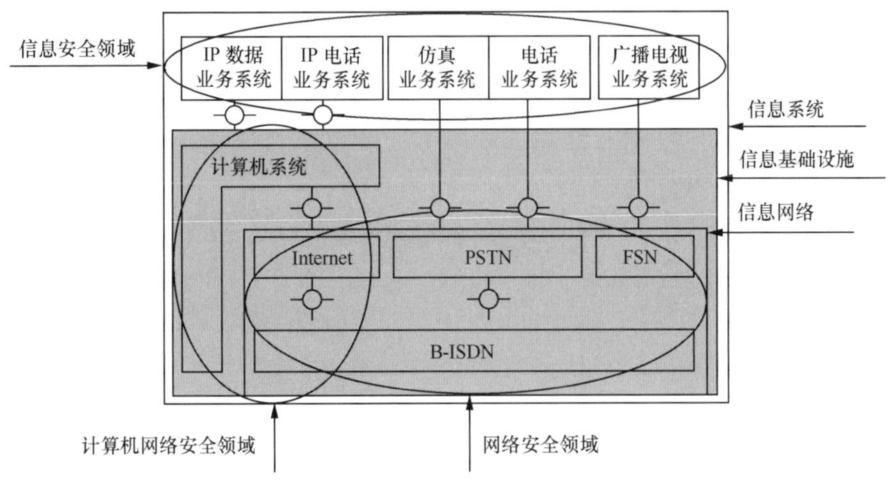

（二）美国的实践经验值得研究

研究美国经验的目的：一是借鉴，二是防范。

1. 美国国家面临的安全问题

（1）不可信世界中的可信系统；

（2）信息安全体系框架的极端重要性；

（3）无所不在的因特网在扩散脆弱性；

（4）软件是脆弱性的主要所在；

（5）攻击和脆弱性都在迅速增长；

（6）无休止地打补丁不是解决安全问题的办法；

（7）目前采取的“周边防御策略”的弱点已经非常清楚；

（8）开发长期安全系统工程设计新思想；

（9）需要崭新的安全模型和方法；

（10）国家政府协调和资助网络安全基础研究的责任；

（11）网络世界安全的非技术领域。

2. 美国国家优先研究项目

（1）鉴别技术；

（2）安全的基础协议；

（3）安全的软件工程和软件自主保障；

（4）基于相互猜疑（Mutual Suspicion）原理网络安全模型；

（5）整体的系统安全；

（6）监视和探测；

（7）减轻和恢复的方法论；

（8）网络世界行为学；

（9）支持新技术研究的型号与测试台；

（10）安全评测、量度、基准和实际应用；

（11）网络世界安全的非技术问题。

（三）建设国家电信网络信源定位系统

解决“电信网络中出现的犯罪行为究竟来源何处？”这一问题，对于网络犯罪提供一种应对手段，形成一种威慑力量；对于信息安全和计算机网络安全是一种有效的基础支持技术。建设电信网络信源定位系统涉及以下实现技术：

1．支持电信网络实时定位的专用智能网络；

2．因特网的可定位技术；

3．局域网的可定位技术；

4．移动终端实时空间定位技术。

（四）建设国家电信网络灾备应急系统

解决“国家电信网络遭受破坏时，保障最低指挥能力”问题。建设国家电信网络灾备应急系统涉及以下技术方面：

1．国家灾备应急系统应用总体设计：明确战时国家最低指挥保障能力要求；国家各类电信网络之间互联关系等问题；

2．国家灾备应急系统总体工程设计；

3．国家灾备应急系统管理网络总体设计；

4．节点通用可控交叉连接设备研制。

（五）建设国家电信网络安全威胁检测系统

解决“我国电信网络究竟存在哪些安全威胁”问题。建设国家电信网络安全威胁检测系统涉及的技术方面：

1．电信网络安全威胁检测系统总体设计；

2．电信网络安全威胁检测技术机理；

3．发现和监管电信网络后门的技术方法；

4．发现和监管电信网络木马的技术方法；

5．电信网络中信息流动分布实时监测和分析技术；

6．电信网络安全评估方法和标准。

（六）电信网络安全新理论研究

解决“我国电信网络的网络安全技术究竟如何发展”问题。电信网络防卫的新理论研究涉及：

1．**信息系统安全的新概念研究**：现代信息系统安全概念；当前信息系统安全的核心任务；支撑可信世界的环境；

2．**可信网络理论与实现技术研究**：可信网络结构；可信网络接入、传输、复用和寻址；可信网络协议；可信网络定位与追踪；可信网络同步、控制与管理；可信网络应用。

（七）建设国家电信网络行为监管和认证系统

平行进行：

1．信源定位系统建设；

2．威胁检测系统建设；

3．应急控制系统建设；

4．网络安全理论研究。

解决国家近期当务之急；在上述系统建设、理论研究和应用经验的基础之上，研制下一代国家电信网络行为监管和认证系统，支持建立和维护国家电信网络安全秩序。

十、结语

1．电信网络对抗的重要性

在联合国召开的“信息与电信领域发展中的国际安全专家工作组”会议上，俄罗斯代表明确指出，信息战所带来的威胁比核武器还要大。核武器威胁的是一个城市，而信息战可以威胁一个国家；核武器发动者可以追查，而信息攻击的发动者难以定位；制造核武器需要高技术门槛，而信息武器则相对简单。我国已经认识到信息对抗和计算机网络对抗的重要性，相信不久也会认识到电信网络对抗的重要性。

2．电信技术中的对抗性

（1）电信技术发明和发展近150年，主流是建设性技术。其宗旨是保障服务质量、提高网络资源利用效率、降低建设和应用成本，如同田径比赛——奔向确定目标，捷足者胜。

（2）近年来，在信息安全和网络安全领域中，出现了对抗性技术。其宗旨是防卫和攻击，如同原始战争——相互追逐，强力者胜。我国电信技术界必须面对建设性技术与对抗性技术并存的现实。

3. 电信网络安全在网络世界安全中的位置

在信息系统安全领域中，信息安全和计算机网络安全取得了重大成就和丰富经验。但是，在不可信的网络世界中，回避不可信的电信网络，已经不足以保护信息本身和计算机“城堡”。因为“城堡”之间必须频繁交往，而且强盗就住在不同“城堡”之内，所有这些交往和对抗都是通过电信网络实施的。可见，进一步解决信息系统安全问题，我国必须在包括电信网络在内的整个网络世界中建立和维护安全秩序。在此过程中，电信网络安全应当尽快切入，并找到适当的位置。

4. 有组织的网络对抗日趋激烈

电信网络的网络安全对抗属性决定了网络安全对抗必然是长期的和不稳定的。考虑到对抗行为的不平衡性和对抗技术的不平衡性，网络安全对抗激烈到一定程度，必然引入网络进攻。有人预言，20 年后将发生真正的信息战争，也许最终形成信息与网络安全威慑态势。

5. 建议国家及早采取电信网络安全对策

2005 年，美国总统信息咨询委员会在报告《网络世界安全：急中之急》中称，国家网络世界安全问题已经出现多年，并且还将继续困扰我们。我们需要的是长期性、基础性的研究，来发展完全崭新的网络世界安全解决办法。我们必须在情况恶化和损失增大之前采取行动。我国应当针对我国国情及早采取相应对策。

6. 感谢

（1）本项目是国务院信息化工作办公室提出，交由中国电子科技集团第 54 研究所承担的专题研究。感谢国务院信息化工作办公室对我们的信任！

（2）显然，本课题内容超出了电信知识范围。为此聘请杨一曼高工编写《广播电视网网络安全问题及对策》；方滨兴院士编写《因特网网络安全问题及对策》；尹浩总工编写《军队信息网络安全防御现状与发展对策》；南相浩教授编写《新一代安全可信网络世界》；屈延文教授编写《可信网络世界系统体系结构框架》。感谢安全专家们的支持！

注：本文是国务院信息化工作办公室课题结题报告。

数字家庭总体概念（2009 年）

一、关于数字家庭的概念

（一）一种社会发展现象

电子设备逐步进入家庭，从手电筒到电子仓库。

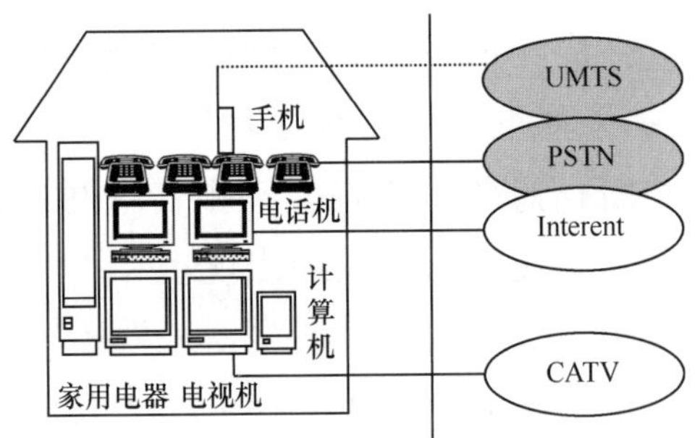

（二）人们如何看待这种现象

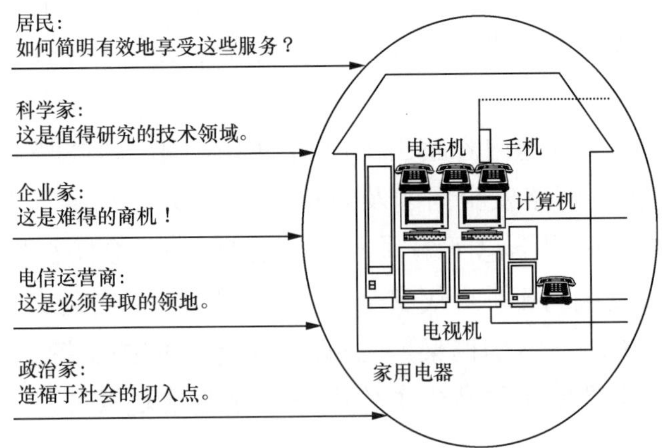

（三）如何称呼这种现象

美国的一本书——《数字化生存》；摩托罗拉公司——《数字地球》；英特尔公司——《数字家庭》：“利用数字技术把电话机、电视机、计算机、家用电器等数字设备在家庭网络上连接起来，以便简明有效地支持更为完善的家庭服务”。

（四）数字家庭的特点

1. 数字家庭没有统一的定义，但是，全世界都在发展数字家庭产业。

2. 数字家庭是一个发展演变中的概念；但是，各个企业都明确现在应该做什么。

（五）番禺基地对于数字家庭的看法

1. 2009 年的数字家庭是**互动电视系统**；

2. 2010 年的数字家庭是**家庭网络和高清互动电视系统**；

3. 2011 年的数字家庭是**多业务系统**。

二、广播电视基本原理

（一）电视及其发展演变

1. 黑白电视（1948 年），是主流电视的基础；

2. 彩色电视（1953 年），是黑白电视加彩色信号；

3. 数字电视（1997 年），是模拟电视信号的数字传输；

4. 互动电视（1999 年），从广播什么看什么，到点播什么看什么。

（二）黑白模拟广播电视

1. 黑白模拟广播电视原理

（1）摄像机把瞬时静止图像转化成为电视信号；

（2）电视台广播电视信号广播给电视机；

（3）电视机把电视信号恢复成瞬时静止图像；

（4）利用大量瞬时静止图像表示动态图像。

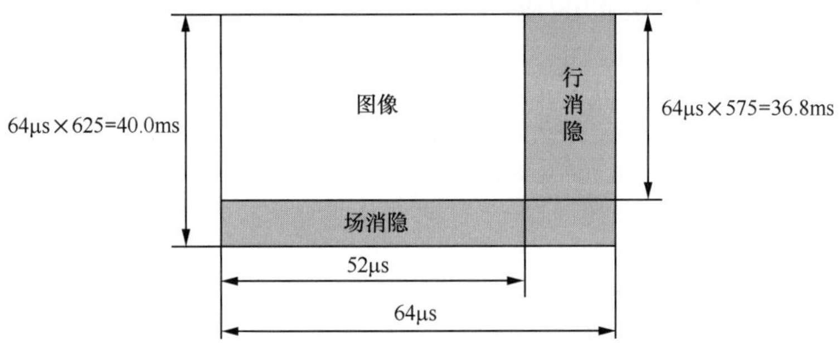

2. 黑白模拟图像信号的广播与接收设备原理

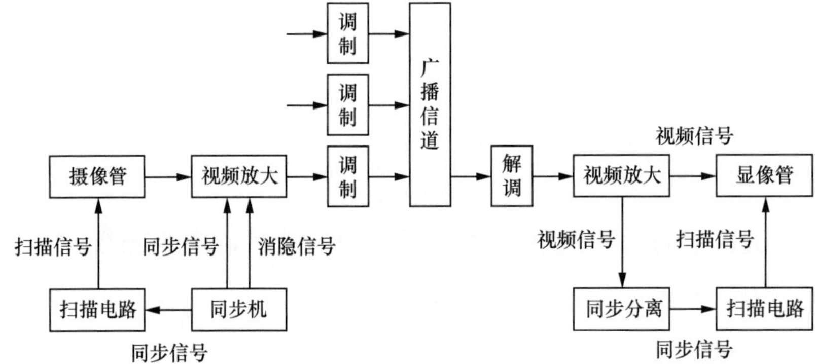

3. 黑白模拟电视图像单路视频信号结构

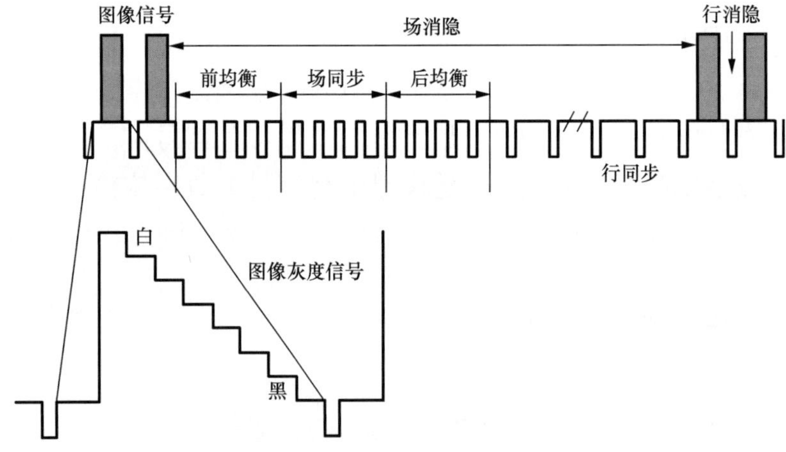

整个频谱带宽为 8.0MHz。

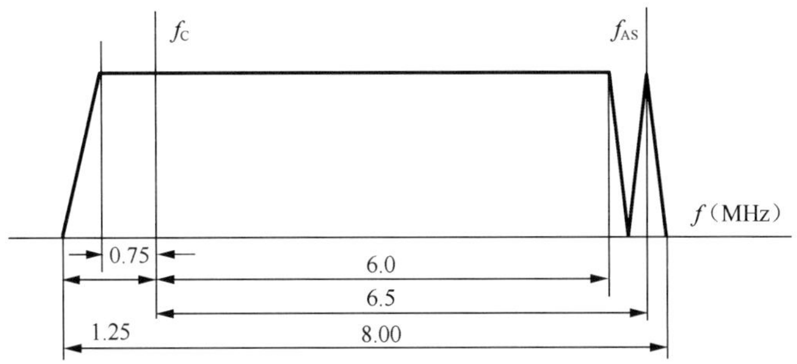

4. 我国有线电视频道的载波频率配置

我国有线电视传输频谱划分为：68 个标准（DS）电视频道；37 个增补（Z）电视频道。

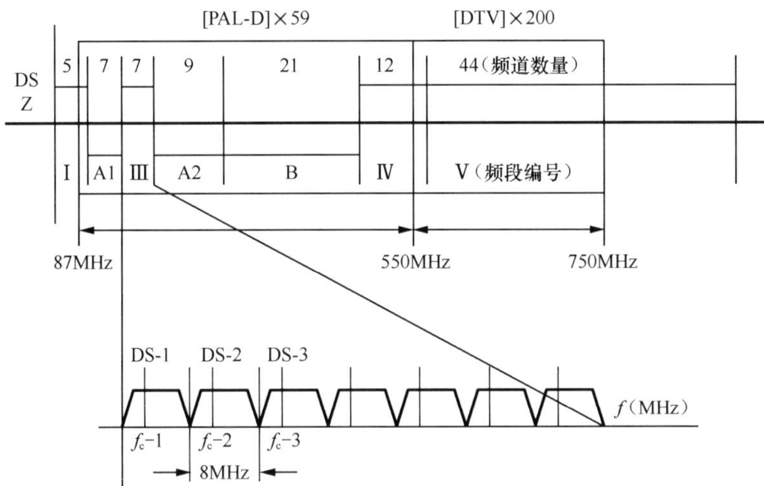

（三）彩色模拟广播电视

1. 彩色模拟电视原理

彩色模拟电视原理为黑白电视信号+彩色图像信号。彩色图像信号的表示方法是：

—亮度；

—色调；

—饱和度；

—色度（色调+饱和度）。

2. 基色电信号

（1）摄像机

把彩色图像转变成为 3 个基色电信号：

红色电信号（ER）；

蓝色电信号（EB）；

绿色电信号（EC）。

3 个基色电信号能够合成亮度信号（EY）。

（2）电视机

接收还原 3 个基色电信号和亮度信号。在显像管中，3 个基色电信号分别激励 3 种荧光粉，得出 3 个基色光；3 个基色光加上亮度就形成了彩色图像。

3. 彩色模拟电视

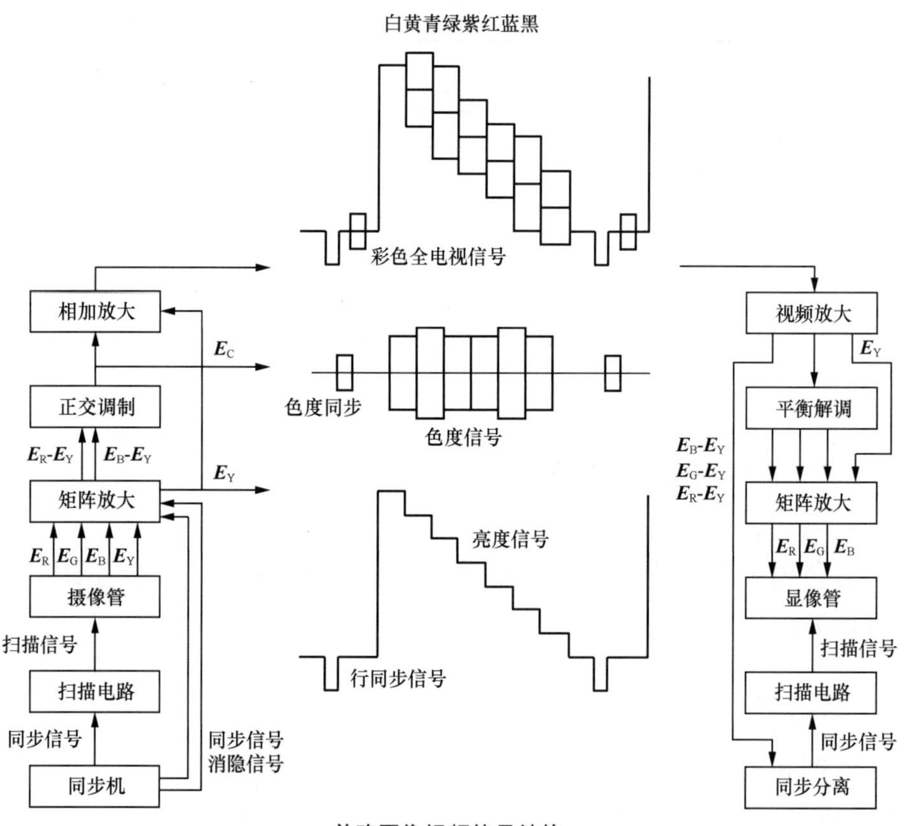

单路图像视频信号结构

4. 彩色模拟电视伴音信号结构

（1）**模拟伴音信号**：将模拟伴音信号调制到单独的伴音载波上；

（2）**数字伴音信号**：将模拟伴音编码成为数字信号，再调制到另一个单独的伴音载波上。

整个频谱带宽为 8.0MHz。

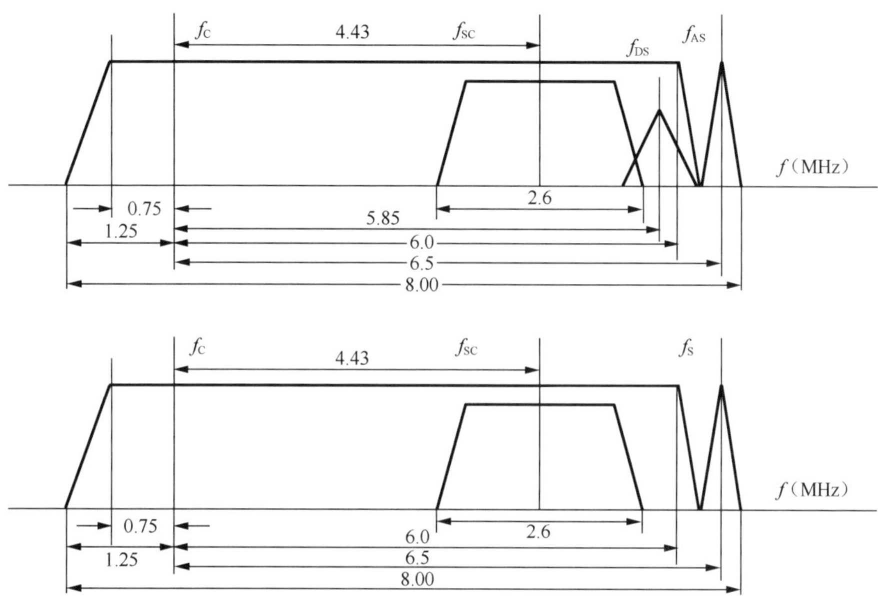

（四）彩色数字广播电视

1. 彩色数字电视原理

传输模拟电视信号的数字传输。因为数字传输，可能通过数字压缩以提高传输效率；可能通过内容加扰以实现条件接收。

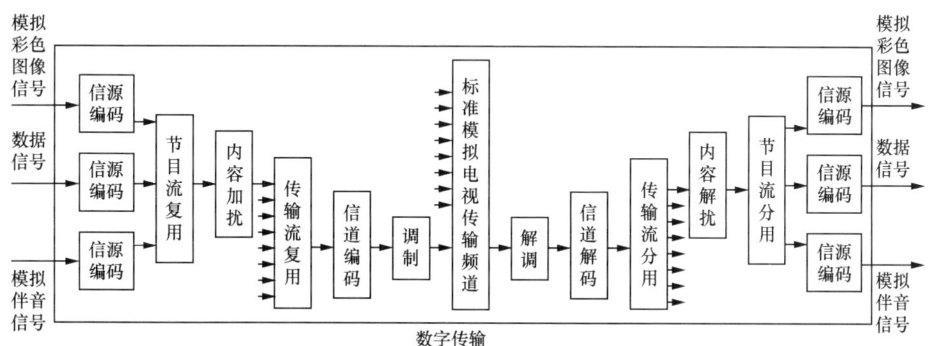

2. 信源编码与信源解码

（1）信源编码

模拟图像信号经过 PCM 编码和压缩编码形成图像基本流；模拟伴音信号经过 PCM 编码和压缩编码形成伴音基本流；数据信号经过压缩编码形成数据基本流；3 种基本流经过节目复用形成一个节目流（PS）。

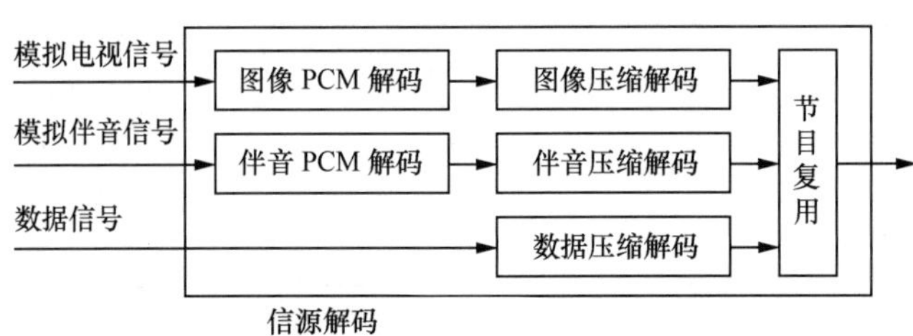

（2）信源解码

一个节目流（PS）经过节目分用形成 3 种基本流；图像基本流经过压缩解码和 PCM 解码形成模拟图像信号；伴音基本流经过压缩解码和 PCM 解码形成模拟伴音信号；数据基本流经过压缩编/解码形成数据信号。

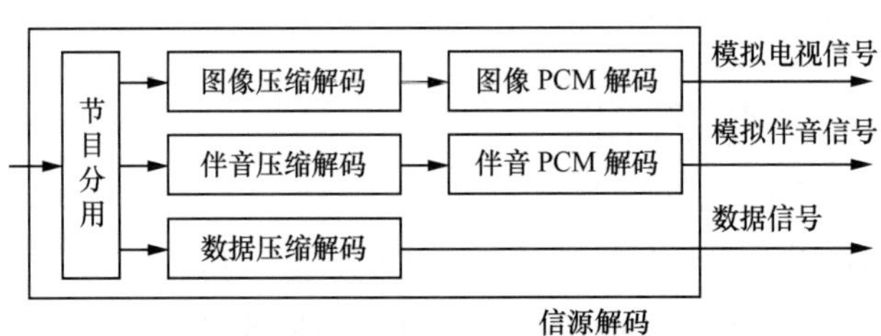

（3）PCM 编码

采样：在时间上把连续模拟图像信号变成时间离散模拟脉冲信号。

量化：幅度压扩，等尺度量化。把时间离散模拟脉冲信号变成时间离散幅度量化数字信号。标准相当，量化误差相当。

编码：把采样和量化之后的离散信号变成为二进制数字信号。

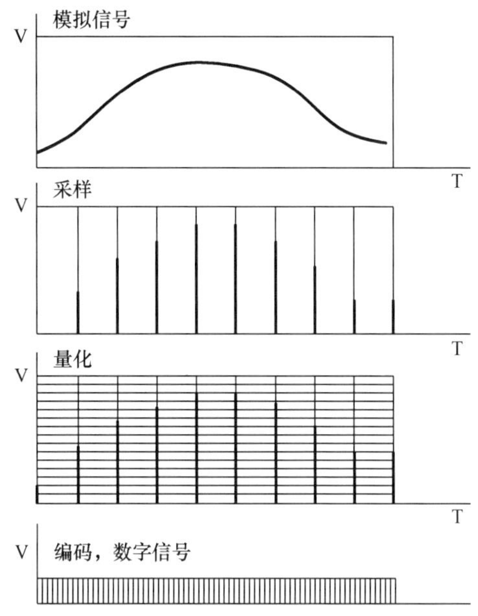

（4）压缩编码

压缩的必要性：模拟图像信号 PCM 编码；速率很高，标清数字图像信号速率：216Mbit/s；高清数字图像信号速率：1188Mbit/s；直接传输，冗余度很大，传输效率低。

压缩编码技术

统计冗余度压缩：数字序列中，不同字节出现的概率不同。

空间冗余度压缩：一幅图像中，各个像素点之间存在相关性。

时间冗余度压缩：在相邻各帧图像之间的对应位置上，各个像素点值在时间轴上存在相关性。

视觉冗余度压缩：人的视觉对于亮度比色度敏感；对于静态图像比动态图像敏感；对于水平比垂直敏感。

MPEG-2 标准**压缩编码结果**：标清数字图像信号的压缩编码速率：2～5Mbit/s；高清数字图像信号的压缩编码速率：18～25Mbit/s。

3. 内容加扰与内容解扰

（1）条件接收（Conditional Access，CA）

条件接收的功能是保障“缴费/接收”；具有用户管理、节目管理、收费管理等功能。目前国际上有 3 种条件接收（加扰）标准：

—欧洲 DVB 组织提出的通用加扰算法（CSA）；

—美国 ATSC 组织使用通用的三迭 DES 算法；

—日本使用松下公司提出的一种加扰算法。

我国条件接收系统是基于数字视频广播标准 DVB 和 MPEG-2 标准开发设计的，并符合广电总局制定的数字电视广播条件接收系统规范。

（2）内容加扰

节目流（PS）经过控制字（CW）加扰形成加扰节目流（PS′）；控制字（CW）经过密钥（SK）加密形成加密控制字（CW′）；密钥（SK）经过个人分配密钥（PDK）加密形成加密密钥（SK′）；PS′CW′SK′经过加扰复用形成加扰加密节目流（PS″）。

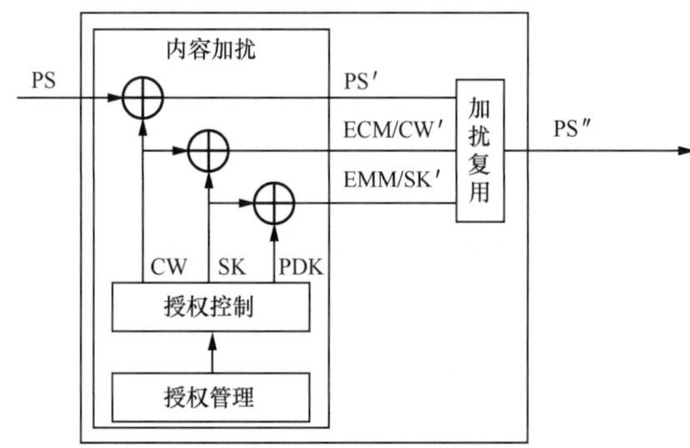

（3）内容解扰

加扰加密节目流（PS″）经过加扰分用形成 PS′/CW′/SK′；加密密钥（SK′）经过个人分配密钥（PDK）解密形成密钥（SK）；加密控制字（CW′）经过密钥（SK）解密形成控制字（CW）；加扰节目流（PS′）经过控制字（CW）解扰形成节目流（PS）。

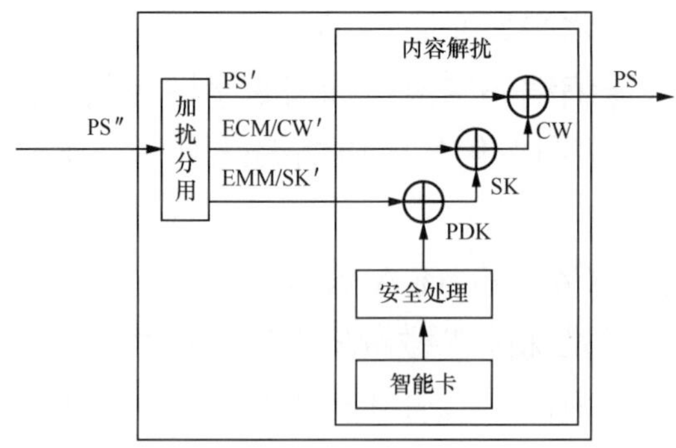

4. 信道编码与信道解码

（1）信道编码

8 路加扰加密节目流经过传输复用形成传输流（TS）；传输流经过信道扰码、信道加密和纠错编码形成处理后的传输流（TS′）。

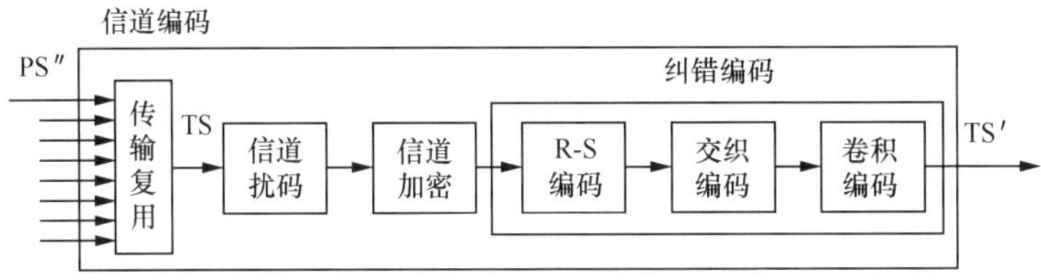

（2）信道解码

处理后的传输流（TS′）经过纠错解码、信道解密和信道解扰形成传输流；传输流（TS）经过传输分用形成 8 路加扰加密节目流。

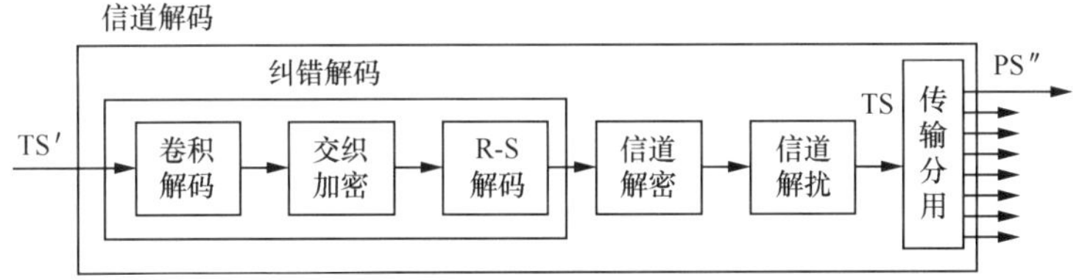

（3）信道扰码

信道扰码的优点：其一，在接收端有助于提取同步信号；其二，把传输流信号的频谱能量密度分布均匀化，以降低信号之间的相互干扰。

（4）信道加密和信道解密

信道加密的作用是使得传输流在传输过程中，传输信息内容不被窃取或修改。信道加密是信息通信系统的组成部分。

（5）纠错编码和纠错解码

目前存在 3 种相互配合应用的纠错编码技术：R-S 编码具有很强的纠正离散错误的能力，而且特别适于用大规模集成电路实现；交织编码能够把突发连续的误码分解成为离散的误码；卷积编码能够在原来彼此无关的二进制数字流前后一定间隔建立相关性。通常总是根据具体传输信道来选择具体纠错编码技术。在光缆和电缆传输系统中，通常联合采用 R-S 编码和卷积编码。

5. 调制（混合）与（分配）解调

（1）调制与混合

处理后的传输流（TS）经过调制器形成单路射频调制信号（FH）；单路射频调制信号（FH）；经过混合器形成多路射频调制信号（MFH）。

（2）分配与解调

多路射频调制信号（MFH）经过分配器，形成单路射频调制信号（FH）；单路射频调制信号（FH）经过解调器，形成处理后的传输流（TS'）。

（五）地面有线电视传输网络

1. 广播 HFC 网络结构

（1）光缆—电缆混合传输典型结构

前端与头端之间用光缆传输；光缆原来就是双向传输；头端与用户终端之间用电视电缆传输，电视电缆传输原来是单向传输，支持点播电视需要双向改造。

（2）HFC+CM（Cable Modem）双向传输模式

在 HFC 网络下行电视频道中，划分出一条到多条 8MHz 带宽信道（中心频率小于 858MHz），完成上行 5～65MHz 和下行 108～862MHz 数据传输。当信号采用 256QAM（正交调幅）调制方式时，每个 8MHz 带宽信道的最高速率可达 51Mbit/s。

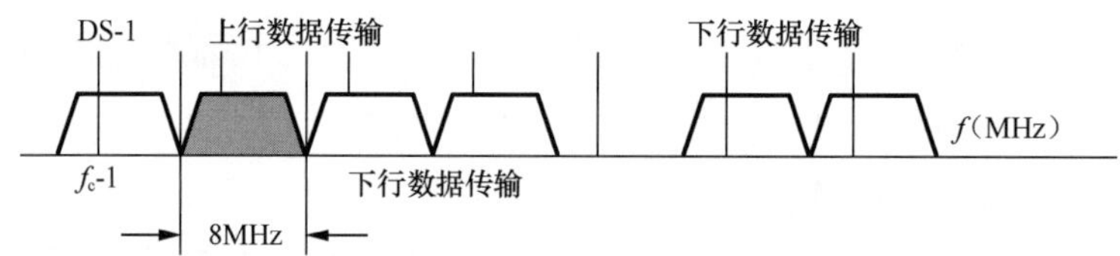

（3）FTTB+LAN 双向传输模式

仍然采用单向 HFC 传输电视信号。采用重新配置的，以五类线为总线的局域网来支持数据双向传输。

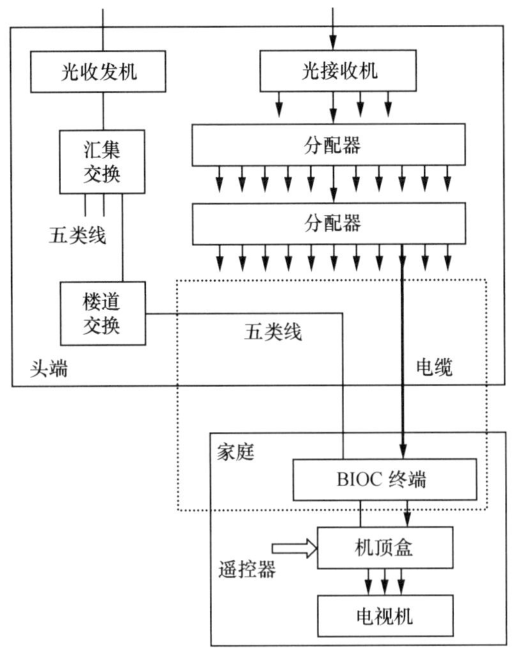

（4）FTTB+EOC 双向传输模式

EOC（Ethernet Over Coax）：有线电视信号在 111～860MHz 频段内传输，基带数据信号在 0～20MHz 频段内传输的特性，使用以太网协议的接入技术。把双向数据信号，通过同轴电缆传输，接入用户家中。

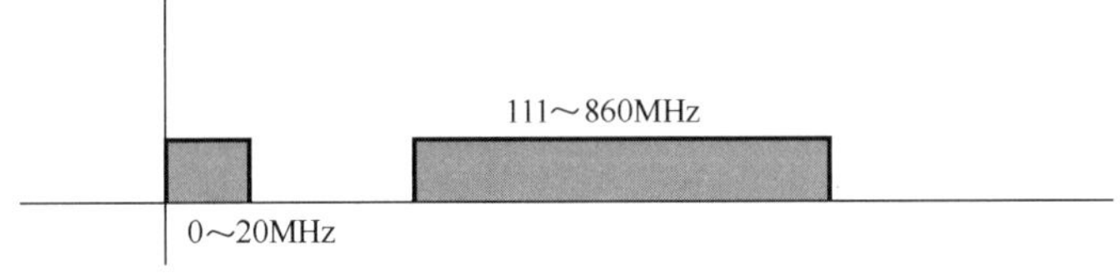

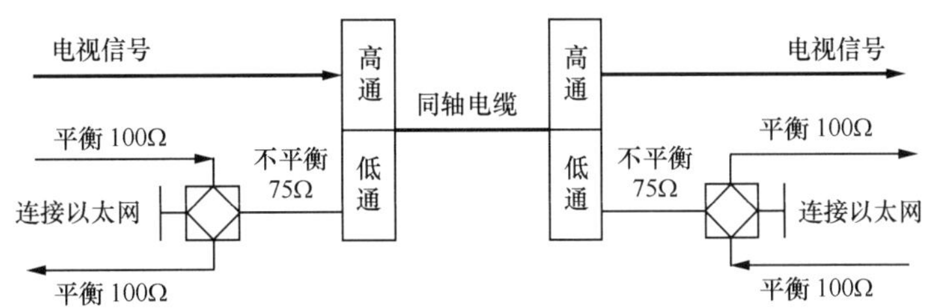

BIOC 回传方案：目前有多种基于 EOC 原理的实施方案，BIOC 方案是其中一种。

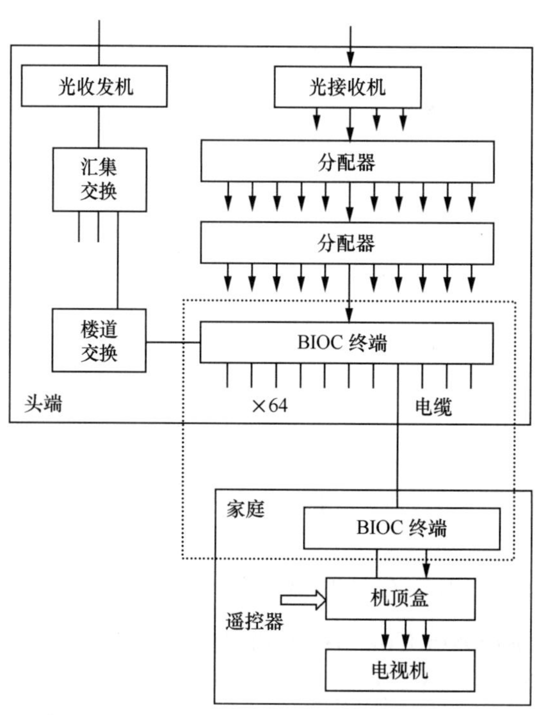

（5）MoCA 双向传输方案

同轴线多媒体联盟（Media over Coax Alliance，MoCA）：目标是用现有有线电视网络向家庭提供高速宽带连接。小区内电视信号分配使用现有的同轴电缆，与以往不同的是：使用 50MHz 的带宽，传输速率为 270Mbit/s；使用多个信道之后，传输速率为 1Gbit/s 以上。该方式的特点是：

（1）传输速率为 270Mbit/s；

（2）可使用同轴电缆中的空余频率，小区内共享信号；

（3）用户家里不需要设置调制解调器；

（4）在同一频带内进行双向通信，不需要专门留出上行带宽。

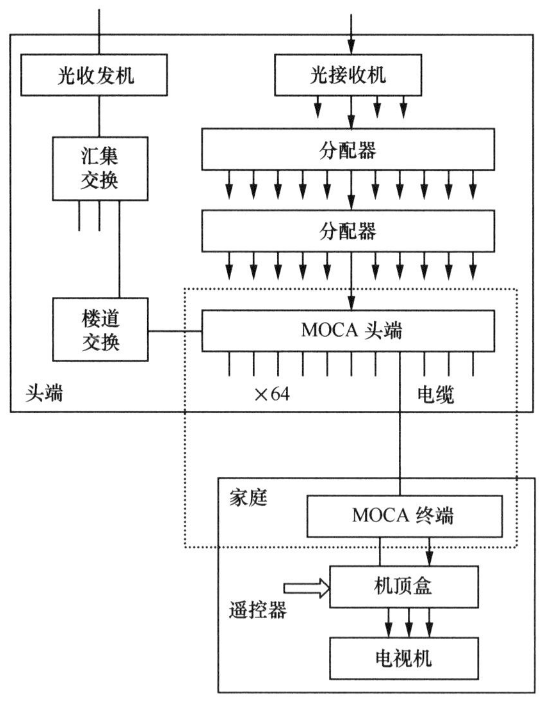

MoCA 回传方案

2. 双向 HFC 网的发展趋势

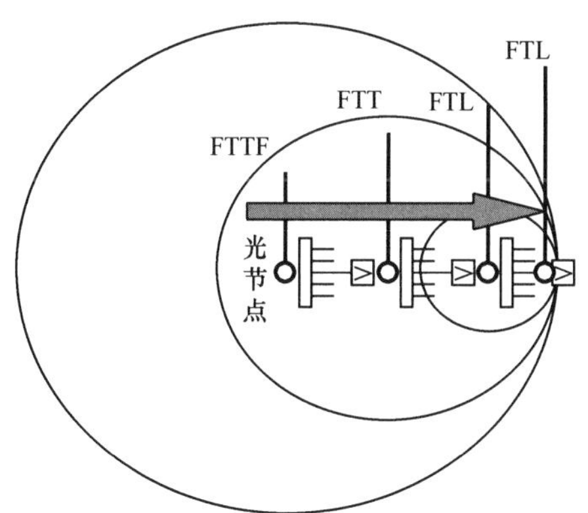

（1）光纤到馈线（FTTF）：每个光节点覆盖 2000～5000 户是最经济的覆盖方式，支持双向传输困难。

（2）光纤到路边（FTTC）：每个光节点覆盖 500 户，出于技术、经济综合考虑，比较好。

（3）光纤到最后放大器（FTLA）：每个光节点覆盖 200～300 户。优点在光接收机后不用放大器，可靠性最高，最易双向传输，但成本也较高。

（4）光纤到家庭（FTTH）：无源光网络（PON）直接接入机顶盒，不需要电缆，实现双向宽带传输。

（六）机顶盒

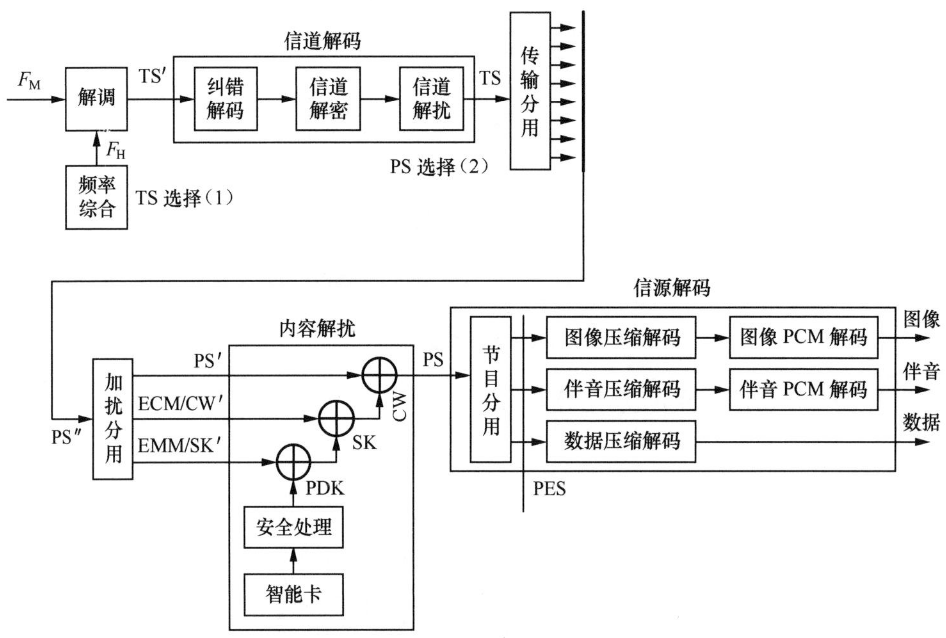

1. 机顶盒的分类

（1）卫星直播数字电视机顶盒；

（2）数字地面广播机顶盒；

（3）数字有线电视机顶盒；

（4）互联网机顶盒；

（5）双向数字电视机顶盒。

2. 双向数字机顶盒的原理

软硬件的共同配合完成下列功能：接收多路电视射频信号；经过改

变本振频率解调选出处理后的传输流；经过信道解码得到原始传输流；经过传输分用选出加扰节目流；经过内容解扰得到原始节目流；经过信源解码得到模拟图像、模拟伴音信号和数据；把上述模拟信号送给模拟电视机。

3. 双向数字机顶盒的结构

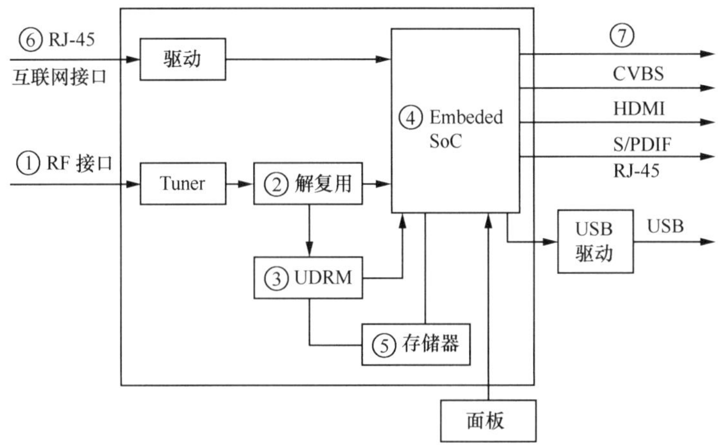

① 高频调谐器和 QAM 信道解调器（Tuner）；

② 解复用器；

③ 条件接收模块（UDRM）；

④ 嵌入式 SoC（System on a Chip）；

⑤ 存储器模块；

⑥ 网络模块；

⑦ 接口模块；

⑧ 存储器模块；

⑨ 网络模块；

⑩ 接口模块。

4. 机顶盒技术的发展趋势

（1）**数字电视一体机**：目前国内使用的机顶盒大多都属于基本型，可以接收数字电视节目，也可以提供其他服务类的应用。基本的 STB 和电视机结合的新型一体化电视机已经面世；在未来两三年内，国内生产的 35%以上的电视机将带有 STB 功能。

（2）**PVR-STB**：在 STB 中加上存储设备就可以将喜欢的节目存储起来，这种 STB 就是 PVR。随着时间的推移，这种需求将会越来越大。

（3）**双解码或多解码 STB**：如何解决用户两台以上的电视机收看数字电视节目是一个令人十分头疼的问题。双解码 STB 是在一个 STB 中采用双解码芯片，或在一个芯片中嵌入两个以上的解码电路，并配以两个解调器，使一个 STB 输出两路不同的节目，而 STB 的成本仅仅增加了 30%～50%。

三、番禺试点的互动电视系统

（一）番禺互动电视系统试点概况

两年时间，上万用户试点和应用；3 类硬件平台；4 类软件平台；6 种机顶盒 40 路转播；15 路点播；5 路插播；50 种服务内容；35 万元产值。

（二）互动电视系统总体功能结构

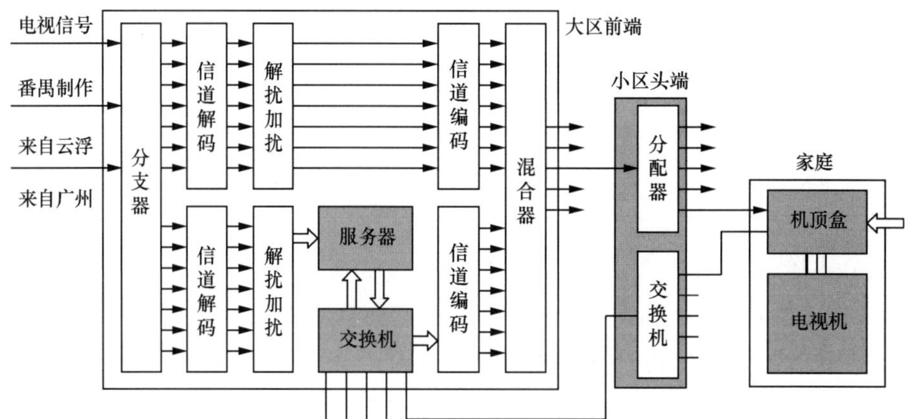

（三）互动电视系统技术层次结构

信源	前端	传输	终端	用户	
信源		中心内容 本地内容 增值内容		用户	服务内容
信源	内容接入 局端	电视信号 控制信号	机顶盒 电视机	用户	软件平台
信源	内容接入 局端	下行信道 核心网络 接入网络 上行信道	机顶盒 电视机	用户	硬件平台

（四）转播 40 路彩色数字电视节目安排

来自上级的电视射频信号经过分支器，引出 12 个频道；各条频道经过解调、信道解码，选出 40 个节目流；每一个节目流经过（相对于上级）解扰；再（相当于用户）加扰；7 个节目流和一个菜单节目流经过复用形成一个传输流；传输流经过信道编码和调制形成单路射频信号；各条单路射频信号经过混合器形成多路射频信号传输。

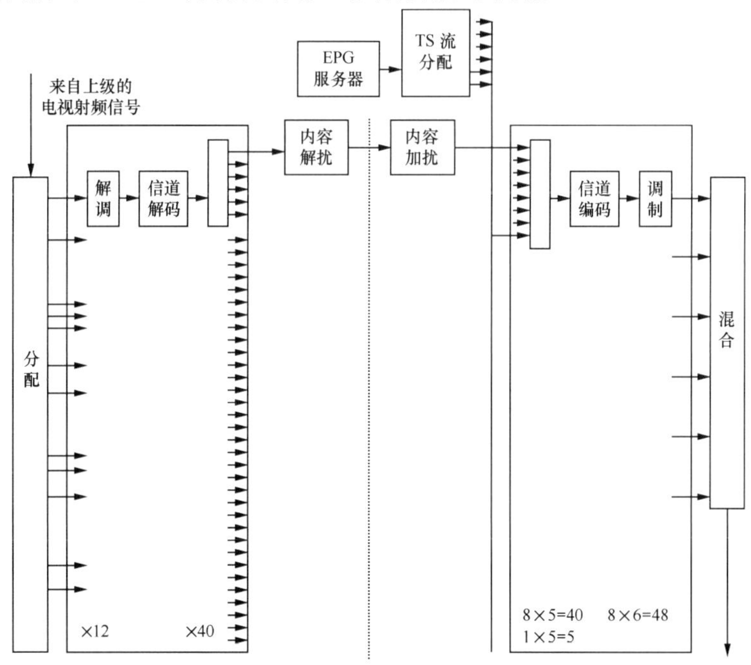

（五）其他节目流接入

1．**转播央视高清数字电视节目**：高清数字电视节目流压缩速率为18～25Mbit/s，与EPG节目流共用一条标准信道。

2．**AVS高清数字电视接入**：AVS高清数字电视节目流独自使用一条标准信道传输。

3．**互联网股票信息广播接入**：来自互联网的股票信息，经股票信息接收器成节目流，接入股票信息服务器形成传输流，用一条标准信道传输。

4．**本地插入数字节目流接入**：两路本地插入数字节目流，一路接入转播系统，另一路数字节目流接入核心交换机，提供点播应用。

5．**来自云浮的数字节目流的接入**：来自云浮的数字节目流接入核心交换机，提供点播应用。

6．**传统电视节目广播安排**：从来自上级的电视节目中扣除本前端组织的节目。

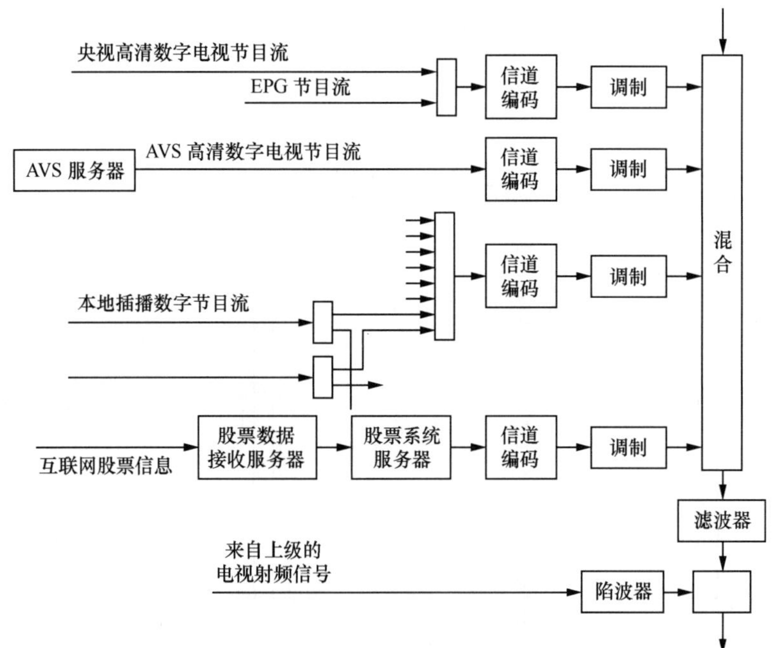

（六）15 路点播和时移电视节目安排

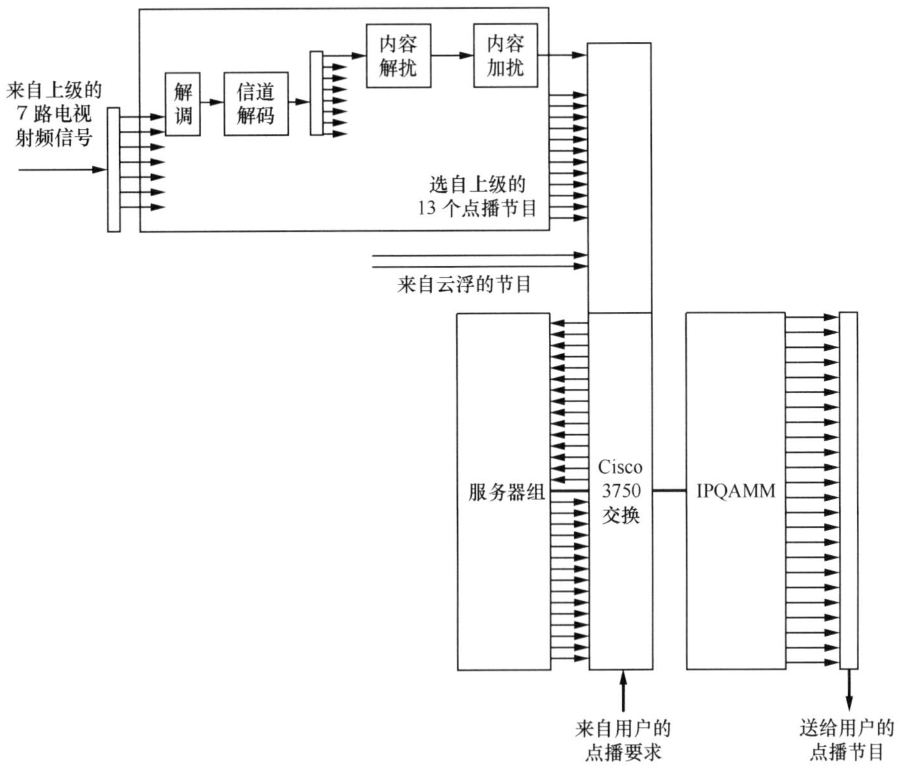

从来自上级的 7 路电视射频信号中，提取 13 个数字电视点播节目。提取过程：解调、信道解码、（相对于上级）解扰、（相对于用户）解扰；形成 13 个节目流。各个节目流都是二进制数字信号，接入交换机，存入视频服务器，按照用户指定的时间转发给需求的用户。

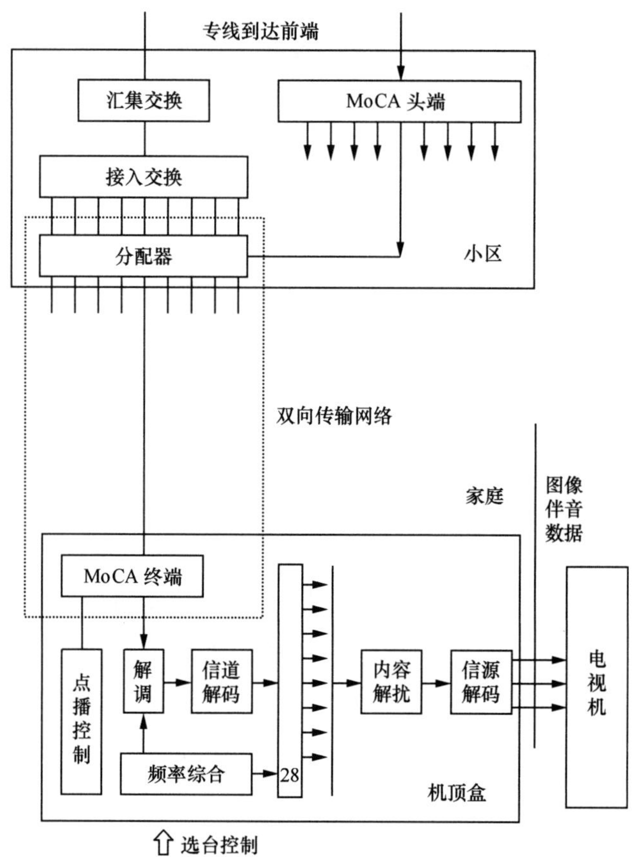

IPQAM：

IP 信号正交幅度调制（IPQAM）的具体功能如下：IPQAM 能够同时支持 24 个传输流，经过调制同时进入 24 条标准 8MHz 信道。因此，IPQAM 可以同时支持 24×8=192 个节目流。

（七）番禺互动电视的频谱结构

1．番禺台转播的 40 个数字广播电视节目，分别占用 Z-22、Z-23、Z-24、Z-25、Z-26、Z-27 频道。

2．番禺台转播央视高清电视节目，占用 Z-13 频道。

3．番禺台插播的 AVS 高清电视节目，占用 DS-24 频道。

4．番禺台插播的股票信息节目，占用 DS-14 频道。

5．番禺台播出的数字点播电视节目，可以随机占用 DS-28～DS-51 总共 24 个频道，从来自广州台的电视信号扣除上述数字电视节目，剩余的电视节目就是传统电视节目。

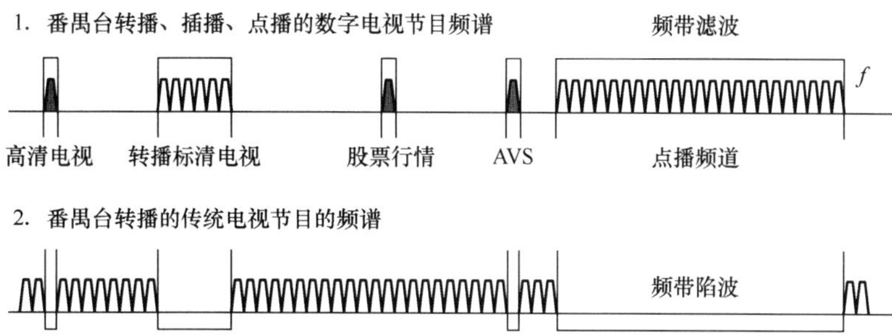

（八）15 路点播电视系统工作过程

1．点播电视工作过程

（1）用户通过遥控器向机顶盒发起 VOD 请求；该数据序列以红外控制码的形式发送到机顶盒。

（2）机顶盒根据内置的服务器地址，向管理服务器发出 VOD 页面请求，该数据序列为标准 Web 应用，通过 IP 报文寻址。IP 报文头中包含报文的源地址和目的地址。

（3）管理服务器向 BOSS 服务器发起身份确认需求，该交互过程遵从 TCP/IP 协议。

（4）BOSS 服务器向管理服务器确认身份需求。

（5）若身份确认成功，VOD 管理服务器根据用户的请求，向机顶盒返回 VOD 点播页面。该数据内容为视频点播的页面信息。

（6）用户根据 VOD 点播页面的提示，通过遥控器“播放”按键，选择要点播的视频节目，发送“播放”指令。该数据序列为红外二进制码。

（7）机顶盒根据遥控器编码，向管理服务器发起视频点播请求，该数据序列 IP 报文头中目的地址为管理服务器。

（8）管理服务器向视频服务器发起视频播放的请求，该数据序列 IP 报文头中目的地址为视频服务器。

（9）视频服务器创建一个点播流，并向管理服务器返回数据。数据内容包括服务器 IP 地址、端口、流控制字信息以及 IPQAM 频点信息、端口信息等相关信息。

（10）管理服务器系统将视频服务器发送的服务器 IP 地址、端口、流控制字信息以及 IPQAM 频点信息、端口信息等一起发送给发起请求的机顶盒。

（11）机顶盒接受到相关的信息后，一方面与视频服务器建立 LSCP 链接，并通知视频服务器开始进行点播播放；另一方面，根据管理服务器提供的频点、数据传输流 ID 信息进行频点锁定，当数据接收到后进行解码播放。

（12）视频服务器播放点播流，视频流根据 IPQAM 频点信息，通过交换机发送到对应的 IPQAM 设备。

（13）IPQAM 将视频流进行 QAM 调制和频率变换，输出 RF 信号，广播到用户对于的 HFC 网络中；用户的机顶盒已经锁定在该频点等待播放。

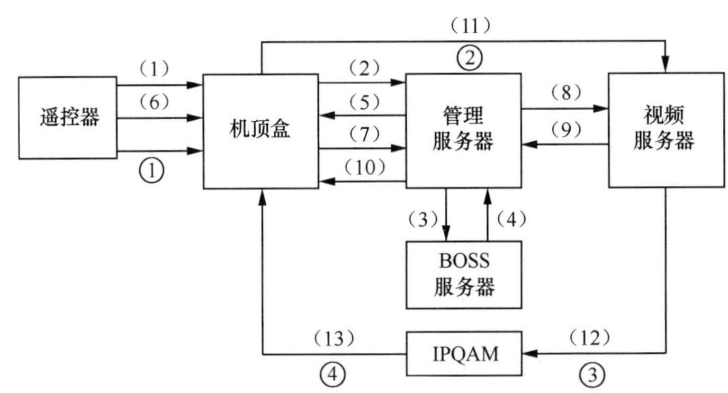

2. “快进”“快退”“暂停”操作

其流程（在上图中用①②③④表示）对应为：

① 用户通过遥控器发送指令给机顶盒；

② 机顶盒向视频服务器发出请求；

③ 视频服务器处理请求，改变视频流的播放状态，下发到 IPQAM；

④ 通过 IPQAM 对视频流进行 QAM 调制和频率变换，输出 RF 信号，广播到用户对应的 HFC 网络中。

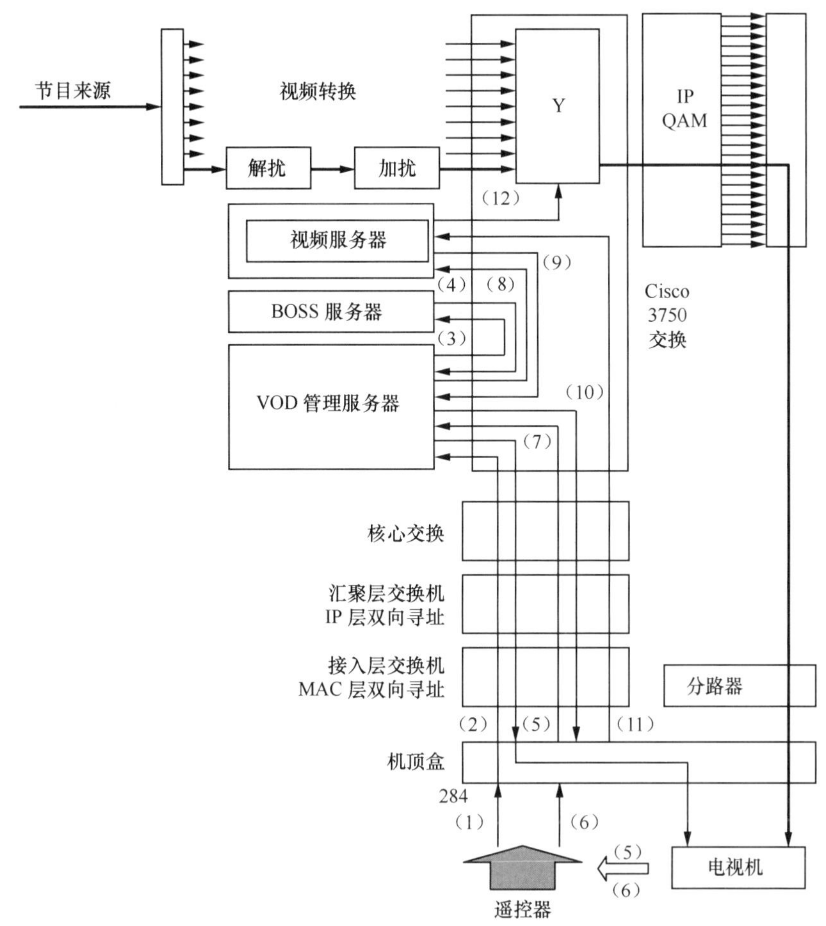

3. 时移电视的工作过程

时移电视的工作过程与视频点播的工作过程基本相同。两者的主要差别在于：在时移电视点播过程中，第 5 步：若身份确认成功，VOD 管理服务器根据用户的请求，向机顶盒返回内容为 Web EPG（Web 页面形式的 EPG 信息：在什么时间，播放什么内容）。（在点播电视点播过程中，第 5 步：若身份确认成功，VOD 管理服务器根据用户的请求，向机顶盒返回内容为 VOD 的点播页面。该数据内容为视频点播的页面信息）。

4. 时移电视分类

（1）**点播时移（nPVR）**：机顶盒用户直接通过 Web EPG 点播最近几天的电视节目，其业务流程为基本流程。

（2）**自动回退（Start Over TV）**：机顶盒用户可请求前端播放正在直播的节目开始部分。其业务流程第 8 步中，管理服务器将分析用户请求的节目时间点，发送到视频服务器的数据内容中，包括节目播放的时间点。

（3）**暂停快退（Pause Live TV）**：机顶盒用户可以在观看直播的电视节目时，实现**暂停**、**快进**、**快退**等操作，与视频点播的快进稍有差别的是，Pause Live TV 当快进的进度与当前时间相同时，机顶盒会向管理服务器发出请求，释放视频服务器和 IP QAM 资源并切换回直播频道，继续播放直播节目的内容。

四、关于家庭网络和多业务系统试点的建议

（一）目前数字家庭技术产业的局限性

1. **限于互动电视系统**：基于电视机可能支持的服务，限于一个机顶盒和一个电视机，尚未涉及其他用户终端。

2. **限于接入网络**：从前端、头端和机顶盒，尚未进入家庭内部。

（二）数字家庭技术产业发展主流

1. **高清互动电视**：高清互动电视能够提供更高质量的服务，其发展严重受制于广电部规划，而广电部规划公布尚待时日，因此，技术试点也需要一些时间。

2. **家庭网络和多业务系统**：能够支持基于多种终端的多种服务；这些服务不完全受制于某一个政府部门；具有比较广阔的技术和产业发展空间；主要困难是技术完善，但是有相当的技术基础；重点考虑家庭网络和多业务系统问题。

（三）家庭网络与多业务系统问题提出背景

1. 多种业务系统已经分别进入家庭；
2. 各类业务系统未能发挥其潜在能力；
3. 分散接入引起的复杂程度和成本限制了推广应用。

（四）家庭网络的功能结构

1. 对外沟通各类接入网络

（1）光缆/电缆混合接入；

（2）无源光网络；

（3）卫星接入。

2. 对内支持各类业务系统

家庭网络功能结构：一个家庭网络的 5 类业务系统。

（1）基于电视机的业务系统；

（2）基于计算机的业务系统；

（3）基于电话机的业务系统；

（4）基于移动电话机的业务系统；

（5）基于家用电器的业务系统。

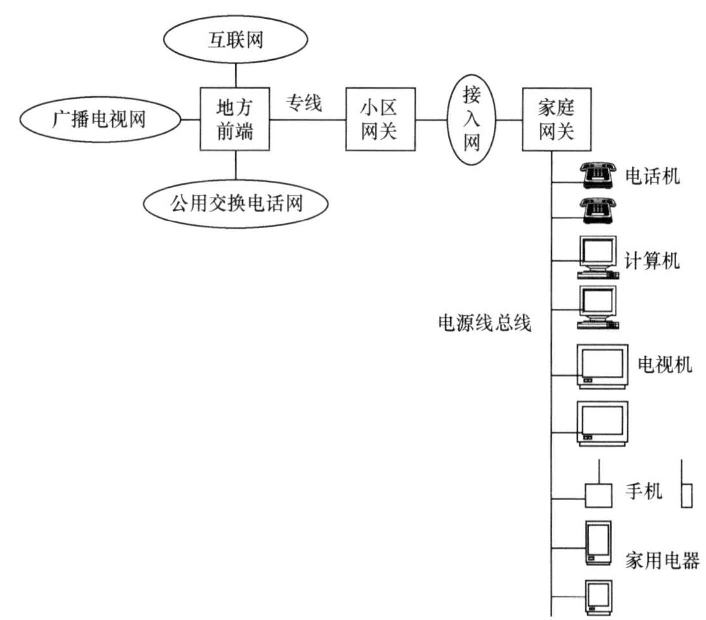

（五）家庭网络的技术体制

1. 家庭网络的基本技术体制

（1）出于兼容考虑，只能采用局域网技术体制；

（2）如果采用以太网技术体制可以提高效率；

（3）如果采用令牌网技术体制可以提高安全性。

2. 家庭局域网总线方式选择

（1）无线方式简单便宜，但存在干扰和屏蔽问题；

（2）有线方式技术性能优越，但存在成本和施工问题；

（3）电力线方式无需施工，降低了成本。

（六）家庭网络支持的多业务系统

1. 基于电视机的业务系统

（1）如何把互动电视技术平移到家庭网络中来？

（2）如何解决多部电视机同时接入家庭网络的问题？

（3）如何兼容 IPTV 技术的体制问题？

2. 基于计算机的业务系统

（1）实现传统个人计算机的功能不成问题？

（2）如何平移基于电视机的服务功能？

（3）如何实现“屏幕兼容”？

3. 基于电话机的业务系统

（1）如何实现多电话机业务系统？

（2）如何实现电话业务兼容？

（3）VoIP 方案在电话业务兼容中的应用。

4. 基于移动电话机的业务系统

（1）是否需要配置家庭微型基站？

（2）移动手机的有线融合问题。

（3）移动手机其他有关家庭的应用。

5. 基于家用电器的业务系统

（1）究竟哪些家用电器需要接入家庭网络？

（2）究竟哪些家用电器需要遥测和遥控？

（3）家用电器接入家庭网络主要是标准问题。

6. 家庭安全防卫业务系统

（1）基于电力线总线的家庭网络为构造各类家庭服务系统奠定了基础；

（2）如何解决遥测和遥控引入的安全问题？

（七）家庭网络融合问题

1. **接入网络的融合问题**：HFC、EPON 接入融合问题。

2. **网关融合问题**：前端、小区网关、家庭网关功能融合问题。

3. **业务系统融合问题**：互动电视系统、计算机系统功能融合问题。

4. **图像屏幕融合问题**：电视机屏幕、计算机屏幕、手机屏幕功能融合问题。

5. **终端融合问题**：有了家庭网络，各种终端还有必要保持原状吗？

（八）家庭网络安全问题

1. 信息安全问题：信息安全是指防止信息被盗用、误用、修改或拒用而采取的措施，通常采取加密方法实现。

2. 网络安全问题：狭义的网络安全是指防止他人利用、侦测和破坏家庭网络的措施。

3. 物理安全问题：物理安全是指使用保安或网络设施来保护物理财产。

4. 针对上述安全问题，都有特定的应对方法。但是，针对家庭网络必须研究具体的应对方案。

（九）家庭网络管理问题

1. 家庭电子设备越来越多，出现了管理问题，包括配置管理、性能管理、故障管理和安全管理。

2. 出于家庭隐私考虑，家庭网络管理通常不委托集中管理。

3. 必须设计尽可能简明的家庭网络自主管理系统。

（十）数字家庭产业的决定因素

1．系统总体设计重要，目前国内完全胜任。

2．软件平台开发重要，目前国内可以胜任。

3．核心芯片设计重要，但是，目前国内互动电视试点完全使用进口芯片。例如：

（1）双向互动电视机顶盒核心芯片；

（2）智能家庭网关核心芯片；

（3）通用电力线传输终端核心芯片。

4．家庭网络与多业务系统的决定因素是**自主设计低功耗、高性能的核心芯片**。

五、关于基地技术发展的建议

（一）基地利用两年多时间，奠定了互动电视技术和产业基础——开荒：

1．完成了番禺地区一万户试点；

2．开始了番禺地区十万户试点；

3．开始了云浮地区十万户应用；

4．聚集了近百家有关数字家庭的产业部门；

5．培养了一批互动电视技术骨干；

6．得到了国家工业和信息化部的认可；

7．得到了省、市、区政府强有力的支持；

8．在国内同行中产生了一定影响。

（二）基地现有的技术基础，不足以支持基地可持续发展——种地

1．从推广应用角度来看，互动电视系统尚不完善；

2．试点中同时采用的多种方案尚未得出明确结论；

3. 基地目前的试点重点限于标清互动电视，关于高清互动电视试点远不充分；

4．试点系统中采用的机顶盒完全采用外国芯片；

5．基地聚集的产业部门的开创能力比较低；

6．基地现有技术力量不足以支持其可持续发展。

（三）尽快发展基地本地的技术力量

1．建立高水平的基地，必须有高水平的技术人员支持；

2．就是高水平技术合作，也必须有高水平人员对接；

3．引进高层次技术无疑是必要的；

4．根本办法是充分使用和造就本地的技术群体。番禺区政府组织“基地互动电视系统研讨班”，是一次尝试，通过试点实践，及时总结提高。

（四）争取广东省和广州市的技术支持

1．广州信息与电子领域的群体力量并不十分强大，彼此交流与合作很不紧密，需要设法解决。

2．决定成立广州中山大学数字家庭研究院，对于广州基地或中山大学，无疑都是重大决策。但是，其中也存在机制问题。

（五）争取与国家级科研院所合作

1．基地应当而且尽可能争取与国家级科研院所合作；

2．但是，“国家级科研院所”的名声与能力相差悬殊，需要通过判断来选择；

3．与“国家级科研院所”合作不一定都会成功，需要总结双方的经验和教训；

4．基地已经与中国电子科技集团达成了合作协议，关键是创建双赢的合作模式。

（六）争取领军人才来基地落户

1．引进高层次人才首先必须澄清：他们原来会做什么？我们要求他们做什么？

2. 建议基地重点选择海内外技术差距大的专业，例如，高档次芯片设计。

3. 领军人才都有他的成才基地，政策的重点不在于“引进”，而在于“实效”。

4. 类似于博士后工作站的高层次人才工作站可能是可行模式，彼此之间有一个磨合时间——可留可走。

（七）适时调整完善基地发展计划

1. 制定计划是必要的。首先基地必须有自己的、上下一致的主见。

2. 战略目标和计划不可轻易变动。但是，年度实施目标和实施计划必须适时调整。

3. 在互动电视系统试点两年之后，当务之急是落实试点结果的产业化和寻找新的试点内容。

（八）2010—2015年发展专项计划建议

广州市科信局正在推动基地制订数字家庭专项发展计划。基地发展目标和工作内容基本明确：

1. 标清互动电视系统产业化目标及其支持项目；

2. 家庭网络和多业务系统试点目标及其支持项目；

3. 高清互动电视系统试点目标及其支持项目。

物联网概念研究（2012 年）

一、物联网概述

为什么要讨论物联网概念？从国家历次发布的有关物联网的文件来看，物联网概念一改再攻。这给物联网技术研发、装备生产和政策管理引入了不应该发生的混淆和困难。而物联网产业和应用恰恰被国家确定为当前国民经济发展的支柱产业。支柱产业而概念混淆，无论如何是不应该出现的事，所以，必须及早澄清物联网概念。

从麻省理工学院 Auto-ID 实验室 1999 年第一次提出了“电子产品编码”（Electronic Product Code，EPC）的概念至今，“物联网”（The Internet of Things）的概念已经风起云涌，被称为是继计算机、互联网之后的第三次信息技术革命，世界信息产业的第三次浪潮。物联网是信息化发展的大势所趋，目前已经上升到国家战略的高度，已经成为各国构建经济社会发展新模式和重塑国家长期竞争力的先导领域。

目前，我国已从国家战略层面将物联网的发展当作实现经济再次腾飞的重要事情来做。2010 年 11 月已经被确定为中国今后七大战略性新兴产业之一；列入了“十二五”国家重点专项规划等。随着我国政府对物联网的重视，大力发展物联网产业将是中国的一项国家战略。物联网热潮开始在国内受到普遍的关注，涉及政府工作、公共安全、城市管理、智能交通、环境保护、平安家居、智能消防、工业监测、老人护理、个人健康等众多领域。作为物联网应用的重要行业，在数字城市、数字社区、数字家庭、建设工程等住房和城乡建设领域得到广泛的应用，取得了积极进展，并可能随着我国“十二五”规划和智慧城市的建设在我国逐渐开展，将迎来前所未有的发展机遇。

物联网作为国家战略性产业，应当清楚地了解物联网目前的发展现状，清晰梳理出物联网发展所面临的问题，对物联网的发展路径和暴露的一些深层次问题做出更多的思考。为此，本章首先对物联网的概念、内涵及其技术体系进行了研究与界定；然后基于物联网概念，从信息系统角度探讨了物联网的体系架构及其组成；最后从应用、产业、技术和标准化角度阐述了全球和我国物联网的发展现状，力图对国内外的物联网发展进行了全面深入的梳理和分析，综合分析我国物联网发展面临的机遇和挑战，以作为发展和应用物联网的参考。

二、物联网的发展历程

（一）物联网概念的形成过程

物联网（Internet of Things）最初被定义为把所有物品通过射频识别（RFID）和条码等信息传感设备与互联网连接起来，实现智能化识别和管理功能的网络。此处 RFID 的原理可以追溯到第二次世界大战时用于空战的敌我识别系统；物联网概念的最早实践可以追溯到 1990 年施乐公司的“网络可乐贩售机”——Networked Coke Machine；1995 年比尔 • 盖茨在《未来之路》一书中也已提及了物联网概念，但当时这个新概念并没有引起太多的关注。

（二）国际会议上提出物联网概念

首先提出“物联网”的概念是在 1999 年在美国召开的移动计算和网络国际会议上，MIT Auto-ID 中心的 Ashton 教授在研究 RFID 时，提出了结合物品编码、RFID 和互联网技术的解决方案。当时基于互联网、RFID 技术、EPC 标准，在计算机互联网的基础上，利用射频识别技术、无线数据通信技术等，构造了一个实现全球物品自动识别和信息实时共享的实物互联网（简称物联网）。

（三）国际电信联盟提出物联网概念

正式提出“物联网”的概念是在 2005 年 11 月 17 日在突尼斯举行的

信息社会峰会（WSIS）上，国际电信联盟（ITU）发布了“ITU 互联网报告 2005：物联网”，正式提出了“物联网”的扩展概念和英文名称“Internet of things”。报告指出，无所不在的“物联网”通信时代即将来临，除射频识别技术（RFID）外，传感器技术、纳米技术、智能嵌入技术将得到更加广泛的应用。提出了任何时刻、任何地点、任何物体之间的互联和无所不在的网络以及计算机的发展愿景。预测物联网的建立将带来 10 亿量级的信息设备、30 亿量级的智能电子设备、5000 亿级的微处理器，万亿以上的传感器需求，是下一个万亿级信息产业的引擎，为计算机物联网后的第三次信息产业浪潮。

根据 ITU 的描述，在物联网时代，通过在各种各样的日常用品上嵌入一种短距离的移动收发器，世界上所有的物体从轮胎到牙刷、从房屋到纸巾都可以通过互联网主动进行交换。人类在信息与通信世界里将获得一个新的沟通维度，从任何时间、任何地点的人与人之间的沟通连接扩展到人与物、物与物之间的沟通连接。

现在物联网概念的兴起，很大程度上得益于国际电信联盟 2005 年以物联网为标题的年度互联网报告。然而，ITU 的报告未针对物联网的概念扩展提出新的物联网的清晰定义。

（四）欧盟发布《物联网战略研究路线图》

2009 年 9 月 15 日，欧盟第七框架下 RFID 和物联网研究项目族群（Cluster of European Research Projects on The Internet Of Things，CERP-IoT）发布了《物联网战略研究路线图》研究报告，其主要研究目的是，便于欧洲内部不同 RFID 和物联网项目之间组网；协调包括 RFID 的物联网研究活动；对专业技术、人力资源和资源进行平衡，以使得研究效果最大化；在项目之间建立协同机制。其中，提出了新的物联网概念，认为物联网是未来 Internet 的一个组成部分，可以被定义为基于标准的和可互操作的通信协议且具有自配置能力的动态的全球网络基础架构。物联网中的“物”都具有标识、物理属性和实质上的个性，使用智能接口，实现与信息网络的无缝整合。

三、物联网的定义

（一）麻省理工学院 Ashton 教授，1999 年物联网定义

物联网是基于 RFID、EPC 等技术，在互联网的基础上，构造一个实现全球物品信息实时共享的实物相互连接的网络。

（二）ITU 在《ITU 互联网报告 2005：物联网》中的定义

物联网是一个动态的全球网络基础设施，它具有基于标准和互操作通信协议的自组织能力，物理的和虚拟的“物”具有身份标识、物理属性、虚拟的特性和智能的接口，并与信息网络无缝缝合。同时正式将物联网称为“Internet of things”。

（三）欧盟对物联网的定义

2009 年 9 月，在北京举办的物联网与企业环境中欧研讨会上，欧盟委员会信息和社会媒体司 RFID 部门负责人 Lorent Ferderix 博士给出了欧盟对物联网的定义：

物联网是一个动态的全球网络基础设施，它具有基于标准和互操作通信协议的自组织能力，其中物理的和虚拟的“物”具有身份标识、物理属性、虚拟的特性和智能的接口，并与信息网络无缝整合。

（四）工业和信息化部电信研究院的物联网定义

物联网是通信网和互联网的拓展应用和网络延伸，它利用感知技术与智能装备对物理世界进行感知识别，通过网络传输互联，进行计算、处理和知识挖掘，实现人与物、物与物的信息交互和无缝链接，达到对物理世界实时控制、精确管理和科学决策的目的。

（五）本研究报告的物联网定义

关于物联网的定义，首先必须澄清：物联网究竟是什么？是信息基础设施（或者电信网络）？是信息应用系统？还是信息系统？

本研究报告澄清，物联网是信息系统，是由信息基础设施其支持的应用系统构成的信息系统。

从信息系统服务对象来看，直接支持人与人之间信息服务的信息系统俗称“通信系统”；直接支持人与物之间信息服务的信息系统俗称“遥控系统”；直接支持物与人之间信息服务的信息系统俗称“遥测系统”；直接支持物与物之间信息服务的信息系统现在称为“物联网”。可见，**物联网是一类支持物与物之间信息服务的信息系统。**

但是，习惯上，把与人相关的信息系统都称为“通信系统”；把与物相关的信息系统都称为“物联网”。此处不妨把前者称为广义通信系统，把后者称为广义物联网。可见，**在“通信系统”与“物联网”之间存在模糊地带。**

无论“狭义物联网”或者“广义物联网”，它们都是物联网，都是一类信息系统。如果，承认物联网是一类信息系统，那么，对于物联网的解释就应该是很简明的了。

四、物联网技术体系

关于物联网的技术构成，王志良先生在他的著作《物联网工程概论》一书进行了简明归纳。

（一）总体技术

1. 体系结构和参考模型；
2. 术语和需求分析。

（二）感知控制层技术

1. 数据采集；
2. 短距离传输和自组织组网；
3. 协同信息处理和服务支持。

（三）网络传输层技术

承载网。

（四）服务支撑层技术

1．智能计算；

2．海量存储；

3．数据挖掘。

（五）应用服务层技术

1．业务中间件；

2．行业应用。

（六）共性支撑层技术

1．标识管理；

2．安全技术；

3．服务质量管理；

4．网络管理。

五、物联网标准体系

（一）物联网技术标准

1．应用服务层技术标准；

2．网络传输层技术标准；

3．感知控制层标准；

4．物联网共性标准。

（二）物联网标准组织

1．ITU-T（国际电信联盟）：近年重点研究泛在网的总体结构、标识和应用。

2．ETSI（欧洲电信标准化协会）：近年重点研究 M2M 总体结构。

3．3GPP/3GPP2（第三代合作伙伴计划）：近年重点研究 M2M 对移动通信网的影响。

4．IEEE（美国电气与电子工程师学会）：近年重点研究物联网感知层的技术标准。

5．WGSN（传感器网络标准工作组）：2009 年成立，重点研究传感器网络技术标准。

6．CCSA（中国通信标准化协会）：2002 年成立，重点研究通信网络及其应用。

六、与物联网相关的其他技术发展概况

（一）传感器网

传感器网体系出现最早，20 世纪 70 年代用于军事上侦察，商用炒作在 2000 年前后，但传感器网技术一直处于研发阶段，目前没有实现大规模的商用。

传感器网络是通过在需要进行监控和管理的万事万物所在区域附近部署大量的“传感节点”或“Mote”（智能尘埃），采集外界物理世界“物”的信息，相互协作完成大规模复杂的监测任务，并通过汇聚（sink）节点/网关与互联网相连，将采集的物体（目标）信息传送到“应用处理中心”，对“物”进行监控与管理的物联网。

（二）RFID

RFID 技术体系出现较早，20 世纪 90 年代就已经出现，尤其是条码技术，目前 RFID 技术体系已经过了炒作期，进入了成长期。

这是对要监控与管理的包罗万象的“物”嵌入 RFID 智能标签，结合已有的网络技术、数据库技术、中间件技术等，构筑由大量联网的读写器和无数移动的电子标签组成的物联网。这个体系除了 RFID 技术外还包括条码和二维码等，主要用来标识物体。

（三）M2M

M2M 技术体系出现最晚，是在 2005 年前后，电信运营商开始探索新市场、扩展物联网通信向物联网系统的时候。

M2M 是机器与机器之间的通信，是强调广域网络传输的技术，关注末端设备的互联和集控管理、两化融合系统等。是电信运营商不甘只为提供通信信道而向外扩展的物联网业务，称之为 M2M 业务，目前通信运营商和专家正积极推动并得到了工业界的关注，是现阶段物联网较普遍的应用形式。

（四）CPS（Cyber Physical Systems）

CPS 即赛博—实物系统，或称信息—物理系统、信息物理融合系统。这是一个综合计算、网络和物理环境的多维复杂系统，通过 3C（计算、通信和控制）技术的有机融合与深度协作，实现大型工程系统的实时感知、动态控制和信息服务，其基本特征是构成了一个能与物理世界交互的感知反馈环。CPS 是借用技术手段实现人的控制在时间、空间等方面的延伸，其本质就是人、机、物的融合计算，所以国内又将 CPS 称为人机物融合系统。

（五）泛在网络（Ubiquitous Networks）

泛在网络是指无所不在的网络，可实现随时随地与任何人或物之间的通信，涵盖了各种应用，是一个容纳了智能感知/控制、广泛的网络连接及深度的信息通信技术（ICT）应用等技术，超越了原有电信范畴的更大的网络体系。泛在网络也可以支持人到人、人到对象（设备）和对象到对象的通信。

七、本研究报告归纳的物联网技术体系结构

物联网作为一种信息系统，是由信息基础设施和应用系统组成的。信息基础设施是由电信网络和服务平台组成的。电信网络是由公用电信网络平台和物联网网络平台两部分组成的。公用电信网络平台由核心网络（公用互联网）、接入网络（小区网络）、用户驻地网（家庭网络）和公用移动电话网组成。物联网网络平台是一个简单的无线或者有线局域网。

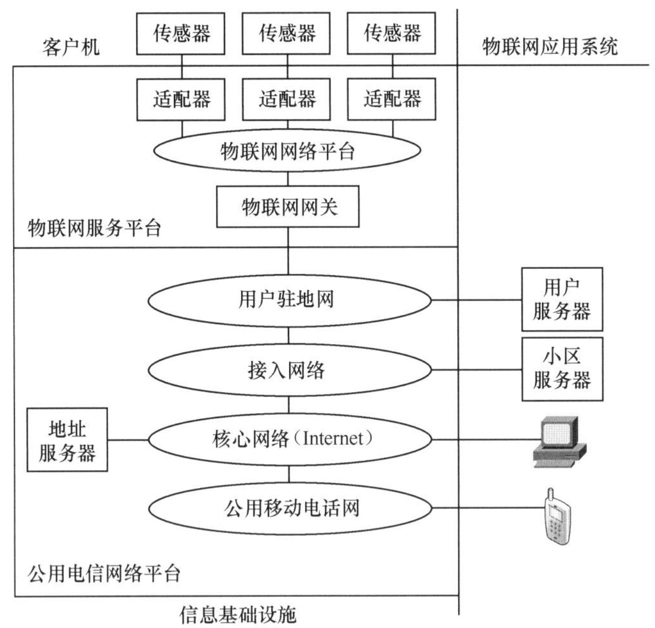

服务平台分为主体部分和支持部分。主体部分是由物联网网关和各个适配器组成。一个物联网网关服务器通过物联网网络平台和适配器，连接多个传感器或者受控器。服务平台的支持部分是由地址解析服务器构成的，连接公用移动电话网上的手机，或者连接公用互联网的个人计算机，访问具有私有地址的物联网网关，必须通过地址解析器才能找到物联网网关地址。

应用系统是由客户机与服务器构成的。客户机可能是各式各样的传感器或者受控器；服务器是连接在各种公用电信网络上的家庭服务器、小区服务器、公用服务器、专用服务器、个人计算机、个人手机等。通过这些应用系统实现各种具体应用。有时，出于减小体积或者降低成本考虑，往往把传感器或者受控器、适配器、物联网网络平台的传输终端三者集成在一起；物联网网络平台的传输基站与物联网网关服务器集成在一起。

八、国家物联网发展专项中的技术研发任务

（一）高性能、低成本、智能化传感器及芯片技术

1．智能传感器设计；

2．智能传感器芯片制造；

3．智能传感器与芯片的封装与集成；

4．多传感器集成与数据融合；

5．智能传感器可靠性。

（二）物联网标识体系及关键技术

1．物联网标识技术、解析体系与标准框架；

2．物联网标识管理技术；

3．物联网标识扩展与安全机制。

（三）物联网智能传输技术

1．面向服务的物联网传输体系架构；

2．物联网通信技术；

3．物联网组网技术。

（四）物联网智能信息处理技术

1．物联网感知数据与知识表达技术；

2．物联网智能决策技术；

3．物联网跨平台和能力开放处理技术；

4．物联网开放式公共数据服务应用技术。

九、物联网的应用领域

（一）物联网的典型应用领域

1．物联网在工业领域的应用

物联网可广泛用于制造业供应链（智能化采购、零部件库存管理、存储运输参数监测、物流跟踪）、生产环境监测（温度等环境条件监测、无线遥测地震仪、井下生产控制系统）、生产过程用料与工艺优化（生产线过程检测、实时参数采集、生产设备监控、材料消耗监测）、设备管理（设备操作使用记录、设备故障诊断、资产管理）、产品全生命周期监测

（产品销售管理、产品交付管理、产品运输容器安全监测、管道监测、产品处置监测、产品回收再利用）、环保监测（排放监测、污染监测、能耗监测）、对员工的管理（关键情况下对员工岗位的无线跟踪）等，以提高生产效率、减少物料消耗和污染、提升产品质量、保障生产安全、改善个性化服务。

2. 物联网在农业领域的应用

RFID 的耳标可用于管理家畜和对肉类产品来源的追溯；物联网还可用于农药、化肥、农用物资、农产品的加工和运输管理，对土壤的墒情和养分的检测等。

3. 智能电网

因发电与用电量不匹配，电网利用率很低，美国也仅有 55%。每年，美国因电网扰动与断电损失 790 亿美元。智能电网使用传感器、智能电表、数字控制器和分析工具自动监视与控制从电站到用电方的双向能量流，通过双向通信、高级传感器和分布式计算机调整与匹配发电与用电量，从而改善电力交换和使用的效率并提高可靠性。以前因发电量不平稳难以接入电网的风电、光伏发电等分布式能源可以并网。智能电网实时监控用户的电力负荷，帮助企业和消费者根据峰谷电价的不同安排用电时间。智能电网的技术可应用到发电、输电、变电、配电和用电环节。中国的电网经历过 2008 年年初南方冰雪灾害的严重影响，对智能电网有更高的期待，视安全性比效率更重要。中国国网电力公司提出要建设以特高压电网为骨干网架、各级电网协调发展的中国特色坚强的智能电网。

4. 智能交通

据统计，交通拥堵造成的损失占 GDP 的 1.5%～4%，美国每年因交通堵塞的损失高达 780 亿美元，燃料损失相当于 58 个超大型油轮的装载量。比道路交通事故且造成人身伤亡其直接经济损失还要高几倍，交通拥塞将增加汽车尾气排放，成为城市污染不可忽视的因素。利用物联网技术可以实时监控交通流量，优化交通网络设计和管理，提升交通运输效率，提高交通安全。斯德哥尔摩在 18 个路边控制站用激光、摄像和系统技术，对车辆进行探测、识别，并按照不同时段、不同费率收费，将交通流量、等待时间、尾气排放分别减少 20%、25%和 12%。

欧盟认为，通过利用 ICT 优化物流安排和智能流量管理还可助交通运输效率提升 17%。

5. 智慧物流

利用基于 RFID 的产品可追溯系统、基于 GPS 的智能配送可视化管理网络、全自动的物流配送中心和基于智能配货的物流网络化公共信息平台可以在线跟踪物流，优化从原材料至成品的供应链网络，从而帮助企业确定生产设备的位置，优化采购地点，也能帮助制定库存分配战略，降低成本、减少碳排放，改善客户服务。2006 年物流成本占 GDP 的比例，日本为 11%；美国为 8%；欧盟为 7%；中国为 18%（其中运输成本占 55%，存储成本占 30%），智慧物流对中国的重要性不言而喻。中远物流公司采用信息化管理和物联网技术，成功地将分销中心的数量从 100 减少至 40，分销成本降低了 23%，燃料使用量降低了 25%，也使碳排放量减少了 10%～15%。另外，对于食品和药品的生产和运输及存储而言，智慧物流不仅仅是经济问题，更重要的是保证储运物品的时效性和满足储运环境条件的要求，事关民众生活与生命安全。

6. 智慧医疗

美国的医疗保健支出已占 GDP 的 16%，而且医疗事故已成为死亡的第五位原因，数字保健成为医保改革的重要内容，医疗保健也是中国政府和百姓极为关切的问题。数字保健包括医疗设备的数字化、医疗设备的网络化、医院管理的信息化和医疗服务的个性化，物联网在这些方面都将起重要作用。电子病历或电子健康档案可配有 RFID 以识别持有者的身份，药品上的智能标签能够提醒患者服药时间和用量，利用各种传感器对需要监护的人进行实时监控，利用具有 RFID——传感器能力的移动电话作为平台监控医疗参数和药品，指导患者进行治疗和用药。2009 年 3 月起，作为传染病医院的北京地坛医院在住院楼的中西医结合科区域进行试点应用 RFID，对医疗器械包的全程跟踪管理、对人员和对医疗垃圾车的实时跟踪管理。事实上，利用 RFID 的管理还可扩展到医院设备、药房、产房、手术室等多方面。

7. 智能建筑

美国办公用建筑物在寿命期间的电能消耗成本与建筑物初次建设成

本相当。据统计，建筑能耗目前占我国一次能源消耗总量的 27.8%，比世界上同纬度国家高。日本曾经试验，在一个大楼内装 2 万个传感器并用 IPv6 联网，实时掌握在大楼内不同房间、不同时间需要的空调温度和照明状况，实行智能控制，可以节省能耗近 30%。我国也有利用物联网技术对机场进行能源管理实现节能 20%的例子。

8. 环保监视

利用各种传感器可以实现生态监视和污染监测，中国移动利用 M2M 技术在广州市部署近 4000 个监控点，重点采集和监控污染源生化数据，包括餐馆排气、工厂排污、工地噪声等。在厦门利用嵌入传感器的 TD-SCDMA 终端实现对噪声的检测。

9. 智能安防

视频监控摄像头广泛应用于国内多个城市的主要道路、热点地区和轨道交通监视，综合使用了多种物联网技术构筑周界防入侵系统，可用于机场和重要企业。光纤光栅等压力和应变传感器能应用到铁路和公路桥上以监视桥梁的安全，还用在一些地质滑坡高发地区和尾矿库，实现地质异常的提前预报，先于事故发出预警。瓦斯传感器和通风量检测有效地避免矿难或降低矿难的发生率。此外，物联网技术广泛应用在小区安保，并开始在家居安防上使用。

10. 智能家居

物联网技术可用于家庭门禁和家用电器的智能控制，但更有价值的是对老人和小孩的远程监护。中国人口老龄化的进程在加快，中国城市多为双职工且为独生子女家庭，需要有便于使用且有效的监护手段。一种嵌入陀螺仪的手机能够区别摔倒与弯腰，可在老人摔倒时自动发出短信到监护人和医院，通过手机还可定位老人的位置，便于医护人员及时来救护。

（二）国家用推广专项行动计划中的应用示范项目

1．工业转型升级物联网应用示范；

2．精准农业物联网应用示范；

3．设施农业和大田作物；

4．农资和棉花服务物联网应用示范；

5．粮食储运监管物联网应用示范；

6．航空运输物联网应用示范；

7．集装箱海铁联运物联网应用示范；

8．远洋运输管理物联网应用示范；

9．快递物流可信服务物联网；

10．进出境（集装箱）检验检疫监管和进出境产品地理标志原产地保护物联网应用示范；

11．企业物流作业管理物联网应用示范；

12．城市共同配送物联网应用示范；

13．废物监管物联网；

14．综合性环保管理物联网应用示范；

15．水质监测物联网应用示范；

16、空气监测物联网应用示范；

17．污染源治污设施工况监控系统应用示范；

18．入境废物原料监控物联网应用示范；

19．林业资源安全监管与服务物联网应用示范；

20．生态监管和服务物联网应用示范；

21．煤矿安全设备监管物联网应用示范；

22．矿井安全生产监管物联网应用示范；

23．特种设备监管物联网应用示范；

24．民用爆炸物生产环境监控物联网应用推广；

25．交通指挥和服务物联网应用示范；

26．智能航运服务物联网应用示范；

27．城市智能交通物联网应用示范；

28．车辆识别物联网应用示范；

29．车联网新技术应用示范；

30．电动自行车智能管理物联网应用示范及推广；

31．智能电网物联网应用示范；

32．油气供应物联网应用示范；

33. 水利工程安全运行物联网应用示范；
34. 水利信息采集物联网应用示范；
35. 重点食品质量安全追溯物联网应用示范；
36. 消防和社会治安物联网应用示范；
37. 城市社会公共安全物联网应用示范；
38. 危化品管控物联网应用示范；
39. 灾害性气象信息采集和实时处理应用示范；
40. 重大自然灾害预警和应急联动物联网应用示范；
41. 警用装备智能管理物联网应用示范；
42. 监外罪犯管控物联网应用示范；
43. 医院管理物联网应用示范；
44. 智能养老物联网应用示范；
45. 社区远程医疗和健康管理物联网应用示范；
46. 城市基础设施管理物联网应用示范；
47. 智能家居物联网应用示范；
48. 无锡物联网综合应用示范；
49. 鼓励物联网应用服务推动资源共享与互联互通。

上述这些项目都属于国家支持的“应用示范”项目，意指这些项目将来未必能够得到推广应用，但是，我们基地只要参与到这些应用项目之中，也就切入了物联网领域。只要慎重判断，某些项目具有应用前景，并且重点支持，就可能形成物联网集群产业。

十、物联网发展面临的机遇和挑战

从全球经济和信息产业发展趋势来看，物联网时代即将来临。物联网将依托物品识别、传感和传动、网络通信、数据存储和处理、智能物体等技术形成庞大的产业群。按照目前对物联网的需求，在近年内就需要按亿计的传感器和电子标签，这将大大推进信息技术元件生产、通信、处理和业务管理产业链的发展，为产业开拓了又一个潜力无穷的发展机会。

同时，物联网用途广泛，遍及智能交通、物流管理、环境保护、政府工作、公共安全、平安家居、智能消防、工业监测、老人护理、个人健康、花卉栽培、水系监测、食品溯源、敌情侦查和情报搜集等不同行业和经济领域。物联网的推广将会成为推进经济发展的又一个驱动器，为产业开拓了又一个潜力无穷的发展机会。

业内专家认为，物联网一方面可以提高经济效益，大大节约成本；另一方面可以为全球经济的复苏提供技术动力。目前，各个经济发达国家都在投入巨资深入研究探索物联网；我国也正在高度关注、重视物联网的研究。物联网创新发展关乎国家安全、民生和未来经济社会发展的方向。

（一）中国物联网在物联网浪潮中的机遇与挑战

加快发展物联网，是我国产业结构优化升级、提升整体创新能力的迫切需要。目前在我国，物联网作为战略性新兴产业在政府的高度重视下迅速推进，早在2010年就被写入了政府工作报告，被列为国家“十二五”信息化规划的重大专项，各省市也积极推出了物联网产业发展规划。同时，物联网运用广泛、前景广阔，给产业开拓了又一个潜力无穷的发展机会。

1. 我国物联网技术创新和新兴产业发展的重大机遇

技术方面，感知识别和智能处理虽是我国瓶颈所在，但既是挑战，也是机遇。给其与网络融合集成发展的趋势，以及大量应用需求带来的市场空间，将给网络化、智能化感知器件与设备，以及云计算技术等领域带来跨越突破的良好机遇。同时，我国的网络通信技术在已有的能力基础上，电信部门正在向物联网通信方向全面拓展，期待形成国际领先优势。

产业方面，物联网应用将带动传感器、RFID、仪器仪表等物联网相关产业向中高端的转型升级，创造出 M2M、应用基础设施服务、行业物联网应用服务等新业态、新市场，同时也将给软件和集成服务、智能处理服务、通信网络设备和服务器等带来巨大的拓展空间。

目前我国物联网技术与产业还处于科研和小范围应用阶段，物联网的整个产业模式还没有彻底形成，处于起步阶段，但物联网的发展趋势是令人振奋的，未来的产业空间是巨大的。

（1）物联网是“十二五”规划的重点

新一代信息技术产业发展“十二五”规划出台，物联网作为其中的重要组成部分备受瞩目。

2010 年国资委计划将物联网作为国家政策扶持的热点。

2011 年工业和信息化部已经将物联网规划纳入到“十二五”的专题规划，现在正在积极研究和推进，希望通过“十二五”专项规划的实施，完善物联网产业。目前，2011 年物联网发展专项资金已下发，近百家物联网企业获得资金支持，这也是国家首次设立的专项基金，重点支持技术研发类、产业化类、应用示范与推广类、标准研制与公共服务类四大项目。

我国移动通信企业正在推出 M2M 业务，建立端到端的全局物联网络。现阶段各种形式的物联网业务中最主要、最现实的形态是 M2M 业务，它在形态和业务支持上将呈现高度的创新性和融合性，支持无线接入带宽与业务的灵活调度管理,可与一些相邻业务实现一定程度的融合。在行业应用中，M2M 终端将可能与一系列的传感器和监测、控制设备深度融合。因此，通信网络既是物联网的基础承载网络，同时移动通信终端也可实现与物联网终端的融合，为电信业务的发展带来新的机遇。

广电部门则以 NGB 的建设为基础，积极布局广电物联网。NGB 建成后的网络骨干网速率将达到 1000Gbit/s，接入网用户端速率则不少于 40Mbit/s，可以提供高清晰度电视、数字电视音频节目、高速数据接入和话音等“三网融合”的服务，是突破三网融合瓶颈，实现战略转型，建设物联网的基础。同时，物联网给 NGB 建设提出更高要求，是“三网融合”的价值体现。

目前广电总局正在积极探索智能家庭和物联网的相关业务，为物联网的建设提供一个安全、高速、带宽的平台，并在 NGB 示范网（无锡）的建设中重点对物联网方面进行探索，从“智能家居”切入，全面参与“感知中国中心”建设，积极开展广电网络与物联网融合的技术研究和应用开发。

（2）各地方政府重视物联网技术推动当地的经济发展

随着国家物联网 RFID 相关政策的出台，在国家高层领导的推动下，各地方政府对物联网产业的发展非常重视，都想借助物联网的发展，带动当地的经济发展，并根据各地不同的产业结构、经济形态，制定不同产品链的发展战略。现在 90%以上的省份都把物联网作为自己的支柱产业，几乎所有一二线城市都在建设或筹建物联网产业园。江苏、山东、浙江、上海、北京、广东、武汉等省市开始制定物联网 RFID 产业的规划政策，努力打造无线城市、发展物联网示范工程、培育物联网产业、攻坚物联网核心技术、举办物联网主题展会，积极抢占物联网发展的制高点。

踏着物联网时代前进的步伐，各地政府也在积极推动物联网概念的联盟和相关产业园区的建设，政产学研用结合得更加紧密。虽然许多规划在短期内还见不到成效，但背后蕴藏了巨大的技术抗衡和模式变革，将有望创造出可喜的经济和社会效益，实现物联网概念与现实的成功对接。

2. 物联网应用领域广阔，蕴含巨大的应用需求与发展机遇

从物联网应用领域的角度来说，包括智能电网、智能交通、物流、农业、节能环保、公共安全以及智能建筑等方面，物联网应用的广泛性，将给 IT 产业和信息化发展带来新的机遇。

《2010 年中国物联网发展研究报告》初步预测，未来十年，我国物联网重点应用领域的投资将达 4 万亿元，产出达 8 万亿元，创造就业岗位达 2500 万个。

“十二五”物联网规划将锁定智能电网、智能交通、智能物流、智能家居、环境与安全检测、工业与自动化控制、医疗健康、精细农牧业、金融与服务业、国防军事等十大物联网应用重点领域；建成 50 个面向物联网应用的示范工程，5～10 个示范城市。其间，智能电网的总投资预计达 2 万亿元，占据十大领域之首，预计到 2015 年将形成核心技术的产业规模 2000 亿元。

物联网产业的发展不是对已有信息产业的重新统计划分，而是通过系统与应用带动形成新市场、新业态，整体上可分为以下 3 种情形：一

是因物联网应用对已有产业的提升，主要体现在产品的升级换代；二是因物联网应用对已有产业的横向市场拓展，主要体现在领域延伸和量的扩张；三是由于物联网应用创造和衍生出的独特市场和服务，如传感器网络设备、M2M 通信设备及服务、物联网应用服务等均是物联网发展后才形成的新兴业态，为物联网所独有。

3. 物联网发展的主要问题和面临的挑战

虽然目前全球各主要经济体及信息发达国家纷纷将物联网作为未来战略发展的新方向，也有诸多产品进入了试验阶段，包括中国在内的极少数国家也已经能够实现物联网完整产业链，但无论是标识物体的 IP 地址匮乏关键技术、还是各类通信传输协议需要建立的标准体系、商业模式、以及由物品智能化带来的生产成本较高问题均制约着物联网的发展和成熟。因此，物联网目前整体情况既有快速发展的一面，也有客观存在的诸多难题需要解决。其中包括：

（1）理论与认识问题；

（2）系统集成与信息集成的系统规划与顶层设计问题；

（3）信息产业长期的基础性瓶颈问题；

（4）软件问题和信息资源问题；

（5）应用开发和规模应用的问题；

（6）面临物联网长期的安全挑战；

（7）标准是物联网推广应用和产业化发展的前提；

（8）商业模式尚待清晰。

物联网的普及不仅需要相关技术的提高，更是牵涉各个行业、各个产业，需要多种力量的整合。这就需要国家的产业政策和立法上要制定出适合这个行业发展的政策和法规，充分完善政策环境，打破行业壁垒，并进行共赢模式的探索，保证行业的正常发展。

从物联网产业的发展来看，也只有通过应用模式和商业模式的创新，获得行业整体的价值实现、调动产业链的各方积极性，才能保证整个物联网行业的有效合作。以 RFID 为例，因为物联网的产业链复杂庞大，需要芯片商、传感设备商、系统解决方案厂商、移动运营商等上下游厂商的通力配合，这要求发展各方共赢的利益机制及商业模式，改变改造成本高的现状。特别是 RFID 现在正走向开环的应用，将为产业界提供一个更大的信息化平台，商业模式的构建和创新已被提到议事日程上来。

近年来，我国 RFID 技术取得了一定进展，成本有所下降，RFID 的相关标准也在积极的制定中，唯有 RFID 商业模式直接关乎 RFID 投资回报的这一项内容还没有取得预想中的进展。可见，目前我国还没有找到这样可行的商业运行模式，使物联网企业（包括生产企业和运营企业）和应用单位多方共赢。所以，物联网技术没有像人们预期的那样发展迅速。

因此，加强物联网应用创新、管理创新、模式创新，探索和建立由 IT 企业、通信运营企业、银行部门等多方参与、互利共赢的投融资模式和商业运作模式，是物联网发展的一个重要命题。

结语

物联网是一类与物相关的信息系统。作为一类信息系统，物联网具有 3 层技术结构：由各类电信网络构成的电信网络平台、由基本件和中间件构成的计算机服务平台、由各种传感器受控器、物联网服务器和用户终端构成的“客户机—服务器”系统。可见，物联网技术是涉及通信、计算机和自动控制的跨领域的综合技术。

信息化是推广应用各类信息系统的过程。信息化过程是一个先易后难的发展过程，首先发展与人相关的信息系统；随后发展与物相关的信息系统。可见，推广应用物联网是信息化发展过程中的里程碑标识。

人们普遍认为，物联网具有无可限量的应用领域和发展前景。但是，物联网作为一种经济发展的产物，它必然也受到经济现实的约束。而各个领域的经济发展很不平衡，所以，在一些领域成功推广应用物联网，在另一些领域推广应用物联网就未必现实可行。所以，不难理解，国家物联网首席专家说，现在物联网选题还在探索中。

如果在一些“物联网选题难”的经济领域找到了具有重要意义的应用切入点，而针对这种应用的物联网装备又足够简明、便宜，那么物联网选题就容易了。这大概就是物联网发展面临的机遇和挑战。

参考文献

[1] 邬贺铨．物联网的技术与应用．
[2] 邬贺铨．物联网内涵与技术及应用．
[3] 邬贺铨．物联网与数字城市．
[4] 邬贺铨．物联网概念．
[5] 邬贺铨．物联网人才需求飙升，人才培养难题初现．
[6] 邬贺铨．物联网设计的思考．
[7] 王毅．城市建设中物联网的关键技术．
[8] 周子学．2013 物联网大会开幕致辞．
[9] 邬贺铨．物联网与大数据．
[10] 陈俊亮．面向智慧城市的物联网服务平台建设与探索．

发展物联网的国家政策研究（2013 年）

一、关于《国务院关于推进物联网有序健康发展的指导意见》分析

《国务院关于推进物联网有序健康发展的指导意见》（以下简称《指导意见》）写得相当简明，其概述部分足以说明其主旨。

（一）概述部分

1. 物联网是新一代信息技术的高度集成和综合运用。

2. 物联网具有渗透性强、带动作用大、综合效益好的特点。

3. 推进物联网的应用和发展，有利于促进生产生活和社会管理方式向智能化、精细化、网络化方向转变，对于提高国民经济和社会生活信息化水平，提升社会管理和公共服务水平，带动相关学科发展和技术创新能力增强，推动产业结构调整和发展方式转变具有重要意义。

4. 我国已将物联网作为战略性新兴产业的一项重要组成内容。

5. 目前，在全球范围内物联网正处于起步发展阶段，物联网技术发展和产业应用具有广阔的前景和难得的机遇。

6. 经过多年发展，我国在物联网技术研发、标准研制、产业培育和行业应用等方面已初具一定基础。

7. 物联网发展中仍存在关键核心技术有待突破、产业基础薄弱、网络信息安全潜在隐患、一些地方出现盲目建设等问题，亟须加强引导加快解决。

（二）关于物联网

《指导意见》指出：“物联网是新一代信息技术的高度集成和综合运用。”这比 2010 年把物联网当作互联网的扩展进步多了，但是，仍然不够确切。关于物联网概念，可以参考本研究报告的第一部分内容。物联网是用于物与物之间的信息系统。

（三）物联网的特点

《指导意见》指出，“物联网具有渗透性强、带动作用大、综合效益好的特点”。确切地说，物联网具有广泛的应用领域、带动产业链作用大、经济效益好的特点。

（四）物联网应用和发展的意义

众所周知，国民经济信息化过程是一个先易后难的发展过程。首先普及通信系统；随后采用遥测和遥控系统；最后是推广物联网系统。可见，推广应用物联网是国民经济信息化发展到比较高水平的里程碑标志。

（五）物联网在发展国民经济中的地位

2009 年，我国已经把“物联网”作为国家重点经济发展项目。在《指导意见》中，明确“我国已将物联网作为战略性新兴产业的一项重要组成内容”。

（六）关于物联网的发展与前景

《指导意见》指出，“目前，在全球范围内物联网正处于起步发展阶段”“物联网技术发展和产业应用具有广阔的前景和难得的机遇”。目前，我国多数人持这样观点。

（七）关于物联网的发展成就

关于物联网的发展成就，《指导意见》指出，“经过多年发展，我国在物联网技术研发、标准研制、产业培育和行业应用等方面已初具一定基础”。

根据2009年至今我国物联网的发展现状，本报告认为：按照常规，国家级文件，应当列出主要成就和主要问题。而《指导意见》作为国家重要文件，对于国家重点发展项目成就方面的这种提法是不够充分的。原因分析如下。

1．这与“物联网”概念模糊有关系。不容置疑，近年我国国民经济信息化有了长足发展，例如发生在我们身边的事：高速公路ETC系统推广应用；电子商务的迅速普及；科技信息自动检索；无纸印制板设计和生产系统等，这些信息系统的推广应用令人感叹。这些算不算“物联网”的成就？

2．出于历史原因，或许不便归于“物联网”名下。我国信息化和自动控制发展过程，客观上都是一个连续的发展过程。经过多年努力，已经取得了光辉成就；有的在信息化旗帜下继续发展，自动化也是如此。后来提出了物联网的概念，有些人或者单位受惠于“物联网”项目，一时未必取得重大成就；有些人或者单位未受惠于“物联网”项目，可能取得了重大成就，于是不方便纳入“物联网”成就名下。

3．家居物联网确实取得了长足发展。例如，在短短的四年之间，就出现了6类20种家居物联网应用系统。因此，物联网首席专家说，物联网很可能首先在家居环境中得到推广应用。

（八）关于有待突破的关键核心技术问题

关于有待突破的关键核心技术问题，《指导意见》指出，“但也存在关键核心技术有待突破、产业基础薄弱、网络信息安全存在潜在隐患等问题”。

有待突破的关键核心技术是指“产业基础薄弱”和“网络信息安全存在潜在隐患”吗？“产业基础薄弱”确实存在，这适合于我国现实所有信息产业；“网络信息安全存在潜在隐患”是指“网络安全”还是“信息安全”？《指导意见》未指出。

众所周知，电信是利用电磁系统传递承载消息的信号。其中，电磁系统相当于“道路”；信号相当于“车辆”；消息相当于“货物”。保护消息安全，相当于保护货物是“信息安全”的任务；保护电磁系统和信号（即保护电信网络）安全，相当于保护道路和车辆的安全是“网络安全”的任务。“网络安全”与“信息安全”是两个不同的概念，是不同性质的两个问题，各有各的任务，分别属于不同的学科。信息安全专家解决不了网络安全问题，如同网络安全专家解决不了信息安全问题一样。说不清楚问题，如何解决问题？

（九）关于当前需要解决的主要问题

《指导意见》提出的主要问题相当明确：一些地方出现盲目建设现象等问题，亟须加强引导加快解决，这才表明《指导意见》的主题。

众所周知，事出有因。如果国家总理特别重视一个技术项目，而某些地方无动于衷，这可能吗？如果一个国家同时出现上百个“应用试点”，而某些地方无动于衷，这可能吗？《指导意见》表明了这个主题，是难能可贵的。

附件：“物联网发展专项行动计划”

1．顶层设计专项行动计划；

2．标准制定专项行动计划；

3．技术研发专项行动计划；

4．应用推广专项行动计划；

5．产业支撑专项行动计划；

6．商业模式专项行动计划；

7．安全保障专项行动计划；

8．政府扶持措施专项行动计划；

9．法律法规保障专项行动计划；

10．人才培养专项行动计划。

国家针对一个“物联网发展行动计划”竟然提出 10 个保障性专项行动计划，表明国家对于物联网的重视程度。

总而言之，我国自从 2009 年执行物联网发展专项以来，在提出《国务院关于推进物联网有序健康发展的指导意见》和《物联网发展行动计划》，以解决当前需要解决的主要问题，推进物联网有序健康发展，无疑是必要的。解决了国家顶层管理问题，完全有理由相信我国物联网技术产业会得到健康发展。

二、关于“物联网发展专项行动计划”分析

“物联网发展专项行动计划”包括10个专项行动计划。在10个专项行动计划中，“指导思想”一致，都是贯彻《国务院关于推进物联网有序健康发展的指导意见》精神；推进我国物联网有序健康发展；“总体目标”都是类似的，即到2015年，完成本行动计划以推进我国物联网有序健康发展；“保障措施”也是大体一致的，即归纳入各个行动计划的具体措施。所以，关于10个专项行动计划分析，仅限于讨论“重点任务”。

无疑，国家发布“物联网发展专项行动计划”，是物联网发展的难得机遇，同时也是严峻挑战。同时发布10项具体行动计划实属罕见。可见，中央关注之重。如果各个地方积极响应，因地制宜，目标明确、政策落实、组织得当，相信我国信息化进程，即推广应用物联网阶段，必将取得健康发展。

三、关于“顶层设计专项行动计划”分析

本行动计划是解决国家顶层管理问题。具体地说是解决国家发改委与国家工信部及其他部门，关于物联网产业的职权分工问题。这与地方发展物联网产业没有直接关系。

但是，地方政府在发展物联网产业集群时，同样存在“顶层设计”问题；同样存在地方政府各个部门之间的分工合作问题。

（一）重点任务摘要

1. 加强国家层面物联网工作的统筹协调；
2. 加强部门、行业、军地之间的统筹协调；
3. 加强对地方物联网发展的指导，有序推进发展。

四、关于“标准制定专项行动计划”分析

（一）重点任务摘要

1. 构建科学合理的标准体系；
2. 加快研制基础共性标准；
3. 重点突破关键技术标准；
4. 优先支持应用急需行业标准；
5. 着力提升国际标准影响力和竞争力；
6. 扎实开展标准验证与服务工作；
7. 不断完善组织架构。

从上述内容不难看出，本行动计划的主要任务也是解决国家顶层管理问题，具体地说是解决国家技术产业标准的多方面管理问题。这与地方发展物联网产业的关系不甚密切。

（二）关于地方政府与标准制定的关系存在不同看法

1. 地方政府支持本地产业的产品应用试点。只要在应用试点过程中被证明是可行的、适用的，就可以作为“地方标准”，然后在逐步推广应用过程中，逐步完善；同时，作为建议草案，适时上报国家相关主管部门处理。

2. 地方政府支持本地产业的产品应用试点。只要在应用试点过程中发现需要制定哪些标准，就向相关国家标准主管部门提出要求制定这种标准，然后由主管部门制定相应的标准；如果主管部门需要协助，地方政府可以配合工作。

关于制定物联网相关标准，应当特别注意与原有标准的关系。物联网作为一类信息系统，它是由电信网络和应用系统两个部分组成。支持物联网的电信网络部分的标准已经相当完善；物联网应用系统的总体结构都可以归纳成为“客户机—服务器”系统，它的标准在计算机网络中也相当完善了。

（三）物联网需要特别关注的标准

1. 传感器的性能和传感器与客户机的接口标准。

2. 受控器的性能和受控器与客户机的接口标准。

3. 客户机与各种物联网支持平台（集线器终端）的接口标准。

4. 各种物联网支持平台的多个集线器终端与一个集线器基站的接口标准。

5. 客户机与服务器的通信协议标准。

6. 如果把传感器、客户机和集线器终端三者集成在一起，需要制定这种“传感终端”的性能标准。

7. 如果把服务器与集线器基站集成在一起，需要制定这种“物联网网关”的性能标准。

8. 如果家居物联网服务器采用私有地址，需要制定家居物联网地址的规划标准。

9. 如果家居物联网服务器采用私有地址，移动手机访问家居物联网服务器，必须通过具有公共地址的“地址解析服务器”来寻找家居物联网服务器。因此，必须制定移动手机与“地址解析服务器”的通信协议标准，以及家居物联网服务器与“地址解析服务器”的通信协议标准。

10. 所有访问家居服务器的固定或者移动终端与被访问的服务器之间，必须制定“标识认证”标准。

五、关于“技术研发专项行动计划”分析

（一）重点任务摘要

1. 高性能、低成本、智能化传感器及芯片技术

（1）智能传感器设计；

（2）智能传感器芯片制造；

（3）智能传感器与芯片的封装与集成；

（4）多传感器集成与数据融合；

（5）智能传感器可靠性。

2. 物联网标识体系及关键技术

（6）物联网标识技术、解析体系与标准框架；

（7）物联网标识管理技术；

（8）物联网标识扩展与安全机制。

3. 物联网智能传输技术

（9）面向服务的物联网传输体系架构；

（10）物联网通信技术；

（11）物联网组网技术。

4. 物联网智能信息处理技术

（12）物联网感知数据与知识表达技术；

（13）物联网智能决策技术；

（14）物联网跨平台和能力开放处理技术；

（15）物联网开放式公共数据服务应用技术。

5. 物联网技术典型应用与验证示范

（二）关于技术研发专项行动计划的重点任务的认识

1. 在“高性能、低成本、智能化传感器及芯片技术”中，“把多传感器和数据融合”与传感器部件归纳在一个项目之中不妥；应当把数据融合放在“物联网智能信息处理技术”中。

2. 如果承认物联网是一类用于物与物之间的信息系统，那么用“信息基础设施和应用系统”来表示比较简明。在信息基础设施中的通用的通信技术与计算机技术已经成熟。因此，在讨论物联网技术时，没有必要列出所有相关技术。应当尽可能列出物联网专用技术。例如：

（1）传感器技术；

（2）受控器技术；

（3）“客户机—服务器”系统实现技术；

（4）各种物联网支持平台实现技术；

（5）客户机与服务器的通信协议软件开发；

（6）传感器、客户机和集线器终端三者集成技术；

（7）服务器与集线器基站集成技术；

（8）家居物联网地址规划；

（9）移动手机访问私有地址家居物联网服务器的系统研制和协议软件开发；

（10）服务器门禁（标识认证）系统研发；

（11）多传感器系统设计；

（12）数据融合处理系统开发。

（三）典型物联网实例

1．智能建筑；

2．智能家居；

3．消防；

4．公共安全；

5．环境保护；

6．节能；

7．水务；

8．电力；

9．煤矿；

10．石油石化；

11．智能化运输；

12．工业自动化；

13．农业；

14．林业；

15．数字化医疗；

16．金融；

17．遥感勘察；

18．军事；

19．空间探索；

20．气象；

21．移动 POS 终端；

22．供应链自动化。

（四）传感器分类

1．生物传感器；
2．汽车传感器；
3．液位传感器；
4．速度传感器；
5．加速度传感器；
6．核辐射传感器；
7．振动传感器；
8．湿度传感器；
9．磁敏传感器；
10．气敏传感器；
11．力敏传感器；
12．位置传感器；
13．光敏传感器；
14．光纤传感器；
15．纳米传感器；
16．压力传感器；
17．位移传感器；
18．激光传感器；
19．微机械电子（MEMS）传感器；
20．半导体传感器；
21．气压传感器；
22．红外传感器；
23．超声波传感器；
24．遥感传感器；
25．高度传感器；
26．地磅传感器；
27．图像传感器；

28．厚度传感器；
29．微波传感器；
30．视觉传感器；
31．空气流量传感器；
32．化学传感器。

六、关于“应用推广专项行动计划”分析

（一）重点任务摘要

1．推动工业生产与经营管理智能化应用。
2．推动农业生产和农产品流通管理精细化应用。
3．推动物流管理智能化和标准化应用。
4．推动污染源监控和生态环境监测应用。
5．推广安全生产网络化监测和动态监管应用。
6．推动交通管理和服务智能化应用。
7．推动能源管理智能化和精细化应用。
8．推动水利信息采集和信息处理应用。
9．推动公共安全防范和动态监管应用。
10．推动医院管理和社区医疗健康服务应用。
11．推动城市基础设施管理精细化应用。
12．推动智能家居应用。
13．推动电信运营等企业开展物联网应用服务。

（二）关于应用推广专项行动计划的认识

在上述重点领域推广应用物联网，方向无疑是正确的。

值得说明的是，在这些领域中，我国在提出“物联网”这个名词之前，已经开始了信息化进程，例如矿山、国家电网等。其间遇到种种实际问题。信息化，或者说物联网推广应用，不是孤立的事情。它们会引领和推动国民经济发展，同时，它们也受国民经济现实基础的限制。这可能是一个相互影响的逐步发展过程。这种内在属性可能与暴风骤雨式

的推进方式不甚适应。

此外，我国现在执行物联网发展计划，是在国家已经执行多年的信息化基础上进行的。在上述各种应用领域中，相对容易的应用领域已经在一定程度上实现了信息化，剩下的应用领域，不是技术实现比较困难；就是使用要求苛刻。所以，这种继承基础之上的发展，一时需要一个适应过程。所以，物联网高层专家说，物联网推广应用的主要困难在于“选择适当的题目”。

宏观而言，物联网具有广阔的应用领域，如同文件重点任务中写的那么多；但是，具体操作一时未必能够找到适当题目。看来，物联网推广应用，特别需要开创性。发现那些对于人类特别具有实际意义的、难以直接操作或者频繁的令人讨厌的操作领域。基于现实技术水平，可以说，只要你能够想得出，基本就可以做得到，这就是物联网的希望。

七、关于“产业支撑专项行动计划”分析

（一）重点任务摘要

1．协调推进物联网核心产业发展；

2．培育和扶持物联网骨干企业；

3．引导和促进中小企业发展；

4．培育物联网产业聚集区；

5．强化产业培育与应用示范的结合。

（二）对产业支撑专项行动计划的认识

综上所述，有选择地摘录了《指导意见》的部分内容，这些内容对于发展地方物联网产业集群是极其珍贵的：

1．国家给地方以充分的权限；

2．国家表明了可能提供的支持；

3．国家指明了发展方向；

4．国家提供了发展策略。

八、关于“商业模式专项行动计划”分析

（一）重点任务摘要

1．总结梳理现有商业模式；
2．研究商业模式创新；
3．建立商业模式创新体系；
4．营造商业模式交流环境；
5．推广成熟商业模式；
6．发展物联网专业服务；
7．拓展物联网增值服务。

（二）对于“商业模式专项行动计划”的认识

显然，商业模式是摘要问题。那么，什么是物联网的成熟商业模式？物联网产业需要哪些专业服务？什么是物联网的增值服务？

看来，《商业模式专项行动计划》是物联网十项专项行动计划中最缺乏底气的部分。所以，这项计划必须由国家主管部门尽快组织研究，或者放开政策让有能力的企业家去寻求突破。

九、关于“安全保障专项行动计划”分析

（一）重点任务摘要

1．推进物联网关键安全技术研发与产业化。
2．加强物联网安全标准实施工作。
3．建设物联网信息安全技术检测评估平台。
4．建立健全物联网系统全生命周期的安全保障体系。
5．开展物联网应用安全风险管理建设试点。

（二）对安全保障专项行动计划的认识

首先，必须明确什么是物联网安全关键技术；然后，才能讨论物联

网安全关键技术、产业化、标准实施、检测评估、生命周期、风险管理等问题。

在信息系统中，同时存在两类性质截然不同的两类“安全”问题——“信息安全”与“网络安全”。它们分工不同，缺一不可。如果全面考察上述内容，应当把标题修改为“信息安全保障专项行动计划”。如果需要，可以补充制定“网络安全保障专项行动计划”。否则，物联网的网络安全就是一个明显的漏洞。此外，安全保障作为物联网核心技术的组成部分，是否应该单独设立行动计划？

十、关于“政府扶持措施专项行动计划”分析

（一）重点任务摘要

1．加强各类资源的统筹协调；

2．完善产业发展政策；

3．加大财政资金投入力度；

4．落实相关税收优惠政策；

5．畅通投融资渠道；

6．建立人才培养和服务体系。

（二）对政府扶持措施专项行动计划的认识

上述内容是国家政府扶持措施的汇集，地方政府完全可以参照执行，这些政策足以保障物联网产业的健康发展。

十一、关于“法律法规保障专项行动计划”分析

（一）重点任务摘要

1．完善现有立法；

2．研究制定物联网个人信息保护办法；

3．组织开展物联网数据安全保护法律法规研究；

4．研究制定物联网知识产权工作措施。

（二）对法律法规保障专项行动计划的认识

确切地说，上述法律法规不完全是为保护物联网而采取的。这些法律法规适用于保障所有信息系统，主要任务是研究制定物联网环境下个人信息保护办法，组织开展数据安全保护和数据资源共享立法研究，立法保障至关重要，这也是国家层面有关部门的任务。

十二、关于“人才培养专项行动计划”分析

（一）重点任务摘要

1. 加快物联网相关专业人才的培养；
2. 提升物联网人才培养的能力；
3. 完善物联网人才发展的环境。

（二）对人才培养专项行动计划的认识

人才培养重要。高等教育本来就应当根据需要调整专业配置。

十三、关于《国务院关于促进信息消费扩大内需的若干意见》分析

（一）重点任务摘要

1. 在“鼓励智能终端产品创新发展”一节中提到，支持数字家庭智能终端研发及产业化，大力推进数字家庭示范应用和数字家庭产业基地建设。其中重点部分就是家居物联网。

2. 在“拓展新兴信息服务业态”一节中提到，面向重点行业和重点民生领域，开展物联网重大应用示范，提升物联网公共服务能力。

3. 在“拓宽电子商务发展空间”一节中提到，完善智能物流基础设施，支持农村、社区、学校的物流快递配送点建设。大力发展移动支付等跨行业业务，完善互联网支付体系，加快推进电子商务示范城市建设，实施可信交易、网络电子发票等电子商务政策试点。其中，大部分功能是由物联网承担的。

4. 在“提升民生领域信息服务水平”一节中提到，加快实施“信息惠民”工程，提升公共服务均等普惠水平。推进优质教育信息资源共享，加快建设教育信息基础设施和教育资源公共服务平台。推进优质医疗资源共享，完善医疗管理和服务信息系统，普及应用居民健康卡、电子健康档案和电子病历，推广远程医疗和健康管理、医疗咨询、预约诊疗服务。推进养老机构、社区、家政、医疗护理机构协同信息服务。建立公共就业信息服务平台，加快就业信息全国联网。加快社会保障公共服务体系建设，推进社会保障一卡通，建设医保费用中央和省级结算平台，推进医保费用跨省即时结算。规范互联网食品药品交易行为，推进食品药品网上阳光采购，强化质量安全。其中，大部分功能也是由物联网承担的。

5. 在“加快智慧城市建设”一节中提到，在有条件的城市开展智慧城市试点示范建设。支持公用设备设施的智能化改造升级，加快实施智能电网、智能交通、智能水务、智慧国土、智慧物流等工程。这些功能主要依靠物联网技术支持。

6. 在“构建安全可信的信息消费环境基础”一节中提到，大力推进身份认证、网站认证和电子签名等网络信任服务，推行电子营业执照。推动互联网金融创新，规范互联网金融服务，开展非金融机构支付业务设施认证，建设移动金融安全可信公共服务平台，推动多层次支付体系的发展。这些功能主要也依靠物联网技术支持。

（二）对于信息消费扩大内需的认识

从上述内容可见，物联网是支持信息消费的重要手段。

十四、关于《国家发改委办公厅关于组织开展 2014—2016 年国家物联网重大应用示范工程区域试点工作的通知》分析

（一）重点任务摘要

1. 工作目标

各地结合经济社会发展的实际需求，在工业、农业、节能环保、商

贸流通、交通能源、公共安全、社会事业、城市管理、安全生产等领域，组织实施一批物联网重大应用示范工程区域试点项目。

重点支持地方有条件的企业，提供物联网专业服务和增值服务，推进精细化管理，提升生产效率，促进节能减排，保障安全生产，探索新型商业模式，培育新兴服务产业，支撑实体经济发展。

通过示范工程区域试点，扶持一批物联网骨干企业，提高我国物联网技术应用水平，带动物联网关键技术突破和产业化。

2. 主要任务

从解决本地区经济社会发展的重大需求出发，因地制宜，提出本地区国家物联网重大应用示范工程区域试点，系统推进本地区物联网发展及应用。

3. 基本原则

（1）以市场为导向，以企业为主体；

（2）围绕地方经济社会发展实际需求；

（3）创新服务模式和商业模式；

（4）注重资源整合和信息共享；

（5）有效带动上下游产业的发展；

（6）与行动计划和前期项目做好衔接。

4. 重点领域

（1）物联网专业服务和增值服务应用示范类项目，支持提供工业制造、农业生产、节能环保、商贸流通、交通能源、公共安全、社会事业、城市管理、安全生产等领域的物联网应用服务。

（2）物联网技术集成应用示范类项目，围绕生产制造、商贸流通、物流配送、经营管理等领域，开展物联网技术集成应用和模式创新。

（二）对于国家物联网重大应用示范通知的认识

由此可见，国家将有序支持物联网重大应用示范。

十五、对于国家支持发展物联网政策的总体评价

在一年之内，国家针对一个专题，先后发布了 4 个文件，支持强度之大实属罕见。《国务院关于推进物联网有序健康发展的指导意见》解决国家部门之间物联网管理分工问题；《国务院关于促进信息消费扩大内需的若干意见》大量涉及物联网问题；《对于印发 10 个物联网发展专项行动计划的通知》全面论述了发展物联网的 10 个政策问题；《国家发改委办公厅关于组织开展 2014—2016 年国家物联网重大应用示范工程区域试点工作的通知》专门通知了 2014—2016 年国家物联网重大应用示范工程区域试点工作。不难设想，我国信息化进程经过多年的艰苦努力，在物联网的旗帜下，将踏上一段新的面临机遇和挑战的征途。

支持《宽带中国》战略的研究课题选择

（2013年）

国务院办公厅公布《国务院关于促进信息消费扩大内需的若干意见》，其中提出了促进信息消费的主要任务：一是加快信息基础设施演进升级；二是增强信息产品供给能力；三是培育信息消费需求；四是提升公共服务信息化水平；五是加强信息消费环境建设等。最引人注目的是实施《宽带中国》战略。

一、完善宽带网络基础设施

“宽带中国”战略特别提到：

1．推进光纤入户；

2．提高接入网的接入能力。城市家庭宽带接入能力达到每秒20Mbit/s；部分城市达到100Mbit/s；农村家庭达到4Mbit/s。

现实中国，宽带接入能力仅是工程建设问题，但是，确实是一个关键问题：上游的核心网必须与宽带接入网匹配；下游的千千万万用户驻地网也必须与宽带接入网匹配。后者就是数字家庭的任务。

课题建议如下。

1．研制与无源光网适配的宽带家庭网络平台。

2．宽带家庭网络平台产业化和应用试点。

二、统筹推进移动通信发展

统筹推进移动通信发展中提到：

1．扩大第三代移动通信（3G）网络覆盖；

2．提升网络质量。

此处涉及建筑物和家庭内部的盲区覆盖问题，这要由数字家庭来解决。

课题建议如下。

1．研制基于家庭网络的微基站系统。

2．针对 3G/CDMA 体制的微基站系统产业化和应用试点。

三、全面推进三网融合

全面推进三网融合中主要提到三网运营融合问题，同时也提到三网技术融合问题：

1．高清交互式电视网络设施建设；

2．鼓励发展网络电视及其支持的业务。

这是广州“国家数字家庭应用示范产业基地”的主要任务。

课题建议如下。

1．组织高清交互式电视网络设施规模应用试点。

2．基地正在与广电共同做前期准备，研制新一代网络电视支持系统。

四、鼓励智能终端产品创新发展

鼓励智能终端产品创新发展中提到：

1．支持数字家庭智能终端研发及产业化；

2．大力推进数字家庭示范应用和数字家庭产业基地建设。

国家数字家庭应用示范产业基地在数字家庭技术研发和示范应用取

得了不少成绩。目前的重点工作是：支持规模试点、形成规模产业。

课题建议如下。

1．研制宽带家居路由器、高速电猫、低速电猫、家居服务器等必需的基础产品。

2．支持基地与房地产商合作实施规模试点应用。

五、增强电子基础产业创新能力

增强电子基础产业创新能力中提到：

1．实施平板显示工程，推动平板显示产业做大做强；

2．以重点整机和信息化应用为牵引，大力提升集成电路设计、制造工艺技术水平；

3．支持智能传感器及系统核心技术的研发和产业化。

这些都是数字家庭渴望的基础产品。

课题建议如下。

1．支持平板显示家居应用产品研发。

2．数字家庭应用的有效、便宜的集成电路设计。

3．引入智能传感器研究、生产企业。

4．支持基地建设数字家庭产业链建设。

六、提升软件业支撑服务水平

提升软件业支撑服务水平中提到：

1．加强智能终端、智能语音、信息安全等关键软件的开发应用；

2．加快安全可信关键应用软件推广应用。

数字家庭特别需要这类软件支持。

课题建议如下。

1．研发小区和家庭网络通用管理系统。

2．支持数字家庭的功能明确的基础软件开发。

七、拓展新兴信息服务业态

拓展新兴信息服务业态中提到：

1．开展物联网重大应用示范，提升物联网公共服务能力；

2．加快推动北斗导航核心技术研发和产业化；在重点区域和交通、减灾、电信、能源、金融等重点领域开展示范应用。

物联网平台及应用系统是数字家庭的主要研制内容。北斗导航是广东省与中电科技集团合作的项目之一。这两个项目研发工作量都很大。

课题建议如下。

1．研制可靠、便宜的家居物联网平台。

2．研制基于物联网平台广泛应用系统。

3．研制基于北斗导航的广泛应用系统。

八、丰富信息消费内容

丰富信息消费内容中提到：

1．加快建立传输便捷、覆盖广泛的文化传播体系；

2．加强数字文化内容产品和服务开发；

3．加强基于互联网的新兴媒体建设。

数字家庭需要这类信息服务支持。

课题建议如下。

1．设置跨学科软课题，研究支持上述工作的总体规划。

2．澄清：支持上述内容，究竟需要数字家庭做什么。

九、拓宽电子商务发展空间

拓宽电子商务发展空间中提到：

1．完善智能物流基础设施；

2．支持农村、社区、学校的物流快递配送点建设。

这是数字家庭应用系统的重要开发领域。

课题建议如下。

1．研制智能物流基础设施。

2．研制智能物流支持系统。

3．研制车辆和车位智能管理系统。

十、提升民生领域信息服务水平

提升民生领域信息服务水平中提到：

1．推进优质教育信息资源共享，实施教育信息化；

2．推进优质医疗资源共享，完善管理和服务信息系统；

3．推进养老机构、社区、家政等协同信息服务。

这是数字家庭应用系统的重要开发领域。

课题建议如下。

1．推广应用教育信息系统；

2．推广应用医疗信息系统；

3．研发养老机构信息系统。

十一、加快智慧城市建设

加快智慧城市建设中提到：

1．在有条件的城市开展智慧城市试点示范建设；

2．加快实施智能电网、智能交通、智能水务、智慧国土、智慧物流等工程。

这是数字家庭应用系统的重要开发领域。

课题建议如下。

1．支持集群应急通信系统产业化。

2．支持研制同步卫星移动通信系统。

3．研制基于同步卫星移动通信平台的应用系统：

—智能电网信息系统；

—智能交通信息系统；
—智能水务信息系统；
—智慧国土信息系统；
—智慧物流信息系统。

十二、提升信息安全保障能力

提升信息安全保障能力中提到：

依法加强信息产品和服务的检测和认证。不足的是未明确提出信息产品的网络安全问题、信息服务的版权保护问题。

课题建议如下。

1．研制互联网网络安全态势监视系统。

2．研制信息产品和服务的检测和认证系统。

3．研制服务器门禁系统。

4．研制服务内容版权保护系统。

结语

1. 国务院办公厅公布的《国务院关于促进信息消费扩大内需的若干意见》可以归纳为以下 3 点：

—针对信息消费市场不规范，营造激励信息消费的政策环境；
—针对信息基础设施建设落后，支持加快提升信息基础设施；
—针对数字内容产业发展滞后，支持积极开发信息应用系统。就其基本内容，可以用《宽带中国》战略来概括。

2．数字家庭的技术领域：家居信息基础设施和家居信息应用系统。因而可以说，数字家庭是《宽带中国》战略的组成部分。

我国物联网产业现状调查研究报告（2014年）

一、我国物联网的发展状况

（一）《2009—2010年中国物联网年度发展报告》的看法

《2009—2010年中国物联网年度发展报告》认为，2009年以来，以中国在无锡设立国家传感器网创新示范区为标志，物联网发展逐步上升为中国的国家战略。中国物联网开始进入实质性推进发展的新阶段。在物联网这个全新的产业中，我国的技术研发和产业化水平已经处于世界前列。当前政府主导产学研相结合共同推动发展的良好态势正在国内形成。

但也有人认为，我国物联网发展具有一定基础，然而目前并未看到令人信服、让人兴奋的“处于世界前列”成果的展示与应用，存在着核心关键技术薄弱、整体技术集成创新能力弱、产业化应用服务环境差等问题，整体创新实力有待进一步提升。

1. 我国政府高度重视物联网的研发和应用工作

国家已经将物联网、传感网纳入了新兴产业发展规划中，国家将在财政、信贷等多方面对物联网/传感网的发展进行大力扶持。

（1）“射频识别（RFID）技术与应用”于2006年作为先进制造技术领域的重大项目列入国家高技术研究发展计划（“863”计划）。

（2）《国家中长期科学与技术发展规划（2006－2020年）》和“新一代宽带移动无线通信网”重大专项中均将传感器网列入重点研究领域，已列入国家高技术研究发展计划（“863”计划）。

（3）截至2010年，发改委、工信部等部委正在会同有关部门，在新一代信息技术方面开展研究，以形成一些支持新一代信息技术的新政策措施，从而推动我国经济的发展。

（4）工信部：物联网发展成为 2010 年我国信息产业确定三大发展目标之一；由工信部和国标委领导，成立物联网标准联合工作组；三大电信运营商、国家广电总局等均制定物联网的发展规划。国家广电总局电视网到千家万户，到 2012 年，要利用广电网络，搞家居智能化物联网。

2. 物联网科研活动、技术与应用研发浪潮

（1）中国科学院早在 1999 年就启动了传感器网研究。在无线智能传感器网络、微型传感器、传感器终端机、移动基站等方面取得重大进展，目前已拥有从材料、技术、器件、系统到网络的完整产业链。

（2）2009 年 10 月，在第四届民营科技企业博览会上，西安优势微电子公司宣布：中国的第一颗物联网的芯——“唐芯一号”芯片研制成功。该芯片是一颗 2.4GHz 超低功耗射频可编程片上系统 PSoC，可以满足各种条件下无线传感网、无线个人网、有源 RFID 等物联网应用的特殊需要。

（3）2009 年 11 月，无锡市国家传感器网创新示范区（传感信息中心）获得国家批准，计划 2012 年完成传感器网示范基地建设。

（4）2010 年 6 月 8 日，中国物联网标准联合工作组在北京成立，以推进对物联网技术的研究和标准的制定。

（5）2010 年 7 月，中国电信物联网应用和推广中心等 60 多家单位加入国内首个物联网联盟，此举将推进物联网产业链各方价值创新与共同发展。随后，北京、上海、福州、深圳、广州、重庆、昆山、成都、杭州等城市也迅速加入物联网发展的队伍中。

（6）2010 年 12 月，交通运输部和国家发改委、财政部联合决定在基本具备条件的省（区、市）和区域加快推广应用高速公路联网电子不停车收费（ETC），为广大人民群众提供畅通、便捷、安全、高效、绿色的公路交通运输服务体系。

（7）高校研究：物联网在中国高校的研究，当前的聚焦点在北京邮电大学和南京邮电大学。

（8）2009 年 9 月，为积极参与“感知”中心及物联网建设的科技创新和成果转化工作，无锡市与北京邮电大学就传感器网技术研究和产业

发展签署合作协议，标志物联网进入实际建设阶段。

（9）2009 年 9 月 10 日，全国高校首家物联网研究院在南京邮电大学正式成立。设立物联网专项科研项目，启动“智慧南邮”平台建设，在校园内建设物联网示范区等。

3. 各地方政府把物联网作为支柱产业，积极性高涨

（1）2005 年，杭州市电子信息产业发展“十一五”规划已经将传感器网技术列为重点发展方向。目前，杭州从事物联网技术研发和应用的企业已经达到 100 多家。

（2）2009 年年底，福建省省政府一连出台 3 份物联网相关报告，提出 3 年内建立物联网产业集群和重点示范区，力争在全国率先实现突破。据悉，福建省目前拥有传感器、网络传输、数据处理等基本完善的产业链。

（3）2008 年 1 月和 6 月，山东和济南 RFID 产业联盟相继成立。目前，全省 RFID 产业从芯片设计、制造、封装到读写机具、软件开发、系统集成等各方面已经具备了相当的基础，济南市是全省 RFID 产业发展的重点城市。

（4）北京中关村物联网产业联盟、杭州物联网产业合作联盟、成都物联网联盟、武汉物联网产业技术创新联盟、河南物联网产业联盟、陕西（西安）物联网产业联盟、上海物联网产业联盟、“感知中国”物联网联盟、南京物联网产业联盟、天津市物联网产业联盟等的成立，说明各地已经把物联网作为下一个本地区信息化推进的亮点，作为 21 世纪的经济增长点，培养本地产业链应用，并将应用与技术相结合推动物联网发展，为各地物联网行业的发展带来了极大的发展机会。

（二）《中国物联网发展报告（2011）》的看法

2011 年 7 月《中国物联网发展报告（2011）》对物联网在国内的发展情况的概述指出，作为中国经济发展的一个新的增长点，目前我国物联网产业链条的雏形已经基本形成。从宏观经济层面来看，中国经济的健康、持续增长为物联网产业的发展提供坚实的物质基础；从政策层面看，物联网的发展拥有强有力的政策发展基础和持久的牵引力；从技术

层面看，我国在无线智能传感器网络通信技术、微型传感器、传感器端机、移动基站等方面都已取得重大进展；在物联网基础设施方面，我国无线通信网络和宽带覆盖率高，为物联网的发展提供坚实的基础设施支持。目前，物联网需要的自动控制、信息传感、射频识别等上游技术和产业都已成熟或基本成熟，而下游的应用也已广泛存在。而且我国物联网产业也呈电信运营商、高校、科研机构、传感器企业、系统集成、应用软件开发等环节迅速聚合联动之势，我国物联网产业链条已经初步形成。

1. 技术现状

我国物联网发展的战略机遇推动了我国在不同技术领域的全面提升。我国在传感器、RFID、网络和通信、智能计算、信息处理等领域的技术研究能力不断提升，技术创新能力也取得了一定的突破。

（1）传感器技术。在世界传感网领域，我国是标准主导国之一，专利拥有量高，中科院在1999年就启动了物联网核心传感网技术研究，研发水平处于世界前列，已制定组件式传感器的通用标准，但整体形势不容乐观。传感器产业，只基本掌握低端传感器研发的技术，高端传感器和新型传感器的部分核心技术仍未掌握，差距至少有数年。核心芯片、基础性系统、基础性架构依赖国外的情况在物联网相关领域更趋突出。

（2）识别技术。我国国家金卡工程和城市一卡通取得了成效，在芯片设计与制造、电子标签封装、各类读写器的研制以及应用软件开发和整体解决方案提供等方面取得实际进展，奠定了RFID产业与应用的基础。但是它缺乏关键核心技术，缺乏具有自主知识产权的接口协议标准和自主可控的标签芯片和读写器芯片，标签制造技术有待提高，RFID中间件技术与国外相比，仍有较大差距。

（3）通信和网络技术。我国无线通信网络和宽带覆盖率高，为物联网的发展提供坚实的基础设施支持。但近距离无线通信技术，基本采用IEEE 802.15.4、WLAN等国外提出的技术，芯片以国外产品为主，国内在面向应用的无线传感器组网技术方面寻求突破。

（4）物联网软件和算法。物联网底层基础软件、中间件技术的研究水平较国外存在较大差距。在系统集成方面，国内使用和代理国外产品的情况较多，自主研发较少。在SOA方面，国内主要集中在现有架构的优化和改造或重新设计阶段，相比国外存在较大差距。

因此，由于信息产业长期的基础性瓶颈和大型应用系统综合集成能力薄弱，我国在物联网核心技术上与国外发达国家存在一定的差距，部分技术领域没有掌握核心技术，长期受制于人；大部分技术领域落后于国际先进水平，以跟随为主，处在产业链低端。

2. 我国物联网相关产业现状

我国是目前能够实现物联网完整产业链的少数几个国家之一，已形成基本齐全的物联网产业体系，部分领域已形成一定的市场规模，网络通信相关技术和产业支持能力与国外差距相对较小。但规模化产业能力不足、核心技术不强、大部分领域落后于国际先进水平、处在产业链低端，尤以传感器、RFID 等感知端制造产业、高端软件与集成服务等智能处理产业差距显著。仪器仪表、嵌入式系统、软件与集成服务等产业虽已有较大规模，但真正与物联网相关的设备和服务尚处于起步阶段。

（三）我国物联网应用和市场情况

在物联网应用案例方面，我国应用最早、最普及、也让人们感受到了成功的案例应是金融服务的金融卡，公安的城市、交通道路的视频监控。近年来，在电网、交通、物流、智能家居、节能环保、工业自动控制、医疗卫生、精细农牧业、金融服务业、公共安全等领域已开展一系列试点和示范项目，并取得初步进展。在物联网应用推进方面，我国各地纷纷在物联网发展规划中明确各领域应用示范工程，截止到 2010 年 12 月，我国 23 个省市公开发布的示范工程和示范项目数量超过 300 项。我国物联网的应用总体上处于发展初期，许多领域积极开展物联网的应用探索与试点，在应用水平上与发达国家仍有一定的差距。

1. 金融服务领域。我国已经拥有包括第二代身份证、奥运门票、世博门票、货物通关等在内的成功案例，物联网示范应用初步展开。在 RFID 领域已成为继美国、英国之后的全球第三大 RFID 应用市场，但应用水平相对较低。正在起步的电子不停车收费（ETC）、电子 ID 以及移动支付等新型应用将带动金融服务领域的物联网应用朝着纵深方向发展。

2. 交通运输业。物联网的应用集中于智能交通系统和智能物流系统。物联网在铁路系统应用较早，并取得一定成效；在城市交通、公路交通、水运领域的示范应用刚刚起步，其中，视频监控应用最为广泛，智能车路控制、信息采集和融合等应用尚在发展中。目前，我国物流领域 RFID、全球定位、无线传感等物联网关键技术在物流各个环节都有所应用，但受制于物流企业信息化和管理水平，与国外差距较大。

3. 公共安全领域。在平安城市、安全生产和重要设施防入侵方面进行探索。近年来，物联网技术在自然灾害、公共安全等领域的应用，如天津星通联华物联网应用技术研究院通过物联网技术对地质灾害、水利防洪信息系统、环境工程系统和桥梁、建筑物安全性进行有效地智能分析监测，取得了显著的社会和经济效益。

4. 能源领域。物联网技术的应用主要以智能电网系统为主，这一应用极大地减少传统输变电网络的能耗，同时为我国的新能源发电并网提供合适载体。2009 年，国家电网公布智能电网发展计划，智能变电站、配网自动化、智能用电、智能调度、风光储等示范工程先后启动。

5. 工业领域。目前，物联网在钢铁、石化、汽车制造业有一定应用，用于供应链管理、生产过程工艺优化、设备监控管理以及能耗控制等各个环节；在矿井安全领域的应用也在试点当中。此外，在一些传统加工制造业中，物联网技术已被越来越广泛地应用于精密仪器制造和自动化生产中。

6. 农业领域。物联网尚未形成规模应用，但在农作物灌溉、生产环境监测（收集温度、湿度、风力、大气、降雨量，有关土地的湿度、氮浓缩量和土壤 pH 值）以及农产品流通和追溯方面已有试点应用。

7. 医疗卫生领域。目前，我国已经启动血液管理、医疗废物电子监控、远程医疗等应用的试点工作，但尚处于起步阶段。

8. 节能环保领域。在生态环境监测方面进行小规模试验示范，距离规模应用仍有待时日。

9. 智能家居领域。智能家居已经在一线重点城市有小范围应用，主要集中在家电控制、节能等方面。

（四）中国物联网标准状况

在世界物联网领域，中国与德国、美国、韩国一起成为国际标准制定的主导国之一。2009 年 9 月，经国家标准化管理委员会批准，全国信息技术标准化技术委员会组建了传感器网络标准工作组。目前，我国传感器网标准体系已初步形成框架，向国际标准化组织提交的多项标准提案被采纳，物联网标准化工作已经取得积极进展。

我国物联网的标准化工作刚刚起步，标准化体系尚未形成。我国相关研究机构和企业积极参与物联网国际标准化工作，在 ISO/IEC、ITU-T、3GPP 等标准组织取得了重要地位。我国有多个标准化组织开展物联网标准化工作。

总体来看，我国物联网标准化工作得到业界的普遍重视，但整体标准化工作需要重视顶层设计，客观分析物联网整体标准需求；其次还需统筹协调国际标准、国家标准、行业标准、地区标准的推进策略，进一步优化资源配置。

二、国际物联网的发展状况

在当前的经济危机尚未完全消退的时期，许多发达国家将发展物联网视为新的经济增长点。在欧美和日本等发达国家，因经济危机，物联网的概念不像中国这样炒得火热，也不像中国政府这样重视，但均务实地规划和实施国家信息技术发展战略，从大规模开展信息基础设施建设入手，稳步推进、不断拓展和深化信息技术的应用。针对物联网的技术、基础和相关产业，总体来说，目前美国占有绝对的优势，欧盟和日韩电信运营商对于物联网业务关注度较高。

（一）发达国家的国家信息技术发展战略与规划

1. 美国制订振兴经济法案与 ICT 相关发展计划

IBM 提出的“智慧地球”概念已上升到美国的国家战略。2009 年，IBM 与美国智库机构向奥巴马政府提出通过信息通信技术（ICT）投资可在短期内创造就业机会，美国政府只要新增 300 亿美元的 ICT 投资（包括智能电网、智能医疗、宽带网络 3 个领域），鼓励物联网技术发展政策主要体现在推动能源、宽带与医疗三大领域开展物联网技术的应用。因此，美国制订振兴经济法案与 ICT 相关发展计划。

2. 欧盟物联网发展计划与战略

2009 年，欧盟委员会向欧盟议会、理事会、欧洲经济和社会委员会及地区委员会递交《欧盟物联网行动计划》，以确保欧洲在建构物联网的过程中起主导作用。行动计划共包括 14 项内容：管理、隐私及数据保护、“芯片沉默”的权利、潜在危险、关键资源、标准化、研究、公私合作、创新、管理机制、国际对话、环境问题、统计数据和进展监督等。该行动方案描绘了物联网技术应用的前景，并提出要加强欧盟政府对物联网的管理，其行动方案提出的政策建议主要包括加强物联网管理，完善隐私和个人数据保护，提高物联网的可信度、接受度、安全性。

2009 年 10 月，欧盟委员会（简称欧委会）以政策文件的形式对外发布物联网战略，提出要让欧洲在基于互联网的智能基础设施发展上领先全球，除通过 ICT 研发计划投资 4 亿欧元，启动 90 多个研发项目提高网络智能化水平之外，欧委会还将于 2011—2013 年间每年新增 2 亿欧元进一步加强研发，同时拿出 3 亿欧元专款，支持物联网相关公私合作短期项目建设。

3. 日本物联网发展计划与战略

自 20 世纪 90 年代中期以来，日本政府相继制定 e-Japan、u-Japan、i-Japan 等多项国家信息技术发展战略，从大规模开展信息基础设施建设入手，稳步推进、不断拓展和深化信息技术的应用，以此带动本国社会、经济的发展。

2004 年日本信息通信产业的主管机关总务省提出 2006—2010 年间 IT 发展任务，即 u-Japan 战略。该战略的理念是实现 4U：Ubiquitous、Universal、User-oriented、Unique，希望在 2010 年将日本建设成一个“实现随时、随地、任何物体、任何人均可连接的泛在网络社会”。

2009 年 7 月，日本 IT 战略本部颁布日本新一代的信息化战略——“i-Japan”战略，为了让数字信息技术融入每一个角落。首先将政策目标聚焦于三大公共事业：电子化政府治理、医疗健康信息服务、教育与人才培育。另外，日本企业为了能够在技术上取得突破，同样对研发倾注极大的心血。

4. 韩国物联网发展计划与战略

韩国是目前全球宽带普及率最高的国家，同时，它的移动通信、信息家电、数字内容等也居世界前列。自 1997 年起，韩国政府出台一系列推动国家信息化建设的产业政策。继日本提出 u-Japan 战略后，韩国在 2006 年制定 u-Korea 战略，在具体实施过程中，韩国信通部推出了 IT839 战略。u-Korea 旨在建立无所不在的社会，也就是在民众的生活环境里布建智能型网络、最新的技术应用等先进的信息基础建设，让民众可以随时随地享有科技智慧服务，亦希望扶植 IT 产业发展新兴应用技术，强化产业优势与国家竞争力。

为实现上述目标，u-Korea 包括 4 项关键基础环境建设以及 5 个应用领域的研究开发。4 项关键基础环境建设分别是平衡全球领导地位、生态工业建设、现代化社会建设、透明化技术建设，5 个应用领域分别是亲民政府、智慧科技园区、再生经济、安全社会环境、u 生活定制化服务。u-Korea 主要分为发展期与成熟期两个执行阶段。发展期（2006—2010 年）的重点任务是基础环境的建设、技术的应用以及 u 社会制度的建立；成熟期（2011—2015 年）的重点任务为推广 u 化服务。

2009 年，韩通信委员会通过了《物联网基础设施构建基本规划》，将物联网市场确定为新增长动力。该规划树立了到 2012 年“通过构建世界最先进的物联网基础实施，打造未来广播通信融合领域超一流 ICT 强国”的目标，为实现这一目标，确定构建物联网基础设施、发展物联网服务、研发物联网技术、营造物联网扩散环境四大领域、12 项课题。

（二）物联网基础性和关键性技术和产业发展情况

总体来说，美国在物联网技术基础方面占有绝对的优势，领先的 RFID 和传感器网企业、基础芯片和通信模块企业主要集中在美国，计算机、云计算和系统集成与应用企业也集中在美国。欧盟在基础通信芯片方面也具有一定的基础，另外，欧盟的电信运营商关注物联网业务较早，目前拥有较多的 M2M 通信模块企业，为 M2M 提供设备支撑。日本和韩国的物联网企业以电信运营商为主。目前，国外物联网产业发展情况如下。

1. 在基础芯片和通信模块方面

主要集中在美国，TI公司在物联网领域主要有ZigBee芯片和移动通信芯片产品。英特尔是全球最大的计算机、网络和通信产品制造商，在物联网方面主要有Wi-Fi芯片、蓝牙芯片、WiMAX芯片和RFID芯片产品。意法半导体、高通、飞思卡尔等芯片企业也可提供物联网所需的基础通信芯片。

2. 在传感网方面

美国是传感网技术的发源地，目前在全球市场也处于领先地位。美国很多大学在无线传感器网络方面开展的大量工作，如加州大学洛杉矶分校的嵌入式网络感知中心实验室、无线集成网络传感器实验室、网络嵌入系统实验室等；麻省理工学院极低功耗的无线传感器网络方面的研究；奥本大学自组织传感器网络方面的研究；宾汉顿大学计算机系统研究实验室在移动自组织网络协议、传感器网络系统的应用层设计研究等。除高校和科研院所外，国外各大知名企业也都先后开展无线传感器网络的研究。Crossbow 公司是国际上率先进行无线传感器网络研究的先驱之一，为全球超过2 000所高校以及上千家大型公司提供无线传感器解决方案；Crossbow 公司与软件巨头微软、传感器设备巨头霍尼韦尔、硬件设备制造商英特尔、著名高校加州大学伯克利分校等都建立了合作关系，其他还有 Dust Networks、Eka Systems、Honeywell、Ember 等全球领先的传感网公司。目前全球主要的 RFID 企业也集中在美国，包括Aero Scout、Savi Technology、RF Code、摩托罗拉、ODIN等。

3. M2M方面

最初是由很多M2M业务的MVNO（虚拟移动运营商）租用电信运营商的网络来提供业务。后来随着电信运营商对M2M业务重视，物联网MVNO逐渐被电信运营商取代。目前，主要的物联网MVNO包括美国 Jasper Wireless、KORE，英国 Wyless 等。物联网业务发展较好的运营商包括法国Orange、英国沃达丰、挪威Telenor、美国AT&T和Verizon、日本NTT DoCoMo、韩国SKT等。另外，美国的Tridium、Axeda等企业还提供M2M软件平台。

（三）发达国家物联网应用情况

美、欧及日韩等信息技术能力和信息化程度较高的国家在应用深度、广度以及智能化水平等方面处于领先地位。

1. 各发达国家物联网应用概况

美国成为物联网应用最广泛的国家，物联网已在其军事、电力、工业、农业、环境监测、建筑、医疗、空间和海洋探索等领域投入应用，其 RFID 应用案例占全球的 59%。

欧盟物联网应用，大多围绕 RFID 和 M2M 展开，在电力、交通以及物流领域已形成规模的应用；RFID 被广泛应用于物流、零售和制药领域，欧盟在 RFID 和物联网领域制定的长期规划和研究布局发挥了重要作用。

日本是较早启动物联网应用的国家之一，在灾难应对、安全管理、公众服务、智能电网等领域开展了应用，并实现了移动支付领域的大规模商用。日本政府对近期可实现、有较大市场需求的应用给予政策上的便利，对于远期规划应用，则以国家示范项目的形式通过资金和政策支持吸引企业参与技术研发和应用推广。

韩国物联网应用主要集中在其本土产业能力较强的汽车、家电及建筑领域。

2. 物联网应用方式和规模

目前，全球物联网应用主要是以应用牵引的 RFID、技术推动的传感器网络、电信运营扩展 M2M 三大应用体系与项目为主。其中，RFID 已成规模，但应用领域、功能仍在扩展研究与发展；传感器除电视监控具有规模外和 M2M 的应用，大部分是试验性或小规模部署的，处于探索和尝试阶段，覆盖国家或区域性的大规模应用较少。

基于 RFID 的物联网应用相对成熟，无线传感器应用仍处于试验阶段。从技术应用规模角度，RFID 作为物联网的主要驱动技术，其应用相对成熟，RFID 在金融（手机支付）、交通（不停车付费等）、物流（物品跟踪管理）等行业已经形成了一定的规模性应用，但自动化、智能化、协同化程度仍然较低，在其他领域的应用仍处于试验和示范阶段。而全球范围内基于无线传感器的物联网应用，除电视监控具有规模的应用外，部署规模并不大，很多系统都在试验阶段。

物联网应用仍以闭环应用居多，缺乏互联互通互操作。目前，全球的物联网应用大多是在特定行业或企业的闭环应用，信息的管理和互联局限在较为有限的行业或企业内，不同地域间的互通也存在问题，没有形成真正的物物互联。这些闭环应用有自己的协议、标准和平台，自成体系，很难兼容，信息也难以共享。

物联网应用规模逐步扩大，以点带面的局面逐渐出现。物联网在各行业领域的应用目前仍以点状出现，从全球来看覆盖面较大、影响范围较广的物联网应用案例依然非常有限，然而随着世界主要国家和地区政府的大力推动，以点带面、以行业应用带动物联网产业的局面正在逐步呈现。

（四）全球物联网相关产业现状

由于物联网寄生并依附于现有产业，因此，现有产业发达的国家其物联网产业也具有领先优势。美国、欧盟、日韩等发达国家基础设施好，工业化程度高，传感器、RFID 等微电子设备制造业先进，信息产业发达，因此，在物联网产业发展中仍居一定的领先地位。

从发达国家对物联网的战略布局来看，基本不是着眼于当前和短期的产业发展，而是面向更长远的科技突破、生产力改进和生产方式变革。

全球物联网产业体系都在建立和完善之中。产业整体处于初创阶段，具备了一些分散孤立的初级产业形态，尚未形成大规模发展。

如在物联网核心产业中，2009 年传感器全球规模在 600 亿美元左右，RFID 不到 60 亿美元，M2M 服务 43 亿美元，真正意义上的社会化、商业化物联网服务尚在起步。物联网相关支撑产业如嵌入式系统、软件等本身均有万亿级美元规模，但并非来自于当前意义的物联网展，因物联网发展而形成的新增市场还非常小。

（五）全球物联网技术和标准化现状

1. 技术现状

（1）RFID 技术。RFID 集成了无线通信、芯片设计与制造、天线设计与制造、标签封装、系统集成、信息安全等技术，已步入成熟发展期。目前，RFID 应用以低频和高频标签技术为主，超高频技术具有可远距离识别和成本低的优势，有望成为未来主流。

（2）感知技术。以传感器为代表的感知技术是发达国家重点发展的核心技术，美、日、英、法、德、俄等国都把传感器技术列为国家重点开发关键技术之一。传感器技术依托于敏感机理、敏感材料、工艺设备和计测技术，对基础技术和综合技术要求较高。

（3）通信和网络技术。近距离无线通信技术目前面临多种技术并存的现状，IEEE 802.15.4 技术影响较大。IEEE 802.15.4 低速低功耗无线技术正在面向智能电网和工业监控应用研究增强技术。广域无线接入以蜂窝移动通信技术为代表，国际上正在开展核心网和无线接入 M2M 增强技术研究。

（4）微机电系统技术：MEMS 综合了设计与仿真、材料与加工、封装与装配、测量与测试、集成与系统技术等，处于初期发展阶段。LIGA 工艺可加工多种材料、可批量制作，但尚难普及，MEMS 封装成本高、测试困难。未来 MEMS 技术将进一步向微型化、多功能化、集成化发展。

（5）软件和算法。在物联网中间件技术方面，国外软件巨擘占据主导地位。在系统集成方面，国外企业研发能力强，部分企业掌握核心技术，并且在市场上占据绝对主导地位。SOA 已成为软件架构技术的主流发展趋势，国际上尚没有统一的概念和实施模式。

2. 标准化

国际上针对不同技术领域的标准化工作早已开展。由于物联网的技术体系庞杂，因此，物联网的标准化工作分散在不同标准化组织中。

（1）RFID：标准比较成熟，ISO/IEC、EPC Global 标准应用最广。

（2）传感器网络：ISO/IEC JTC1 WG7 负责标准化。

（3）架构技术：ITU-T SG13 对 NGN 环境下无所不在的泛在网需求和架构进行研究和标准化。

（4）M2M：ETSI M2M TC 开展对 M2M 需求和 M2M 架构等方面的标准化；3GPP 在 M2M 核心网和无线增强技术方面正开展一系列研究和

标准化工作。

（5）通信和网络技术：重点由ITU、3GPP、IETF、IEEE等组织开展标准化工作。目前，IEEE 802.15.4近距离无线通信标准被广泛应用，IETF标准组织也完成了简化IPv6协议应用的部分标准化工作。

（6）SOA：相关标准规范正由多个国际组织，如W3C、OASIS、WS-I、TOG、OMG等研究制定。

（7）智能电网：国际上主要由IEC、NIST、ITU-T、IEEE P2030、CEN/CENELEC/ETSI等组织进行智能电网标准化工作。

（8）智能交通：国际上主要由ISO TC204、ITU、IEEE以及欧洲的ETSI等组织开展智能交通标准化工作。

（9）智能家居：智能家居相关国际标准化组织包括X-10、CEBus、LonWorks、DLNA、UpnP、Broadband Forum等。

三、浙江省物联网产业发展规划提要

（一）全面系统掌握物联网的概念与相关知识

1．认识物联网发展背景；

2．明确物联网的概念；

3．物联网的主要构成要素：

（1）智能终端；

（2）高效廉价的泛在网络。

4．物联网的一般分类；

5．物联网按网络类型分类；

6．物联网应用的竞争焦点：

（1）应用性：业务的市场成功开发是关键；

（2）便利性：各类智能终端的生产是重要条件；

（3）创新性：难点是操作系统软件的成功研发并交付使用；

（4）基础性：泛在网与专用网的建设是重要的基础条件；

（5）变革性：破除“信息孤岛”的体制是焦点。

（二）注重应用，准确理解物联网发展的机遇

1．新科技革命带来产业与工业革命的战略机遇。

2．智慧物联网带来的“五大”发展机遇。

（1）形成智能（智慧）终端的大发展；

（2）智慧物联网带来电子产业的大发展；

（3）智慧物联网带来大数据、云存储产业的大发展；

（4）智慧物联网带来网络安全产业的大发展；

（5）智慧物联网迎来市民、企业、政府机关、工程建设等信息消费市场的大发展。

3．物联网应用是中国及浙江最好的发展机遇。

（1）中国及浙江与发达国家差距相对比较小的机遇；

（2）多层次技术的产业发展机遇：与产品、装备、业务、管理的结合，为多层次技术提供了产业发展的机会；

（3）大数据的生产力：中国更有优势；

（4）网络发展体制改革的机遇；

（5）中国最大的优势是应用市场规模的优势。

（三）强化创新，切实用好物联网发展机遇

1．要把购买云服务作为促进物联网产业发展的体制大变革来抓。

（1）率先推广公共服务的购买（服务外包）具有重大意义；

（2）要充分认识改革的机遇，加快基层的购买服务试点。

2. 要善于组织电子制造商与产品、装备制造商的对接，抢抓智能产品与装备的大发展机遇。

（1）智能装备发展，重点是集成电路、芯片与装备的结合；

（2）杭州及宁波的各电子公司要分高、中、低市场开发，组建专业开发分公司，到全省其他市地去开发市场、加强合作；

（3）各地要欢迎他们来办分公司，给予市场开发类的政策扶持；

（4）抓好专用装备电子技术创新；

（5）打造电子产业基地（主要依托各类装备高新区）；

3．要善于集成政策，发挥应用市场带“四促”的发展作用。

（1）走好应用市场开发的“妙棋”，形成“市场这边独好”的格局，让抓市场，促发展、促创新、促引进成为大家的智慧；

（2）开发市场要一举多得，不忘“四促”，做“四促”有心人。

4．要善于组织产业技术创新，打造产业链垂直整合的新优势。

（1）支持集成电路设计与芯片、传感器、机器人、读卡器开发；

（2）支持物联网操作系统软件开发，加速从数字化向智慧化转变；

（3）强化对云存储、云计算、云服务的关键与瓶颈技术研发，提升与业务智慧需求的匹配能力；

（4）加强对物联网标准的创新，为业务操作系统软件与云计算服务技术创新创造条件；

（5）加强物联网传输新技术的研发；

（6）要改变创新部署的思路，突出重点，围绕应用市场开发需求来抓物联网产业技术创新。

5．要善于运用技术、管理、工程、执法等手段，创造网络消费的良好环境，实现综合保障。

（1）技术手段：责任追溯体系；

（2）管理措施：实名制、统一技术标准等；

（3）工程办法：网络安全；

（4）依法治理：保护隐私、保护权益、依法整治、依法监管。

6．要善于抓集群做强产业链，建设高新区。

（1）抓项目、企业、人才团队引进；

（2）重视错位发展，形成创新研发、电子产业与装备相一致的发展格局（环保装备、光伏装备、医疗装备）；

（3）加强商业模式创新，引进培育农业工程公司、工业工程公司、云服务公司，加快市场化的开发。

7．完善创业服务体系，抓好“两个创业”，促进民营科技型中小企业的发展。

（1）高新区管委会设立创业引导专项资金，完善创业服务体系；

（2）激活民间资本；

（3）完善创业全过程的服务体系。

（四）对于浙江省物联网产业发展规划的看法

1．可以看出，该规划出自高层专家型官员手笔，认识比较透彻。

2．浙江省信息技术产业基础雄厚，聚集了阿里巴巴、海康集团、大华公司、华数集团等国家乃至国际知名的龙头企业。所以浙江省的物联网产业选择层次比较高。

四、福建省关于加快推进物联网信息识别产业基地建设的实施方案提要

（一）总体目标

围绕以二维码、FRID、GPS/北斗等为代表的信息识别基础核心技术，带动末端设备产业、行业规模应用与商业模式创新并举发展，通过3～5年时间的努力，形成以福州市为中心的物联网信息识别产业聚集区和闽台物联网合作先行区，并辐射和带动全省信息识别产业的发展。到2013年将福州经济技术开发区打造成为“国家级物联网信息识别产业新型工业化产业示范基地”，力争到2015年全省物联网信息识别产业实现销售收入超过500亿元的目标。

（二）主要任务

1．全力打造物联网信息识别技术研发生产和产业集聚区

（1）发挥龙头企业的带动作用

按照“省市联动、合作共建”原则，重点支持福州市经济技术开发区依托新大陆、星网锐捷、福大自动化、国脉科技等一批产业龙头企业，带动与产业发展相关的系统集成、云计算和元器件产品集聚发展。引导企业通过联合并购、品牌经营等方式，培育一批影响力大、带动性强的大企业。

（2）加快建设产业重点园区

充分应用福州市经济技术开发区“一区多园”体系。重点推进福州

市经济技术开发区国家级物联网信息识别产业基地建设；同时借助泉州国家级微波通信产业基地、厦门软件园，形成全省三大区域合力推进发展的局面。力争到2013年，福州市经济技术开发区成为“国家物联网信息识别产业新型工业化产业示范基地”。

2. 加快产业链体系建设，着力突破物联网的“端—管—云”产业链关键缺失环节

（1）巩固计算机端末设备的优势地位

加快我省的端末设备（POS）、机顶盒、智能家居等优势技术和产品向物联网智能终端迁移。

（2）着力培育物联网通信服务业

加快推进端末设备、网络运营与服务的跨界融合。重点发展将各种传感技术、智能终端、软件和集成服务、网络运营及应用服务系统，支持高宽带、大容量、超高速有线/无线通信网络设备制造业与物联网应用的融合，形成产业链上下游联动发展。

（3）加快物联网信息识别核心技术的云平台与云端服务发展

着力发展物联网海量实时识别信息处理技术、物联网应用中间件、物联网云服务支撑平台的技术研究，从而形成快速搭建物联网行业云和物联网公共服务平台的能力，聚合多个行业领域的内容资源，促进物联网云端应用的协同工作，助力物联网产业的大规模发展。力争到2015年，培育5家销售收入超过50亿元的龙头企业，15家销售收入超过10亿元的骨干企业。全省物联网信息识别产业实现销售收入超过500亿元的目标。

3. 推进关键核心技术研发，增强核心竞争力

（1）二维码技术

以二维码“中国芯”、条码识读引擎为样板，积极推进物联网信息识别产业关键基础元件产业的发展。重点支持条形码芯片、条码识读引擎系列化、产业化和市场化。围绕 RFID、GPS/北斗等核心技术，大力发展芯片、模组引擎与小型化智能嵌入式的关键基础元件产业，积极争取国家各项产业专项资金支持。

（2）加强 RFID 技术攻关及标准化研究

整合优势资源，积极推动智能 RFID 标签芯片、无线射频智能卡

（RF-SIM）芯片、远距离 RFID 标签等关键共性技术攻关。发挥新大陆公司拥有的完全自主知识产权的二维码核心技术等龙头企业的作用，实施重点投入，加快产业进程，加快物联网物品编码解析技术和应用标准制定。

（3）推动传感器技术研发及产业化

重点发展物联网光纤传感，低功能、小型化、高性能的新型传感以及各类物理、化学、生物信息传感器的设计、制造和封装技术。

（4）嵌入式端末设备

重点研发应用在智能制造、智能物流、智能交通、智能安防、电子支付、智能医护等领域的嵌入式技术及设备，突破小型化、智能化等核心技术。

（5）发展目标

到 2015 年，在 RFID 领域形成超过 100 项相关技术标准，参与制定 2～3 项国家标准。推动申报 3～5 个国家级工程实验室或企业研发中心。

4. 着力推动闽台深入合作

加强闽台物联网产业在标准制定和国际竞争上的深度合作；依托成立于 2011 年 10 月的闽台物联网合作联盟等平台，融合台港的优势资源，促进技术突破、产品创新以及市场应用的双向推广。

5. 合力打造公共服务平台

整合各方资源，打造“以用带研”的创新链和“以大带小”的产业链，提升产业整体竞争力。继续建设海西物联网检测及技术服务平台，新建传感网测试平台、传输测试平台、物联网应用软件及系统测试平台。

6. 加大信息安全技术研发

积极开展物联网信息识别、信息共享、信息安全和隐私安全保护技术等研究，突破信息采集、传输、处理、应用各环节安全的共性技术、基础技术、关键技术。构建较为完善的物联网信息识别安全保障体系。

7. 全力推进物联网信息识别“五大工程”应用，带动全省信息化水平不断提升

（1）移动电子支付应用；

（2）智能物流冷链安全应用；

（3）智能溯源食品安全应用；

（4）智能交通车联网应用；

（5）物联网师资人才教育应用。

同时，继续在工业控制、农业精细化、交通物流、商贸物流、城市管理、民生保障、环保节能、安全监控和公共服务 9 个领域建设重点示范工程，形成成熟的市场应用模式和规模效应，打造成具有福建特色的物联网信息识别应用先行区。

（三）保障措施

1. 设立物联网信息识别产业发展专项扶持资金

福建省财政每年新增安排 1 亿元资金，各地市按 1∶1 比例安排配套资金，专项用于争取国家专项项目的配套、扶持产业链关键项目建设和研发补助、产业基地（园区）的公共服务平台建设等。

2. 创新投融资渠道，扶持中小企业发展

福建省新一代信息技术产业发展创业投资基金（4 亿元）重点投向初创期、种子期的物联网企业基金不低于基金总额的 10%。2011 年由新大陆公司牵头成立的福建省物联网产业创投基金（首期规模 2.5 亿元）将以物联网领域的先进技术企业为投资对象，加大产业整合重组，实现互利共赢。

3. 建立联合扶持重点项目发展机制

每年确定 1～2 个拟建、在建重大项目，通过省直财政资金给予专项支持，推动项目尽快建成投产达效。福州市市政府出台扶持本地区物联网信息识别产业基地建设的相应配套政策。

4. 推动示范工程，开拓应用市场

（1）落实政府采购和甲供甲控等政策，建立物联网信息识别产品政府采购推荐名单，加快示范工程建设；

（2）每年不定期举办物联网信息识别重点企业产品推介会，支持企业开拓省内市场。

5. 大力建设高素质人才队伍

（1）贯彻落实《福建省引进高层次人才创业创新人才暂行办法》，切实落实物联网领域中高端人才户籍、税收、教育、社会保障等方面优惠待遇；

（2）实施物联网产业实用人才培训提升工程，建立校企结合的人才实训和实践基地，将物联网技能人才培训列入每年的免费培训紧缺技术工种；

（3）“福建省软件杰出人才”评选活动和“台湾千名 IT 退休人才引进计划”向产业基地、园区内企业倾斜。

6. 加强宣传推广

（四）对于福建省物联网信息识别产业基地建设的开发

1. 出于历史原因，福建省信息产业并不发达；

2. 但是，他们能够充分利用现有的资源：福州市国家物联网信息识别产业基地、泉州国家微波通信产业基地和厦门软件园；

3. 他们能够集中力量重点发展物联网信息识别产业。围绕以二维码、FRID 等为代表的信息识别基础核心技术，带动端末设备产业发展。

五、广东省物联网发展规划提要

（一）发展现状

2012 年，全省固定宽带网络和 3G 以上无线网络覆盖所有行政村；物联网相关专利申请量和技术标准发布量达 1216 项；物流与供应链领域重点企业射频识别（RFID）应用普及率达 36%；物联网应用在生产制造、公共管理、社会民生等领域广泛渗透；物联网产业市场规模超过 1300 亿元，同比增长超过 30%。但该省物联网发展也面临着关键共性技术研发能力不强、集成创新不足、市场对产业发展引导不够、大规模应用市场尚未形成等问题。

（二）总体要求

1. 指导思想

以经济社会发展需求为导向，以提升自主创新能力为核心，以加快物联网产业集聚为重点，加强统筹规划，创新服务模式，优化发展环境，全面深化物联网在该省经济社会各领域的应用，着力打造珠三角世界级智慧城市群，建设“智慧广东”。

2. 基本原则

（1）统筹协调；

（2）应用引领；

（3）创新发展；

（4）安全可控。

3. 发展目标

（1）力争在 3～7 年内，将该省建成国内领先的物联网产业集聚区、全国物联网集成创新高地。

（2）到 2015 年，完成全省网络覆盖，固定宽带普及率达到 30%；珠三角地区公共区域实现无线局域网全覆盖；物联网领域专利受理量和技术标准发布量超过 1500 项；M2M 应用终端数量超过 2000 万台；物流与供应链领域重点企业 RFID 应用普及率达到 40%；物联网产业市场规模达 2800 亿元；年均增长 30%以上。

（3）到 2017 年，全省固定宽带普及率达到 40%；县区公共区域实现 WLAN 全覆盖；物联网领域专利受理量和技术标准发布量超过 2000 项；M2M 应用终端数量超过 2500 万；物流与供应链领域重点企业 RFID 应用普及率达到 50%；全省物联网产业市场规模超过 4300 亿元。

（4）到 2020 年，全省固定宽带普及率达到 45%以上；城镇公共区域实现 WLAN 全覆盖；物联网领域专利受理量和技术标准发布量超过 2500 项；M2M 应用终端数量超过 3000 万台；物流与供应链领域重点企业 RFID 应用普及率达到 70%；全省物联网产业市场规模达 7400 亿元。

（三）加快物联网基础设施建设

1. 完善通信网络基础设施

（1）实施“宽带广东”工程，大力发展第三代移动通信和新一代移动通信网络，加快推进无线局域网在重点区域和公共场所的部署，建设覆盖珠三角、连接粤港澳的无线宽带城市群。

（2）优化提升光纤宽带网络，建设下一代互联网基础设施，加快城市光纤入户，农村宽带入村。深入推进三网融合，推动有线电视网络向下一代广播电视网络演进升级。完善电子政务网络基础设施，建设政务外网万兆骨干网，形成支撑物联网应用的基础网络体系。

2. 加快物联网公共支撑平台建设

（1）统筹广州、深圳、珠海、佛山、东莞、汕头等地云计算数据中心建设，支持移动南方基地、电信“亚太信息引擎”、联通国家数据中心等互联网数据中心的发展，推进广州中新知识城、佛山智慧新城、汕头数据园等云计算基地建设。

（2）构建全省政务数据中心，提供按需申请、弹性服务的信息基础服务资源。

（3）加快建设国家超算深圳中心、广州超算中心，提升海量数据分析、处理和服务能力。

（4）引进国家物联网标识管理公共服务平台，建设南方物联网检测认证公共服务平台。

（5）推进国家北斗卫星综合示范工程和高分辨率卫星遥感应用示范工程建设，构建卫星传感定位、地理空间信息等公共平台和地理空间基础信息库。

（四）推进物联网技术集成创新和产业化

1. 加快物联网技术集成创新

（1）着力突破物联网芯片、RFID、光纤传感、传感器融合、嵌入式智能装备、物联网 IP 组网等关键技术；发展物联网交换接口、信息安全、云计算协同、大数据管理等共性技术；推动物联网与下一代互联网、云计算、大数据、信息通信、地理空间等新一代信息技术的集成创新。

（2）加快形成一批自主知识产权，大力推动关键共性技术产业化；开展大数据挖掘和智能分析研究应用；建立完善的物联网标准体系；以融合应用为引导，组建产业创新联盟，打造一批工程技术研究中心、重点实验室、标准检测机构和公共技术支持中心。

2. 发展物联网核心产业和新型业态

（1）重点发展RFID芯片、智能传感器、传感网络设备等物联网设备制造业，以及嵌入式软件、数据库软件、中间件、数据分析挖掘、传感网智能管理等高端软件业，打造物联网核心产业集群。

（2）培育物联网新型业态，大力发展物联网数据采集挖掘、移动金融支付等物联网专业服务和增值服务。发展高分辨率卫星多维遥感空间信息服务产业，壮大系统集成服务业和云计算、大数据、卫星服务等平台运营业。

3. 优化物联网产业布局

（1）结合该省“两核三圈三带”信息产业布局，依托广州、深圳两个国家创新型城市，构建珠三角“广佛肇”“珠中江”“深莞惠”三大物联网产业核心圈，加快建设国家级信息产业基地和软件产业园区，着力发展物联网先进设备制造业和高端软件业，培育壮大物联网信息服务和平台运营业，打造物联网高端新兴产业集聚区；

（2）加快粤东、粤西、粤北三大信息产业带发展，发挥各级经济技术开发区、高新技术开发区和省产业转移工业园等的载体作用，壮大物联网配套产业、应用产业和支撑区域产业转型升级的物联网信息服务业。强化产业圈带合作，形成优势互补、相互促进的协调发展格局。

（五）打造世界级智慧城市群

1. 建设珠三角世界级智慧城市群

（1）围绕“广佛肇”“珠中江”“深莞惠”三大经济圈，在城市运行关键领域统筹建设基础设施智能感应、环境感知、远程监控服务等系统，加快部署短距离无线通信、无线传感器网络和M2M终端及网络，建设珠三角地理空间信息、智慧城乡空间信息等公共平台。加快RFID、传感器、地理空间、卫星应用等技术在城镇化建设中的应用，加强对资源、能源和环境的实时监控管理。

（2）强化粤港澳合作，建设广州南沙、深圳前海、珠海横琴等智慧新区，推进服务贸易自由化和智能快速通关。发挥广州、深圳、珠海等国家智慧城市试点的引领作用，全面构建具有国际竞争力的珠三角智慧城市群。

2. 推动粤东、粤西、粤北智慧城镇协调发展

（1）以汕潮揭同城化为契机，围绕区域海缆资源及电力、旅游、建材、陶瓷等优势产业，推动粤东重点发展大数据服务、智能电网、智慧旅游和智能制造应用。

（2）以湛茂阳临港经济带为区域核心，推动粤西重点发展智能环保、智慧空港物流和智慧海洋渔业，拓展钢铁、石化、五金等临港重化工业物联网应用。

（3）加快粤北生态型新区建设，重点发展智慧农业和智慧旅游，拓展稀土材料、有色金属、特色农业等生态资源型产业和现代农业物联网应用。

3. 深化智慧城市示范应用

（1）发挥市场机制作用，以需求为导向，支持行业龙头企业、电信运营商、信息技术服务企业等参与智慧城市建设。

（2）注重示范引领，重点推进智能交通、智能环保、智能市政、智能电网、智能安全监管等示范工程建设，强化应用集成与业务协同。

（3）建立智慧城市运行和管理机制，逐步推广成熟的智慧城市运营模式，提高城市建设管理精细化、智慧化水平。

（4）加快推动公共服务向街道社区延伸，开展智慧社区试点，提高社区智慧应用水平。

（六）推进物联网在生产和商贸服务领域应用

1. 深化工业生产领域物联网应用

（1）推动广东制造向“广东智造”转型升级。研发重大装备物联网关键技术，发展嵌入智能传感器的高档数控机床和工业机器人等智能装备，培育高端智能装备产业链。

（2）推进工业无线传感网在自动化生产线上的应用，优化制造流程，提高智能控制和协同制造能力。

（3）研制融入多种传感器的移动智能终端、汽车电子、船舶电子、医疗电子、智能家电等智能工业产品，推动工业产品向价值链高端跨越。

（4）建设工业设计和“工业云”创新服务平台，发展物联网系统集

成、技术咨询、规划设计、运行维护等信息服务。

2. 推进农渔业生产领域物联网应用

（1）依托智慧农业综合示范区，开展农业生产物联网示范应用，推进农机及农业装备物联网技术的应用和改造。

（2）支持在农业种养领域应用动植物环境、生命信息、成熟度、营养组分等智能传感器，开展生长过程智能化监测，发展精准农业。

（3）推广船舶自动识别、鱼群探测、卫星导航等智慧海洋渔业应用系统。

（4）借助传感网络技术，构建农业农村信息采集、处理、管理、决策智能的信息系统。

（5）建立基于物联网的农村物流与供应链服务平台。建设农产品物联网监管溯源体系，构建广东省农村特色产品信息化溯源公共服务平台，加强食品安全监管。

3. 加快商贸服务领域物联网应用

（1）推动商贸龙头企业建立整合供应商、物流配送和客户信息的商业智能大数据系统，深度挖掘分析市场信息，创新商业模式。

（2）推进珠三角地区国际机场、客运站、港口、码头等重大交通枢纽的物联网可视化管理。

（3）推动钢铁、家具、农产品等大型批发市场的物联网应用，构建物联商城。推动南方现代物流公共信息平台与苏皖赣等地区物流大通道对接。结合“广货网上行”和珠三角国际电子商务中心建设，开展商贸物联网应用，发展智慧商务。

（七）推动物联网在社会服务领域应用

1. 加快政府公共服务智能化

（1）运用物联网、移动互联网、大数据管理等新技术整合改造重大电子政务外网和便民服务系统，重点提升全省网上办事大厅、公共联合征信系统、市场监管体系相关系统等综合政务信息平台服务能力。

（2）整合政务信息资源，应用大数据相关技术，建设政务支撑平台，挖掘社会服务需求，开展大数据应用，促进政府公共服务个性化和政府决策智能化。

（3）建立全省应急系统物联网应用体系，拓展省应急平台应用，强化灾害信息自动采集、预警信息自动发布及应急处置功能。

（4）在公安、路政、消防、工商、社保、环保、旅游、应急管理等领域推广物联网和移动互联网技术应用。实施城市“慧眼工程”和“智慧安监”示范工程，打造平安广东。

2. 推动物联网在社会民生服务领域应用

（1）发展智慧民生服务，建设“粤教云”公共服务平台，实施智慧校园示范工程，开展智慧教室、电子书包、在线学习、远程教育等应用。

（2）建设省级卫生综合管理信息平台，推进基于物联网的健康检测与实时监护、远程医疗、食品药品监管等示范应用。

（3）建设全省集中式人力资源社会保障一体化信息系统，推进“社会保障卡”和“居民健康卡”功能对接、信息共享、应用整合。

（4）发展智慧旅游，建立省旅游信息综合服务平台，完善省旅游刷卡无障碍支付环境。

（5）推进基于物联网的档案、图书管理系统建设。

（6）拓展移动支付及 IC 卡小额金融支付应用。

（7）推广智慧社区便民服务，深化智能楼宇、智能家居、智慧菜篮、互动电视等智慧应用，推动水电、燃气等家庭能源物联网监控节能。

（八）对于广东省物联网发展规划的开发

1．广东省电池珠江三角洲是全国经济领先发展的地区，是中国电子信息产业大规模密集区域，是中国南方商业和交通中心。这里是发展和应用物联网的沃土。

2．相对而言，广东省并未聚集足够的国内外龙头企业，但是，广东省聚集了大量的具有生存发展能力的中小企业家。

从发展规划文本来看，规划似乎尚未充分考虑上述基础现实。

3．发展规划内容范围远远超出了“物联网产业发展规划”的基本内容，更像“广东省国民经济发展规划”，或者更像“广东省信息产业发展规划”。这就不免让人产生疑问：该规划是否可能冲淡对于物联网产业的支持强度。现实而言，广东省应当抓住这个物联网发展机遇，带动国家物联网产业发展。

六、物联网产业现状调查研究结论

（一）我国物联网系统应用现状

整体来看我国物联网系统应用很不平衡。在金融服务领域的金融卡、在公安和城市领域的交通道路的电视监控和 ETC 收费等，得到大规模的推广应用，而在其他领域基本上处于试点应用阶段。

（二）物联网平台产业现状

1. 小区接入网络方面。我国电信界经过 20 多年的工作，已经完成无源光网研制，形成国家标准和规模产业。

2. 家庭网络方面。已经研发成功基于五类线、电力线和无线（Wi-Fi）家庭网络平台，已经小批量生产，足以支持家居高速通信类应用系统。但是，核心集成电路仍然依靠国外生产。

3. 家居物联网服务平台方面。虽然已经研制成功基于 HA（家居自动化）标准的物联网服务平台，但是这种标准本身就是落后的技术（基于 ZigBee）并且把平台功能与几种特定应用功能捆绑在一起。其中，ZigBee（短距离传输）芯片也来自国外。

（三）传感器和集成电路产业现状

1. 一般低档传感器国内已经批量生产，高性能、低功耗、高可靠、低成本的传感器还不能大批量生产。

2. 由于物联网平台尚未形成标准和推广应用，物联网专用集成电路也难以出现。例如，Wi-Fi 芯片、ZigBee 芯片以及它们与各种传感器的组合芯片。

（四）物联网系统总体现状

虽然支持上述金融卡、ETC 收费卡等的物联网系统已经成熟，但是这些系统的网络安全机制尚未完善。在其他领域试点应用的物联网系统已经出现很多，它们普遍缺乏创造性，很难在特别重要的应用领域起到关键作用。

（五）我国物联网产业现状的总体看法

1. 我国多年实施信息化计划，国民经济信息化已经取得巨大进展，其中包括物联网成就。

2. 由于物联网已经在国民经济一些领域成功推广应用，所以人们普遍认为，物联网具有重要而广阔的应用前景。

3. 物联网作为一类典型的信息系统，与我国信息产业有共同的优缺点：系统集成和应用比较先进；核心元器件相对落后。

4. 上述现实形成了国家现在大力支持和推进物联网技术和产业的主要原因。

5. 鉴于物联网是国民经济发展过程的产物，那么物联网产业的发展和应用不能不受国民经济基础的限制。而国民经济的各个领域和各个地区发展很不平衡，所以发展物联网应当考虑地区和领域的差异。

6. 中国必须从大国走向强国，必须建设强大的经济基础和技术基础。作为国民经济和信息技术的发展历程，物联网是一座里程碑。

物联网这类信息系统在“物联网”这个名称出现之前已经存在了。经过多年工作，我国物联网信息系统已经初具规模。

物联网应用方面整体来看很不平衡，在金融服务领域和交通管理领域已经大规模推广应用；而在其他领域基本上处于试点应用阶段。物联网平台产业方面，无源光接入网已经形成国家标准和规模产业；家庭网络已经小批量生产；标准的物联网服务平台已经构建成功，短距离传输芯片依靠进口。传感器和集成电路产业方面，国内已经批量生产低挡传感器；高性能、低功耗、高可靠、低成本的传感器还不能大批量生产；由于物联网平台尚未形成标准和推广应用，物联网专用集成电路也难以出现。例如，Wi-Fi 芯片、ZigBee 芯片仍然依靠进口。物联网系统总体方面，支持上述金融卡、ETC 收费卡等的物联网系统虽然已经成熟，但是这些系统的网络安全机制尚未完善。在各个领域试点应用的物联网系统已经出现很多，普遍缺乏创造性：在特别重要的应用场合，起到关键作用。

总体来看，我国物联网产业已经初具规模，已经局部推广应用；人们普遍认为物联网具有重要而广阔的应用前景；与我国信息产业共有的特点相同，系统先进而元器件落后。上述现实，可能就是国家现在大力支持和推进物联网技术和产业的主要原因。统观我国物联网技术产业现实，无论如何评估我国“物联网十大发展规划”都不为过。路漫漫其修远，愿诸君上下而求索。

参考文献

[1] 王毅．主要发达国家的物联网战略．

[2] 新华社信息．2014 全国物联网工作电视电话会议．

[3] 新华社信息．2014（第五届）中国物联网大会开幕．

[4] 国家统计局．战略新兴产业分类．

[5] 浙江省政府．浙江省物联网产业发展规划．

[6] 福建省．关于加快推进物联网信息识别产业基地建设的实施方案．

[7] 厦门市政府．厦门市创建国家信息消费示范城市总体工作方案．

[8] 曹国辉．CSSI 建设智慧城市探索与实践[J]．计算机光盘软件与应用，2013（9）．

[9] 黄建玲．北京交通应急指挥调度示范应用[J]．计算机光盘软件与应用，2013（9）：68-69．

[10] 童腾飞．北京市物联网总体情况[J]．计算机光盘软件与应用，2013（9）：72-73．

[11] 张爱平．上海市浦东新区智慧城市建设[J]．计算机光盘软件与应用，2013（9）：37-38．

[12] 周震宇．传感网在智慧城市中的应用[J]．计算机光盘软件与应用，2013（9）：42-43．

[13] 新华书店．2013 年有关物联网技术的出版图书．

[14]《物联网世界》杂志．2010 中国物联网百强企业．

数字家庭研究进展（2014 年）

广联研究院从 2009 年 7 月开始数字家庭研发工作，至今已经 5 个年头。期间，在工信部、中国电子科技集团公司、广东省广州市番禺区政府的支持下，研究院与中国电子科技集团第 54 研究所等单位合作，在数字家庭技术装备研制方面取得了一些进展。

本报告做概要介绍。

一、数字家庭概念

（一）2005 年“广东省数字家庭行动计划”的看法

数字家庭是利用数字技术装备家庭。其意指：利用数字技术，把电话机、电视机、计算机、家用电器等设备在家庭网络上连接起来，以便简明有效地支持更为完善的家庭服务。

（二）2009 年广州国家基地的看法

数字家庭是利用电子和信息技术装备人类活动的基本空间。从信息化的角度来看，在家庭、办公室、指挥所、车间和车辆中，遇到的问题和解决问题的方法都是类似的。

城市是人类活动基本空间的集合；数字家庭是数字城市的基础；数字城市是智慧城市的基础。

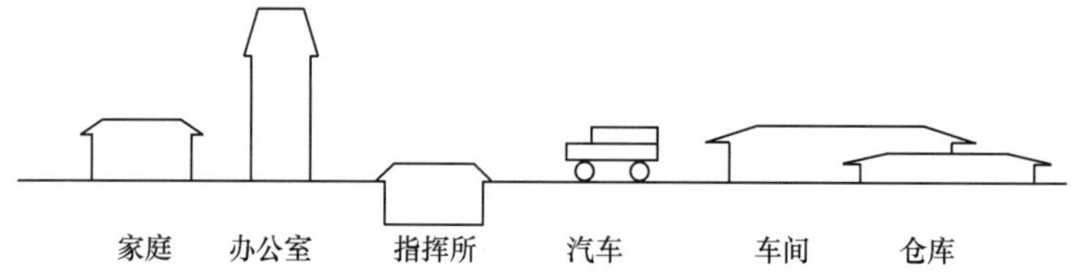

二、数字家庭产业结构

（一）产业结构

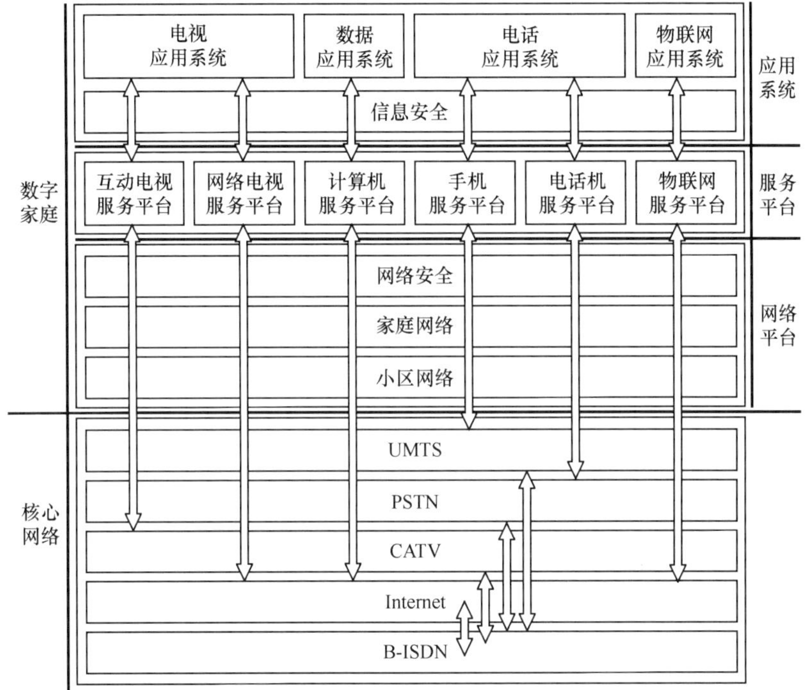

1. 3 层电信网络平台

（1）家庭网络；

（2）小区网络；

（3）网络安全保障。

2. 6 种服务支持平台

（1）电视机服务平台；

（2）计算机服务平台；

（3）电话机服务平台；

（4）手机服务平台；

（5）物联网服务平台。

3．4 类服务系统

（1）电视业务服务系统；

（2）数据业务服务系统；

（3）电话业务服务系统；

（4）物联网服务系统。

（二）广联数字家庭工作部署

1．CATV/VOD 数字电视（DCAS 研发）；

2．家庭和小区电信网络平台研制；

3．家居物联网平台和应用系统研发；

4．支持网络电视的网络平台总体设计；

5．小区和数字家庭系统集成和应用试点。

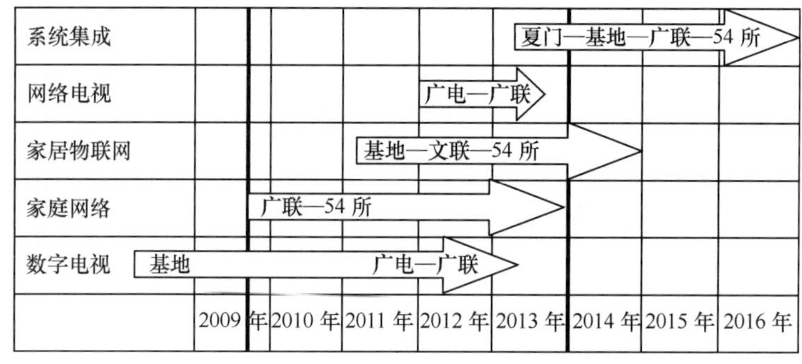

三、互动电视研究进展

（一）互动电视系统概念

1．21 世纪初，时逢电视数字化，国际数字家庭都是从互动电视做起的；

2．2005 年，比尔·盖茨在深圳，针对中国的 1 亿台电视机，他提议发展互动电视，称为“数字家庭”；

3．广东省发改委等 6 部门推出“数字家庭行动计划”，该计划很快得到国家主管部门和地方政府的支持。

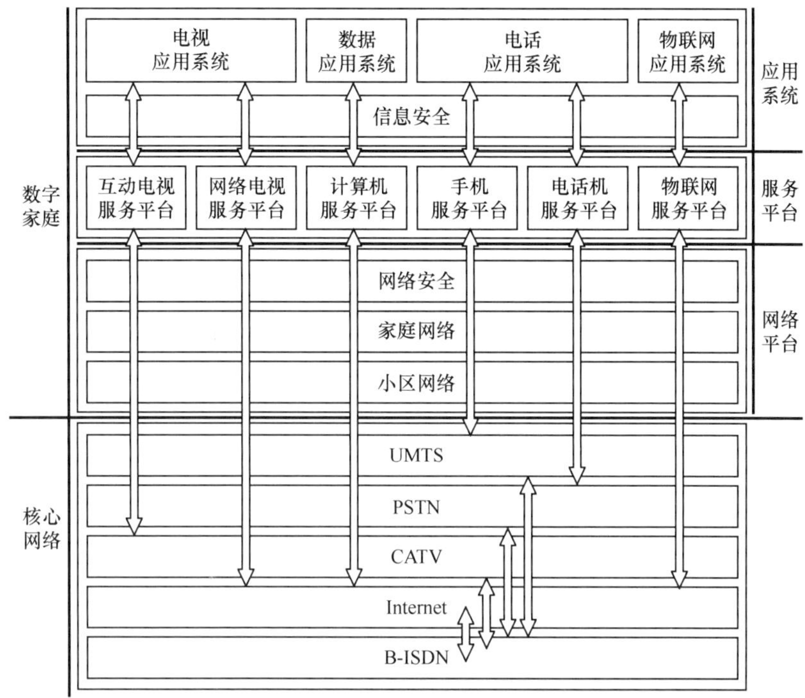

互动电视系统产业结构

（二）广州番禺国家基地的研发成就

1．研究成功了互动电视系统。

2．形成了互动电视产业。

3．建设了 10 万户互动电视示范区域。

4．提供了 50 种基于电视机的服务内容。

（1）基本业务：广播电视。

（2）增值业务：点播电视和时移电视。

（3）扩展增值业务。

—互动游戏。

—商务电视。

—信息电视。

—服务电视。

（三）互动电视系统总体结构

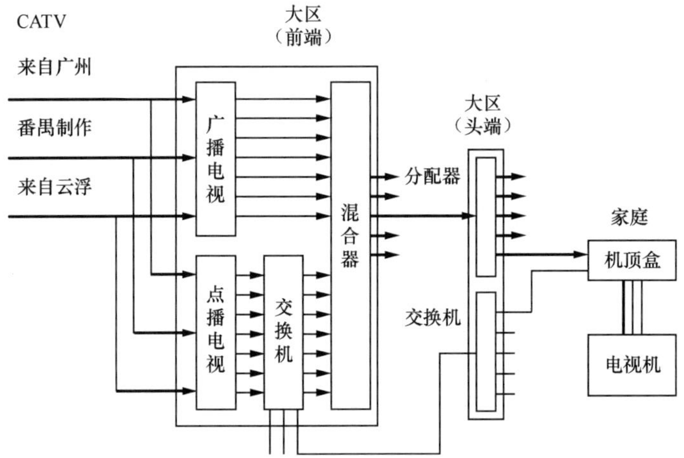

（四）广联研究院的工作

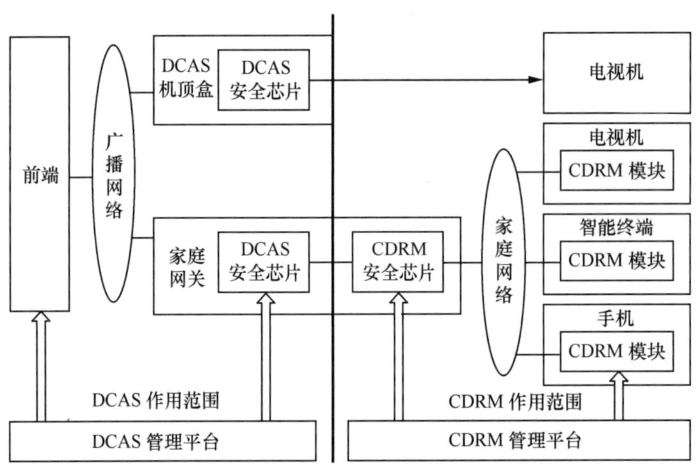

DCAS/CDRM 解决方案

1．时至 2012 年 3 月，互动电视遗留的主要问题是条件接收（CA）标准不统一。

2．2012 年 3 月，广电总局联合清华大学、广联等单位，研发“DCAS/CDRM 解决方案”。

3．2013 年 6 月，完成“DCAS/CDRM 解决方案”体制试验。但是，

CATV 多种多样的 CA 已经成为经济现实。该试验成果将作为解决网络电视同类问题的基础。

四、家庭网络平台研制进展

（一）“家庭网络平台”概念

1. 烟筒式的家居信息系统迅速发展，多种系统分立，设施复杂、成本过高、使用不便，出现了简化家居系统设备的需求。

2. 2010 年，广联提出“家庭网络和多业务平台”的概念：

－建立统一的家庭网络平台；

－支持各种业务平台；

－进而支持所有的业务系统。

3. 无源光网络技术取得突破性进展，用户驻地网（家庭网络）成了科技研发重点。

4. 国家工信部和广州基地支持家庭网络平台研制。

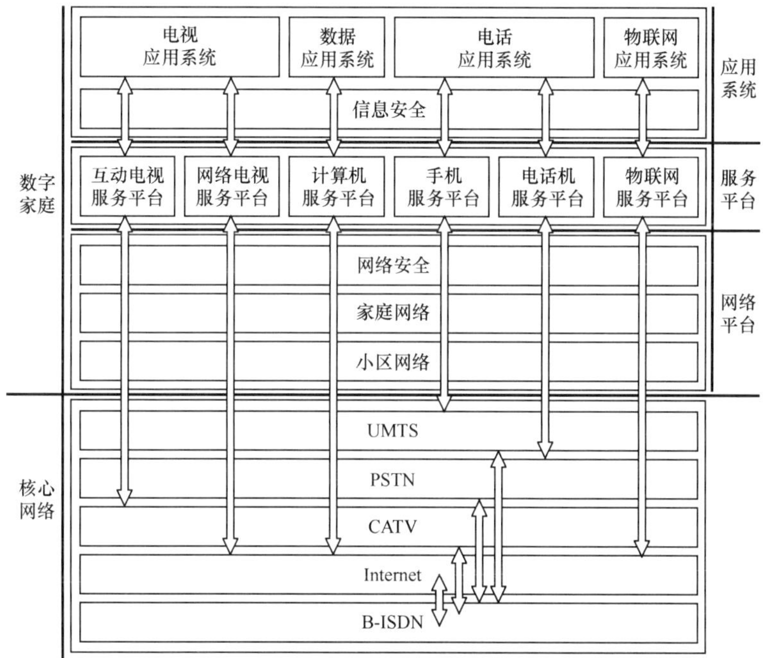

家庭网络平台产业结构

（二）广联研制成功经济型家庭网络

番禺实用 340 套住宅网签。

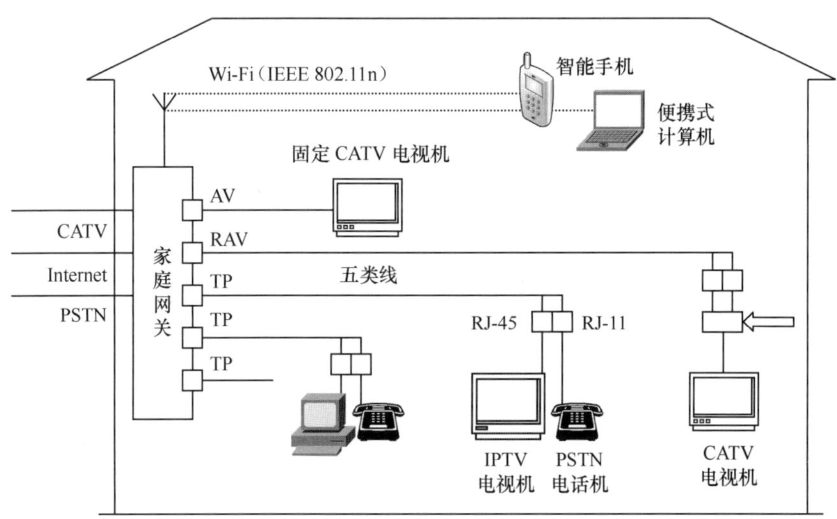

（三）广联研制成功基本型家庭网络

54 所实用 460 套住宅网签；东莞实用 720 套住宅网签。

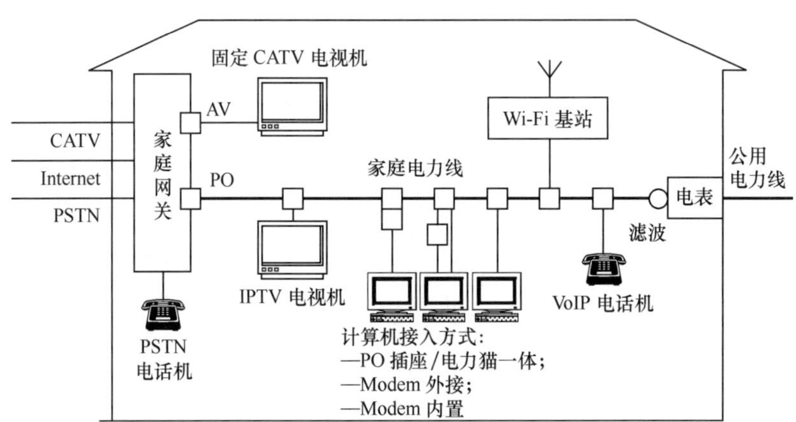

（四）广联研制成功标准型家庭网络

该项研制荣获 2011 年“全国数字家庭整体解决方案”特等奖。

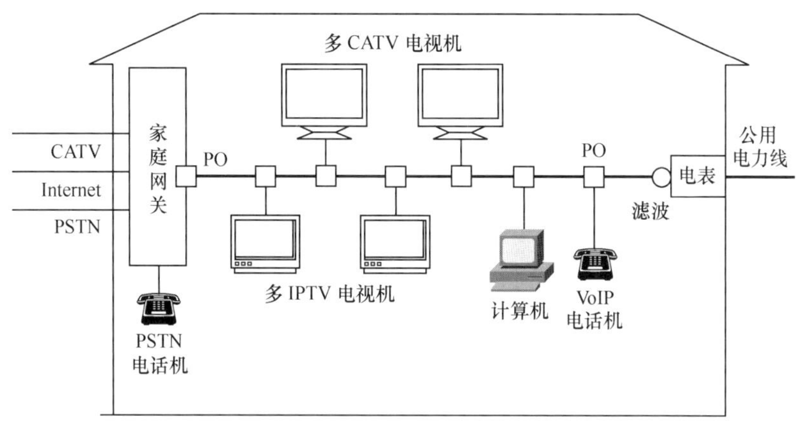

（五）研制完成小区网络和家庭网络的三网融合

1. 三网技术融合概念

三网技术融合是指充分利用各类技术的潜在效能，最大限度地简化网络。“技术”是指 PSTN、CATV、Internet 三类技术；“网络”是指接入网和家庭网络。

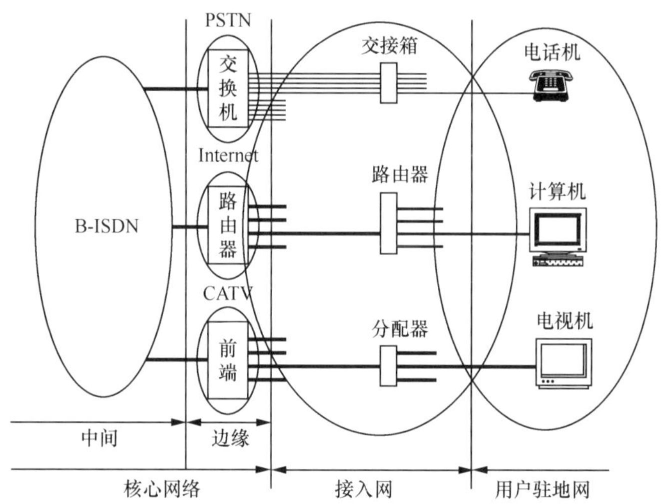

2. 三网技术融合实现方案

当接入 VoIP 时，其实现方案省略软交换机；当接入 IPTV/OTT TV 时，其省略波分复用。

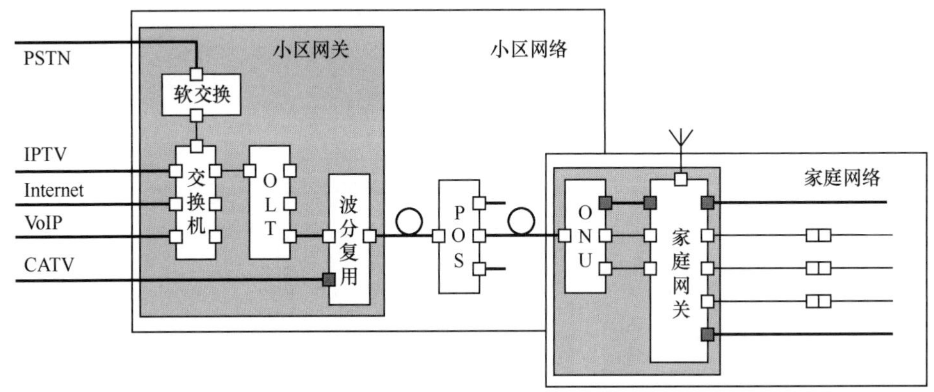

（六）成功合作研制服务器门禁系统

该项研制利用标识认证（CPK）技术，构造各个服务器门禁系统，解决小区网络和家庭网络的网络安全问题。

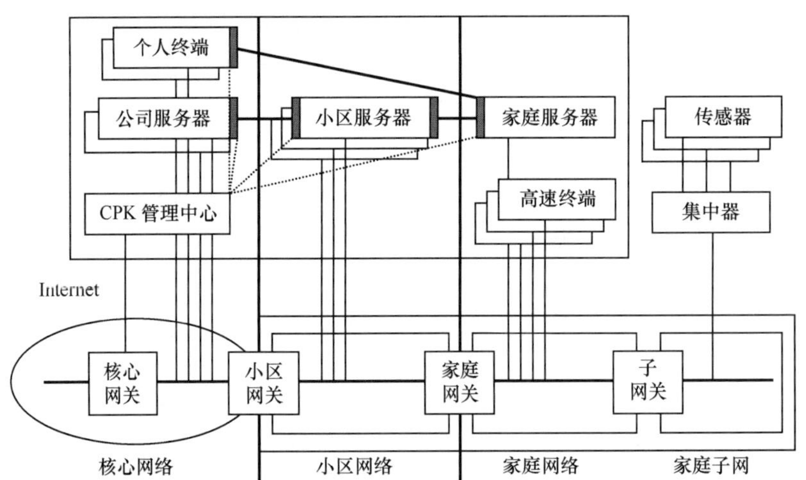

（七）家庭网络支持的信息业务平台

1．互动电视机信息业务平台；

2．网络电视机信息业务平台；

3．计算机业务平台；

4．固定电话机业务平台；

5．移动手机业务平台；

6．视频终端业务平台。

（八）家庭网络支持的通信类信息系统

1. 多种通信类信息服务系统

—网络购物；

—电子邮件；

—信息查询与浏览；

—短消息和微信；

—网络聊天；

—游戏娱乐；

—撰写微博；

—远程教育；

—电子商务。

2. 通信类信息系统

该系统是一个看不到边际的创新空间。

五、家居物联网研究进展

（一）信息系统应用分类——物联网概念

1. 用于人与人之间的信息系统——通信系统；

2. 用于人与物之间的信息系统——遥控系统；

3. 用于物与人之间的信息系统——遥测系统；

4. 用于物与物之间的信息系统——**物联网**。

人们习惯把前三类称为“**通信类信息系统**”，把后三类称为“**物联网类信息系统**”，两者之间有一个模糊地带。

（二）家居物联网

1. 2011年以来，国家把物联网作为重点课题予以支持。

2. 物联网技术产业遇到困难，其中包括选择有现实意义的课题。

3. 家居物联网发展比较快，推广应用前景比较明朗，所以，专家预测物联网很可能在家庭网络基础上得到推广应用。

4. 广州国家基地和广联研究院取得了国家专项“智能家居无线物联

网设备研发与验证”课题。

5．工信部和广州基地支持研制家居物联网。

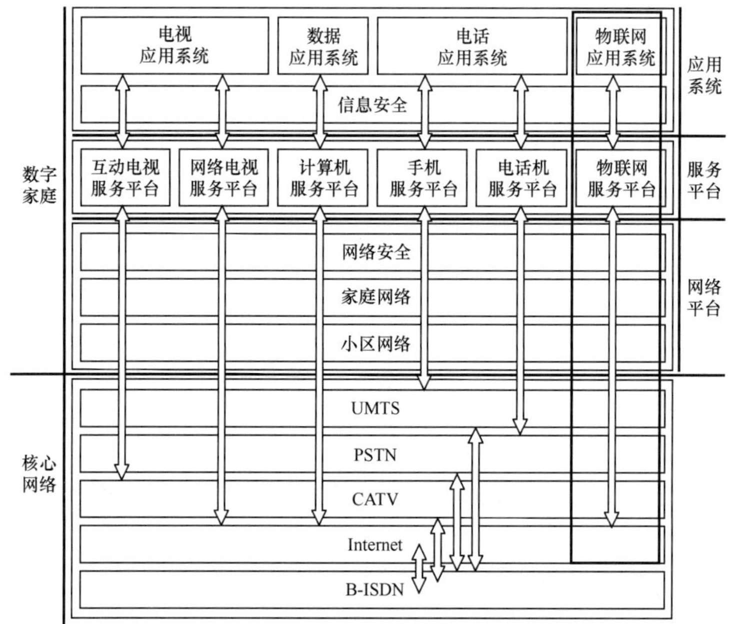

家居物联网产业结构

（三）研制完成5种物联网网络平台

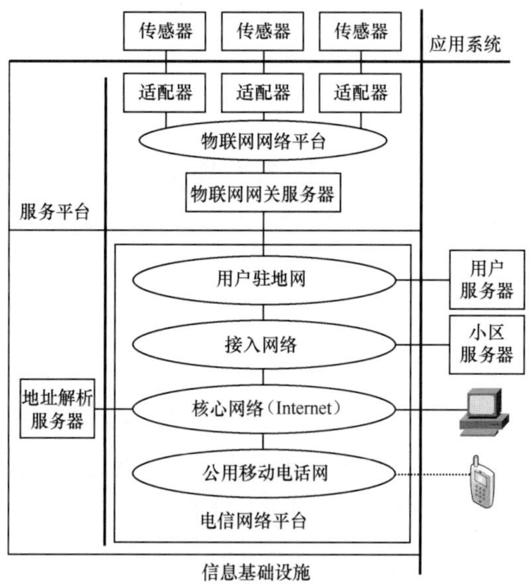

（四）研制完成 5 种物联网网络平台

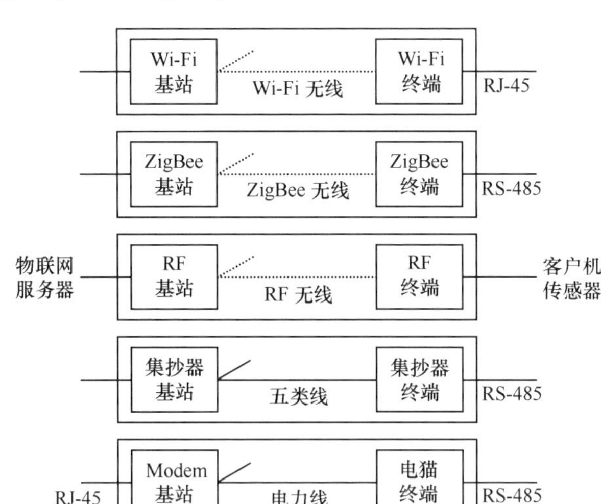

（五）抄表类应用系统研制

1．基于 ZigBee 网络的电表、水表、汽表抄表系统；

2．基于电源线网络的电表、水表、汽表抄表系统；

3．基于五类线网络的电表、水表抄表系统。

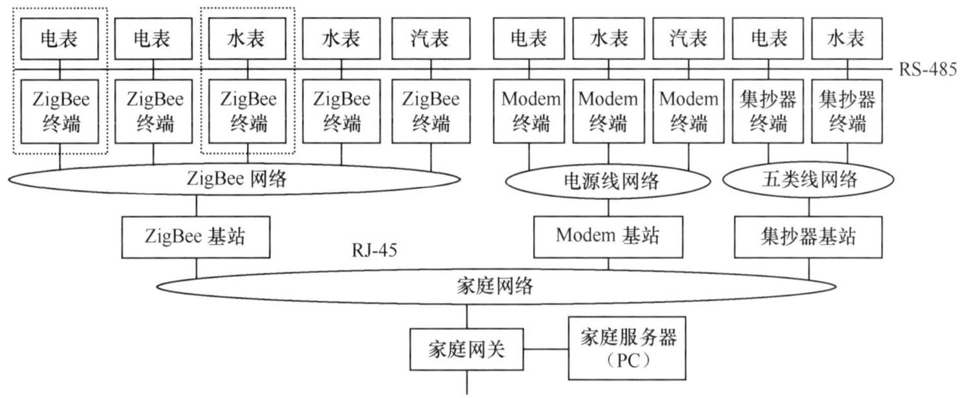

（六）安防类应用系统研制

1．采用低速传感器：门磁、窗磁、烟感、温感、红外、漏水和震动等构造室内安防应用系统；

2．采用高速传感器：监视器和视频设备等构造室内安防应用系统；

3．采用低速和高速传感器：对讲机和监视器等构造室外安防应用系统。

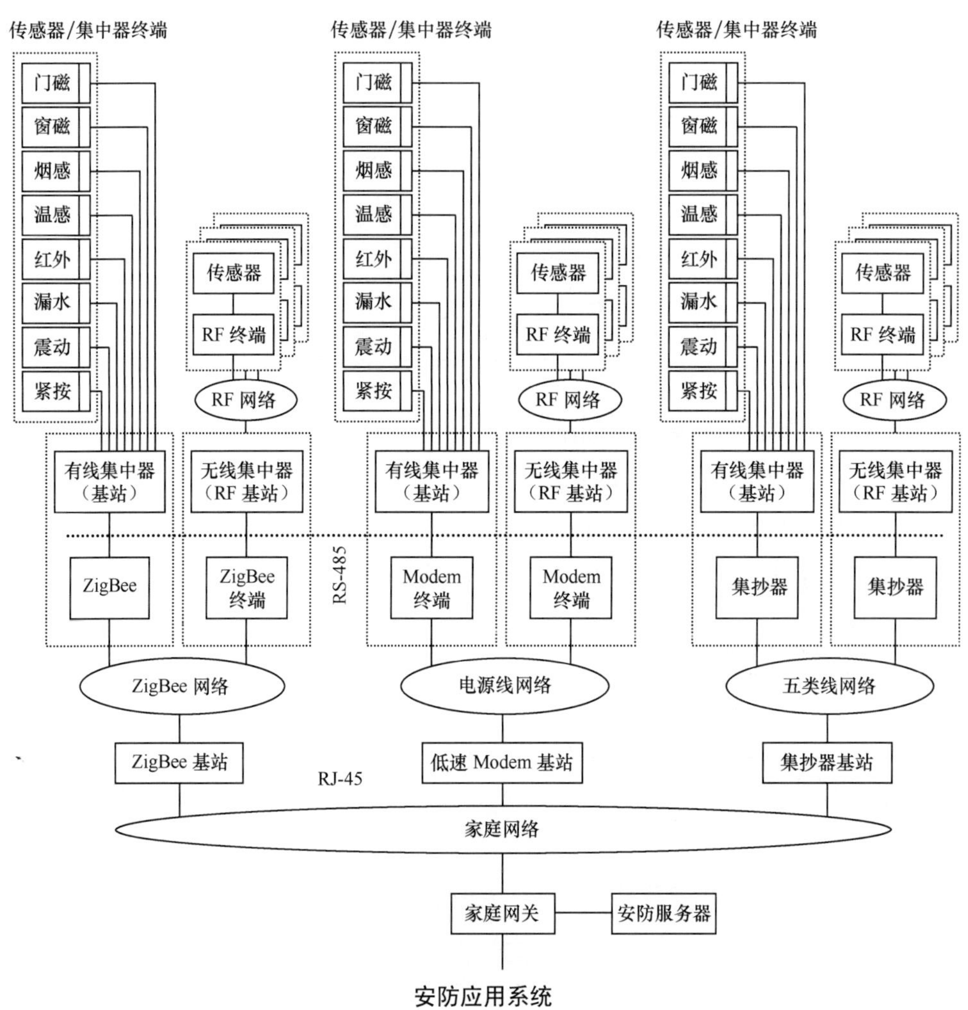

安防应用系统

（七）无线遥测遥控系统研制

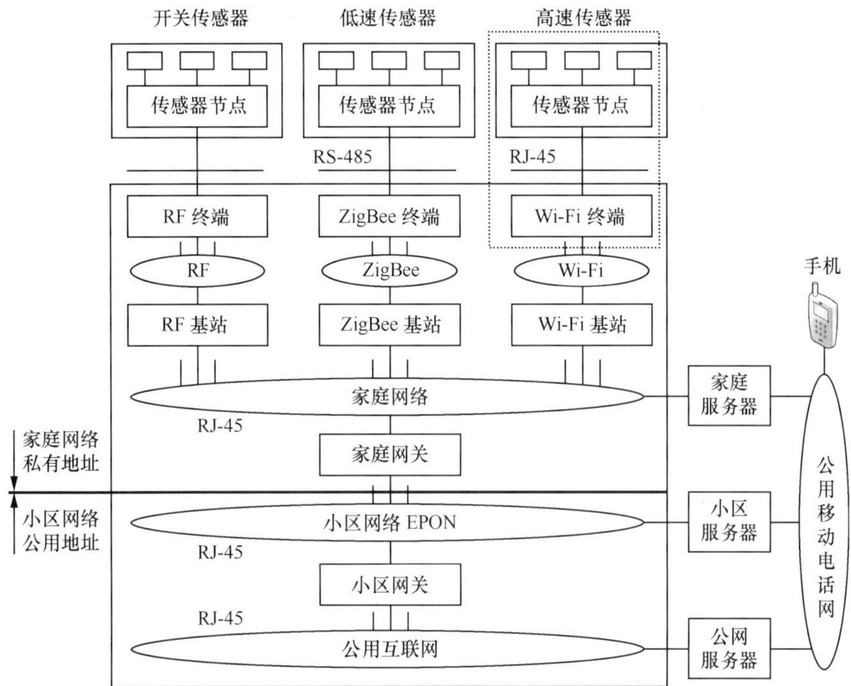

（八）HA 客户机—服务器平台研发

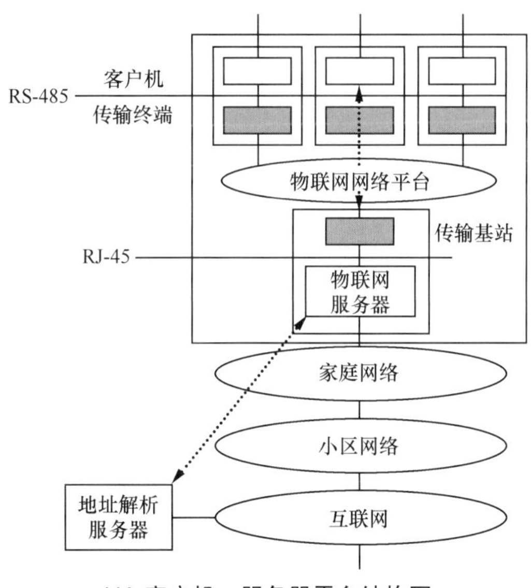

HA 客户机—服务器平台结构图

1．**HA—家居自动控制系统构成**：多个客户机与有关服务器构成基本家居自动控制系统；地址解析服务器解决私有地址服务器的寻址问题。

2．**HA—家居自动控制标准协议功能**：这是一种综合性通用标准，规定了部分服务平台功能和部分应用功能，服务平台功能包括：服务器对于传感器的状态监视、节能管理等；应用功能包括：节能、照明、安防、环境、健康监视和控制通用方法。

（九）基于 HA 客户机—服务器平台的应用系统研发

1．研究发现有实际意义的应用题目。

2．根据使用要求进行应用场景设计。

3．对于已经具有通用 HA 客户机—服务器平台，应用系统研发仅仅是处理传感器与用户终端的关系。

4．此处用户终端可能是远处的手机、个人计算机，附近的家庭服务器、小区服务器。

5．这些用户终端的主要功能是数据处理：多传感器数据融合处理、特定应用逻辑（专家）处理、网络安全和信息安全处理。

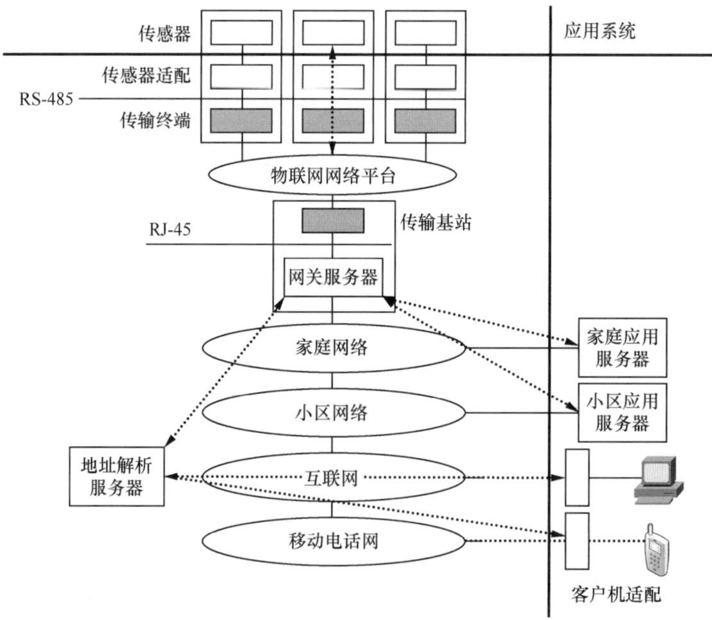

基于 HA 标准的家居物联网系统结构图

（十）家居物联网应用系统现状

1．我国已经出现多种物联网应用系统。

2．目前主要工作是把上述应用系统移到物联网平台之上。

3．普遍缺乏创造性。

数字家庭应用系统		应用指标统计			
应用分类	服务示例	认知	拥有	使用	预期
监控类	小区门禁可视监控	74%	58%	52%	60%
	家庭门禁可视监控	67%	44%	40%	44%
	房屋室内可视监控	38%	7%	7%	22%
	房屋外围可视监控	35%	13%	11%	24%
监测类	家庭空气质量监测应急	13%	4%	4%	24%
	小区环境空气质量监测应急	15%	6%	5%	26%
	水电气运行监测应急	34%	16%	14%	38%
	生命特征监测应急	15%	5%	4%	18%
互动类	不同房间成员之间互动沟通	16%	5%	5%	12%
	小区管理便民服务	27%	18%	15%	26%
	游戏娱乐互动	21%	10%	10%	16%
	小区共享办公设备互联	10%	3%	3%	12%
操控类	家居电器灵智操控	30%	15%	14%	26%
	家居照明设备灵智操控	22%	10%	10%	26%
	通风遮光设备灵智操控	13%	4%	5%	16%
	家用电器电子设备灵智操控	12%	3%	3%	14%
感知类	生活情境模式智能感知	7%	2%	2%	12%
	生存环境智能感知	7%	2%	2%	14%
信息服务类	便民生活信息服务	2%	9%	8%	22%
	健康医疗信息服务	18%	5%	5%	29%

六、网络电视支持系统预先研究

（一）问题提出

1．近年，IPTV/OTT TV 迅速兴起。

2．IPTV/OTT TV 电视业务，强烈冲击国际电视市场：传统的广播电视用户越来越少，采用各种便携终端的交互电视用户越来越多。

3．IPTV/OTT TV 电视技术能够大幅度简化“三网融合”实施方案。

电视应用系统　数据应用系统　电话应用系统　物联网应用系统　应用系统
信息安全
数字家庭
互动电视服务平台　网络电视服务平台　计算机服务平台　手机服务平台　电话机服务平台　物联网服务平台　服务平台
网络安全
家庭网络
小区网络
网络平台
核心网络
UMTS
PSTN
CATV
Internet
B-ISDN

网络电视系统产业结构

（二）OTT TV 与 IPTV 概念

1．交互电视（Internet Protocol TV，IPTV）与互联网电视（Over The Top TV，OTT TV）至今没有统一规范。

2．OTT TV 与 IPTV 两者机理没有区别，都是采用统一 IP 格式的数据信号。

3．IPTV 传输采用特定电信运营商的专用封闭网络，OTT TV 传输采用任何电信运营商的公用开放互联网。

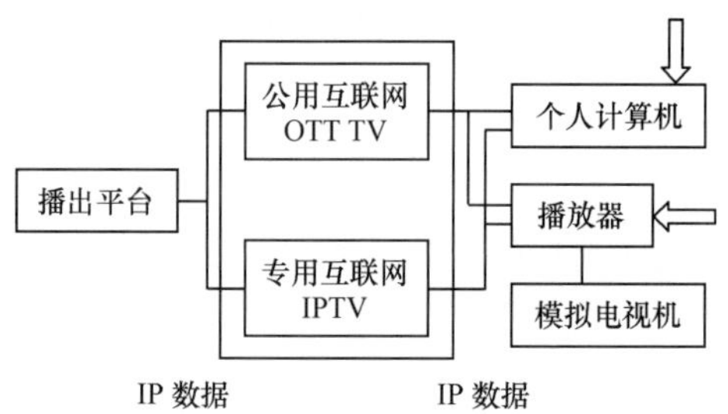

（三）网络电视支持系统研制课题考虑（2014 年至今）

由广电研究院牵头，河北广电网络公司、中电科 54 所、广联研究院等单位参加，准备研究关于网络电视系统的基本技术体制问题：

1. 关于运营的电信业务；
2. 关于广电网络总体结构；
3. 网络资源利用效率问题；
4. 关于电视信号传输质量指标；
5. 小区和家庭网络融合设计问题；
6. 关于三网融合问题；
7. 网络电视群信号传输保护问题；
8. 网络电视节目内容保护问题；
9. 统一网络电视接收播放器问题；
10. 关于家庭多终端实施版权管理。

（四）网络电视支持系统总体专题研究

1. 选播服务器配置在小区的总体方案专题研究。

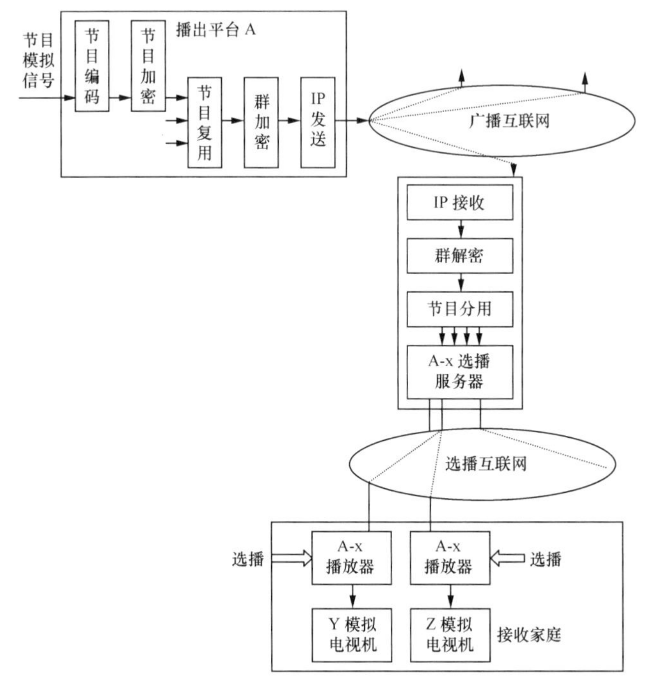

2．用户接收多家网络电视的代理服务器专题研究。

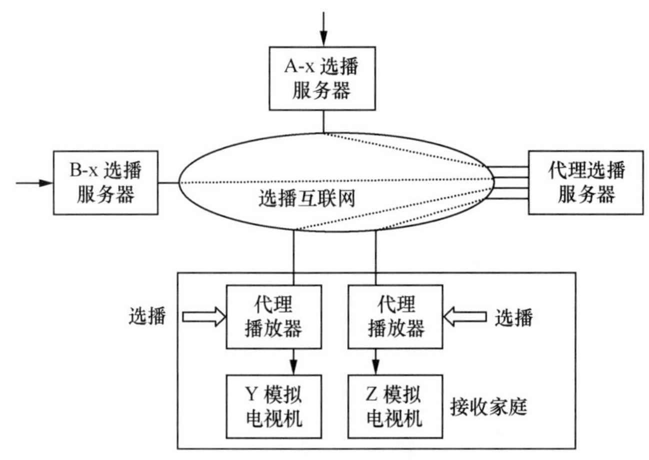

3．利用 CPK 实现多用户终端版权管理专题研究。

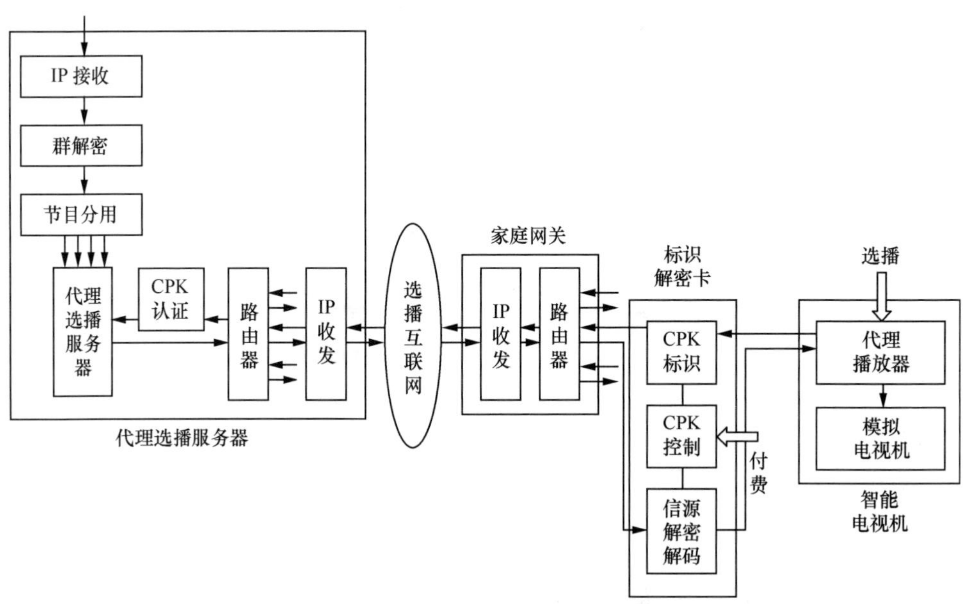

七、数字家庭系统集成和应用试点

（一）试点任务

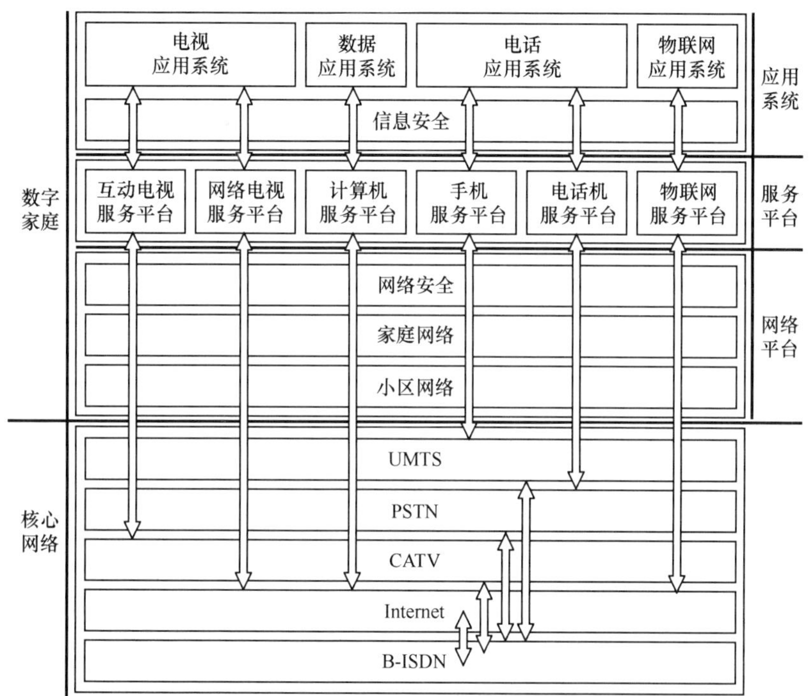

1．国家专项中 3 万户应用试点准备；

2．厦门市政府，数字家庭实验室系统建设；

3．国家基地，数字家庭展览馆体验系统建设。

（二）基本考虑

1．试点目的是为推广应用准备基本定型方案；

2．试点方案总体工程设计，必须达到目前国家先进水平；

3．试点系统的各个分系统或设备开放选型：目前国内技术先进、设备成熟和成本低廉的产品；

4．国家专项应用试点、国家基地系统和厦门系统，争取采用同样的基本方案。

（三）数字家庭应用试点总体框图

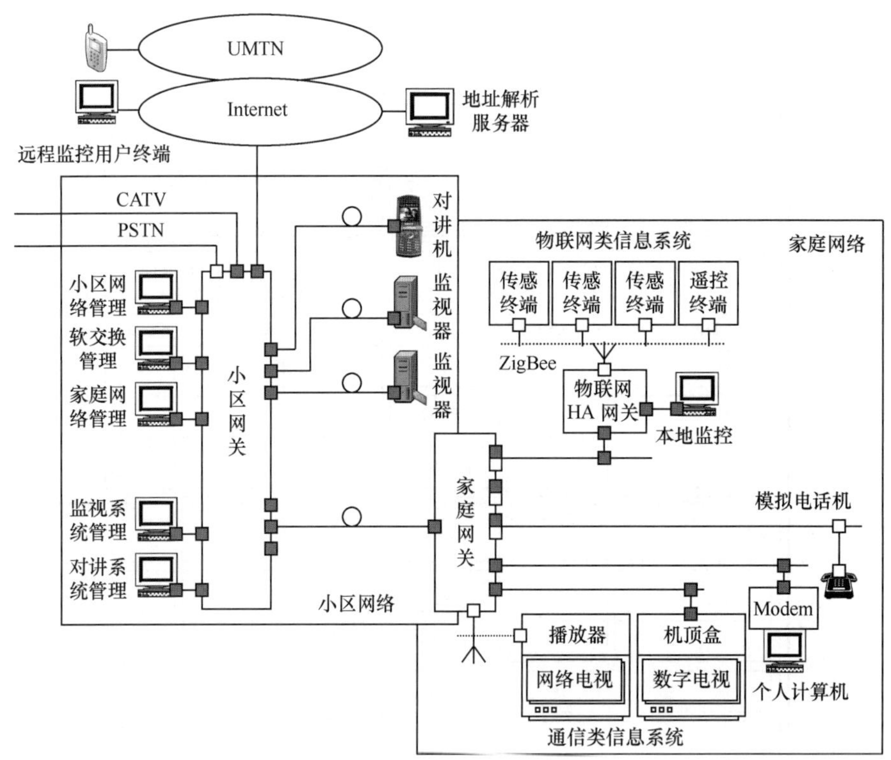

（四）数字家庭应用试点内容

1. 小区网络平台及其支持的典型应用系统

例如：小区可视对讲系统、小区视频监视系统。

2. 家庭网络平台及其支持的典型信息类应用系统

例如：电视机、计算机、电话机、视频终端支持的应用系统。

3. 家居物联网平台支持的典型物联网类应用系统

例如：遥测类应用系统、遥控类应用系统。

（五）小区和家庭网络支持的典型视频系统

例如：小区对讲机系、安防监视系统。

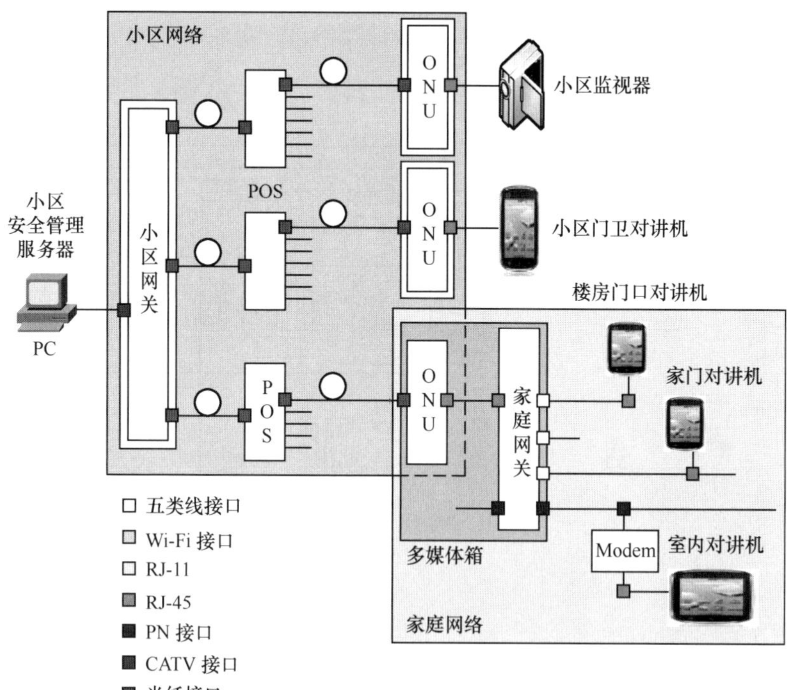

（六）家庭网络支持的通信类家居应用系统示例

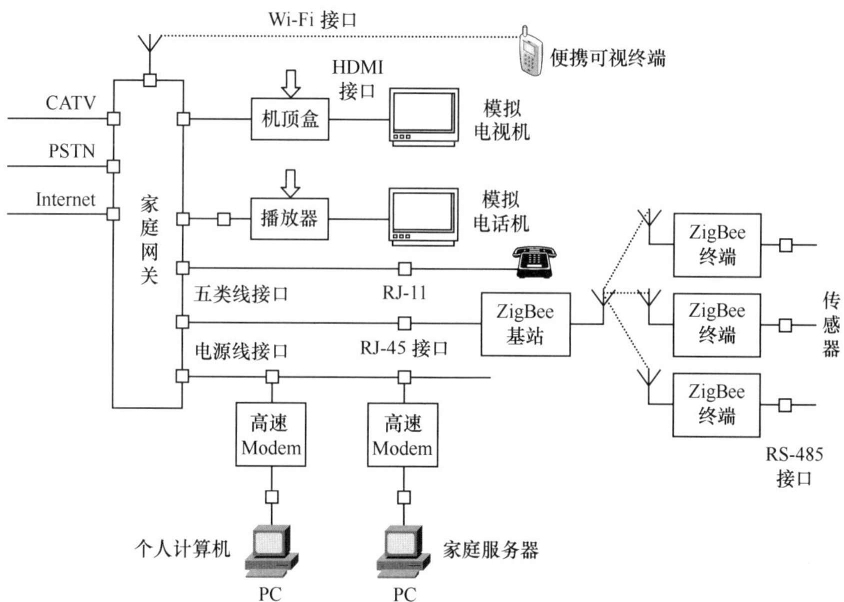

（七）公寓类数字家庭接入方案

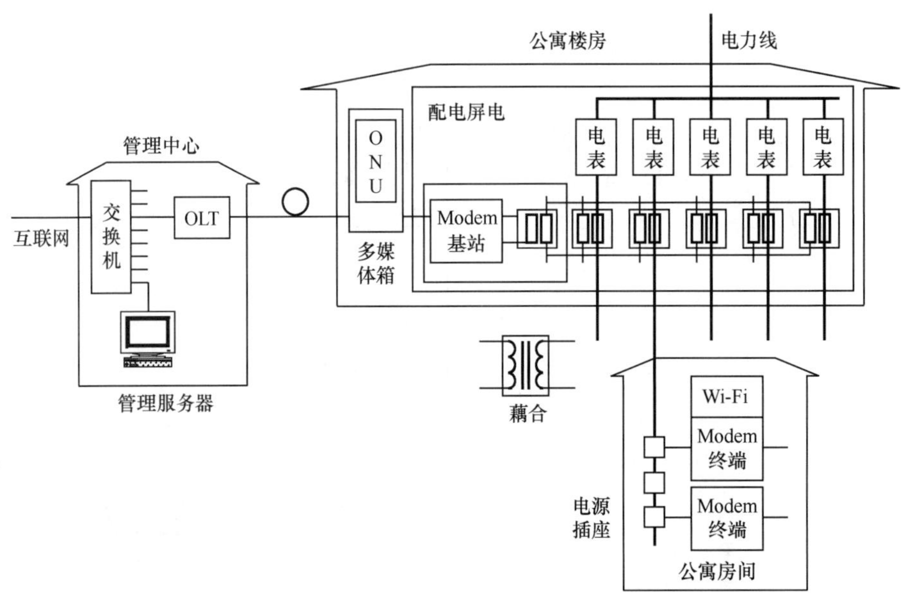

（八）家居物联网平台支持的典型物联网应用系统

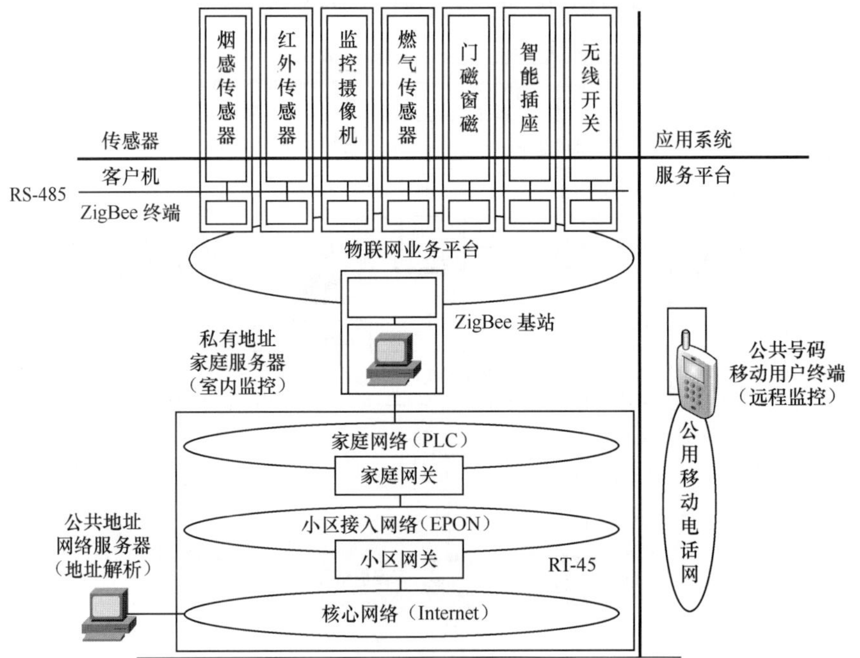

（九）客户机—服务器门禁系统

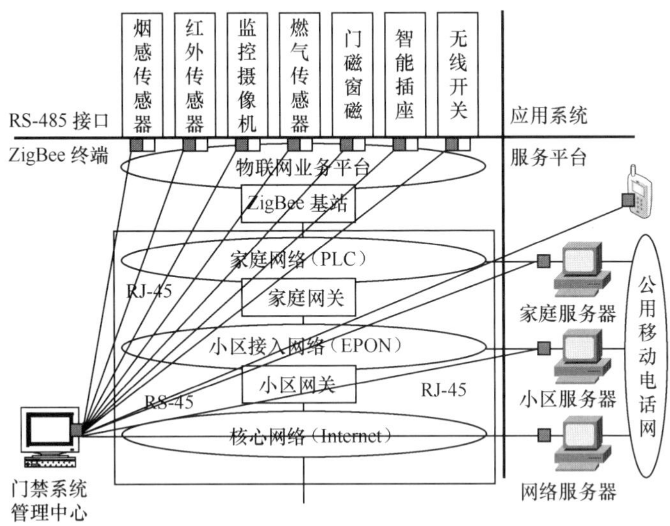

（十）卫星传输系统支持的数字家庭系统

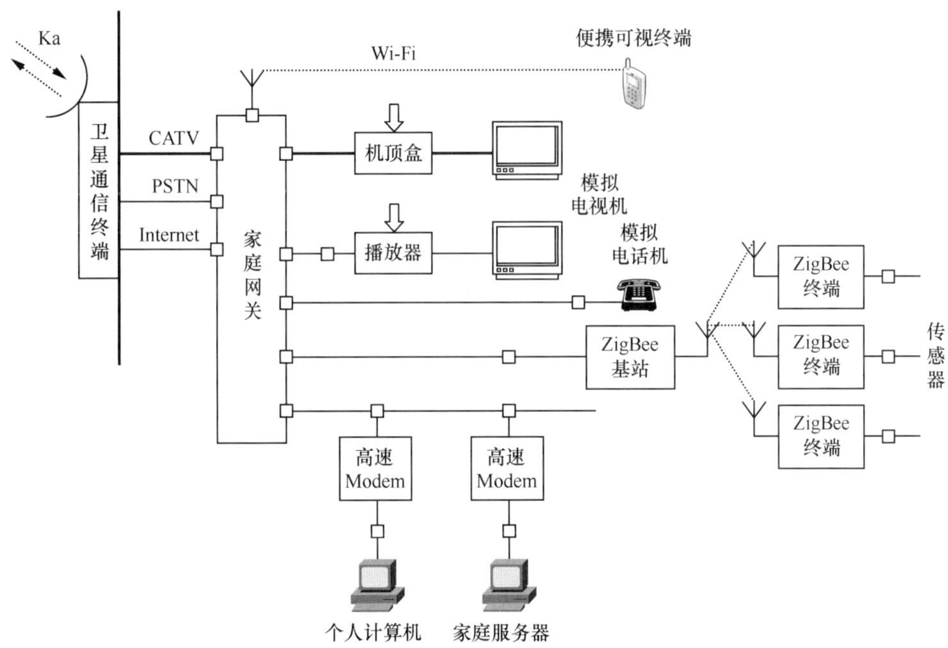

（十一）卫星传输系统支持的数字小区系统

如果限于支持网络电视、网络电话和互联网数据可以彻底实现“三网融合”，那么将大幅度简化卫星和家庭通信网络。

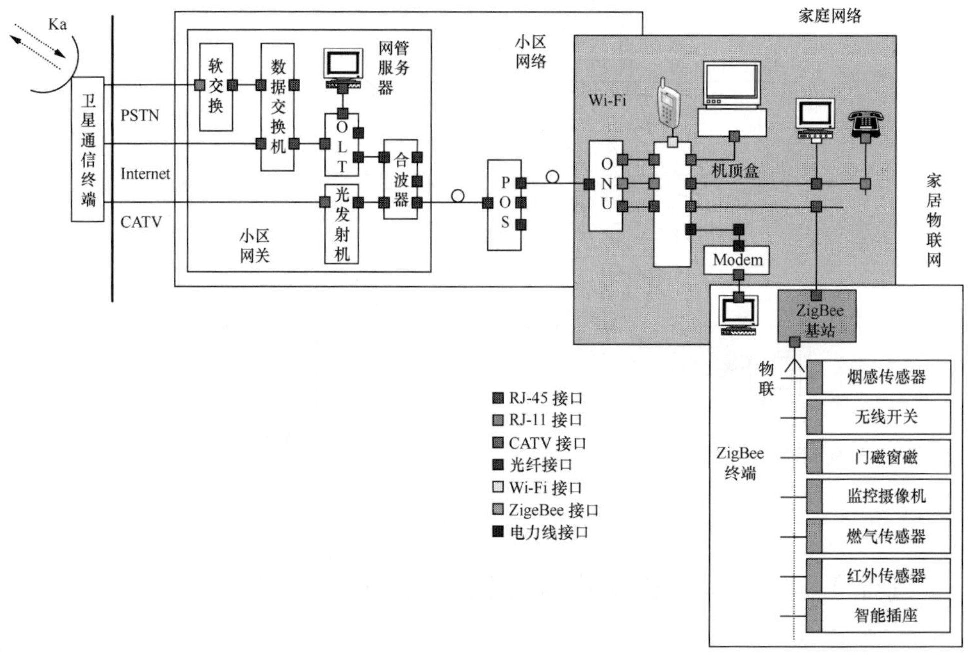

（十二）卫星传输控制基站与地面网络连接关系

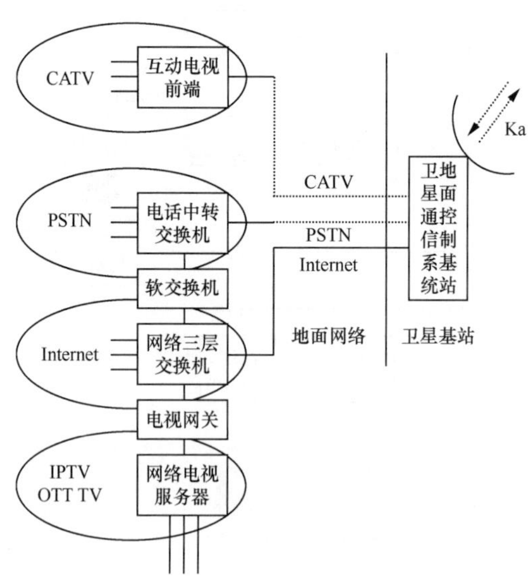

如果限于支持网络电视、网络电话和互联网数据，那么卫星基站与地面网络连接只需一条光缆。

（十三）家居物联网近期标准体系

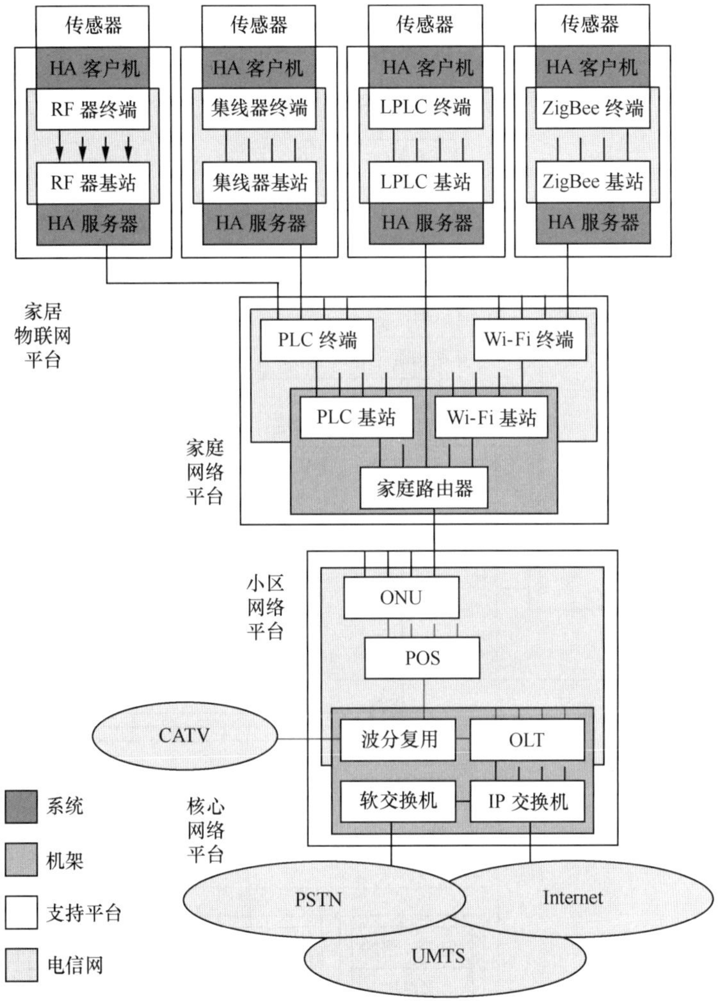

（十四）家居物联网远期标准体系

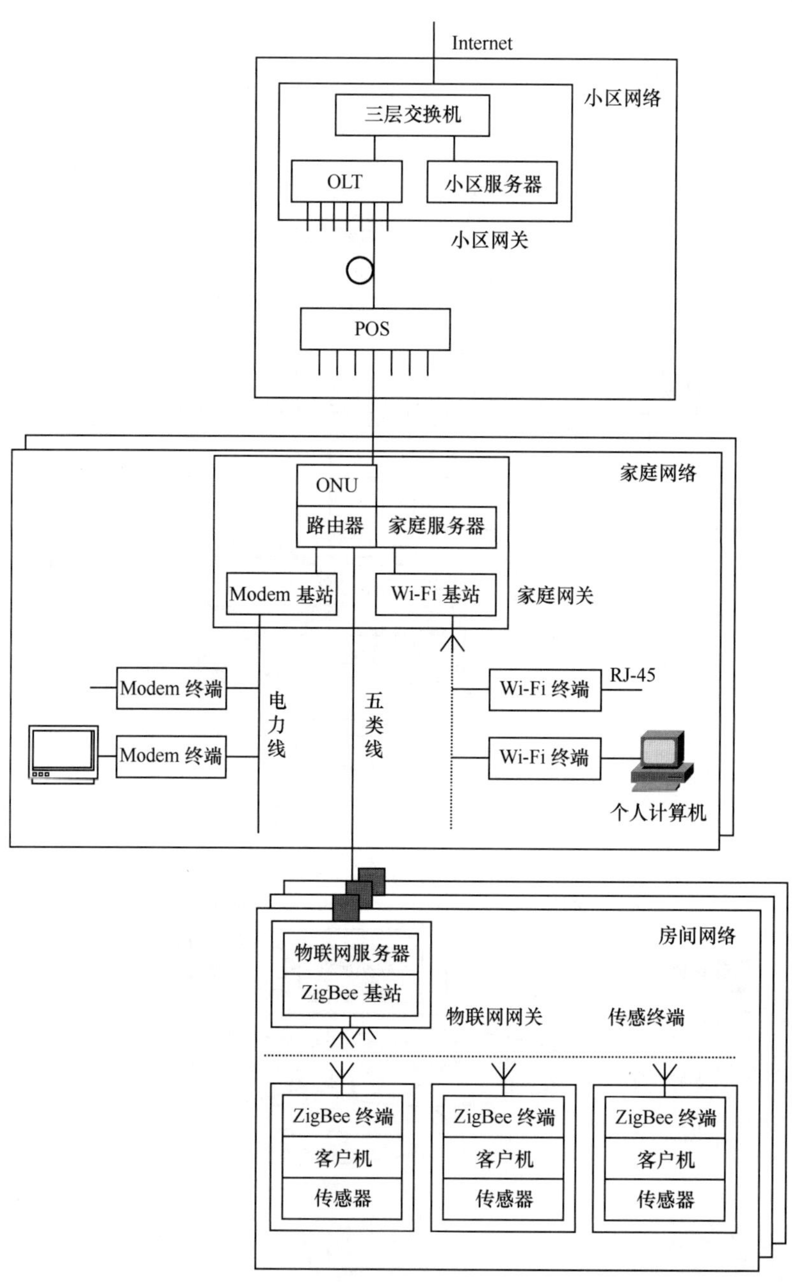

八、数字家庭典型应用领域

（一）数字家庭对于智能建筑的支持

1. 数字家庭对于家居信息系统的支持；
2. 数字家庭对于家居物联网的支持；
3. 数字家庭对于建筑电子的支持。

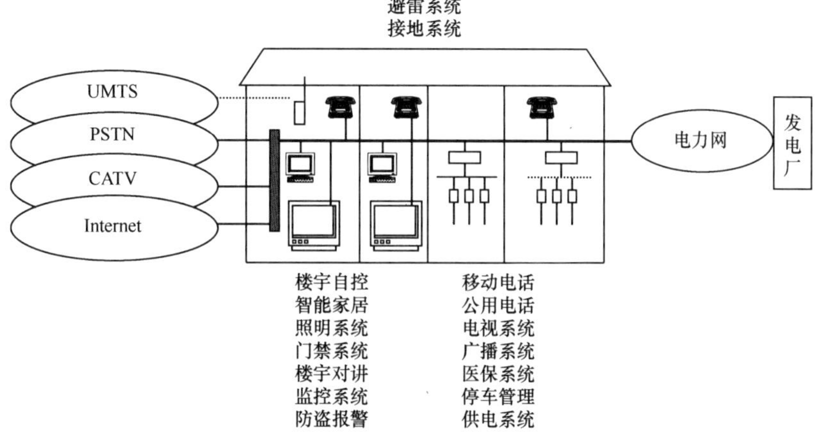

东莞松山湖高级住宅建筑电子器材统计表（600 户）

编号	名称	电子器材/整体建筑资费比例
1	避雷系统	0.0080%
2	接地系统	0.0051%
3	电源系统	0.0246%
4	电话系统	0.0000%
5	电视系统	0.0000%
6	门禁系统	0.0031%
7	可视对讲系统	0.0772%
8	智能家居系统	0.8908%
9	停车场系统	0.0480%
10	监控系统	0.0602%
11	背景音乐系统	0.0023%
12	LED 屏系统	0.0098%
	合计	1.5683%

4. 建筑电子的产业规模估计。用于建筑的电子和信息设备简称“建筑电子”。

（1）2010 年，广东省东莞市，建筑电子占建筑成本的 1.5%；同期国外占 5%，由此可见，建筑电子具有很大发展空间。

（2）2010 年上半年，建筑业总产值 34 193 亿元，按 1.5%计算，建筑电子年度产值超过 1000 亿元；由此可见，建筑电子是一个有巨大发展空间的市场。

（二）数字家庭对于智能电网的支持

1. 国家电监会的 2012 年研究课题

（1）远程抄表；

（2）电力负荷统计；

（3）电力经济调度；

（4）分布式能源系统。

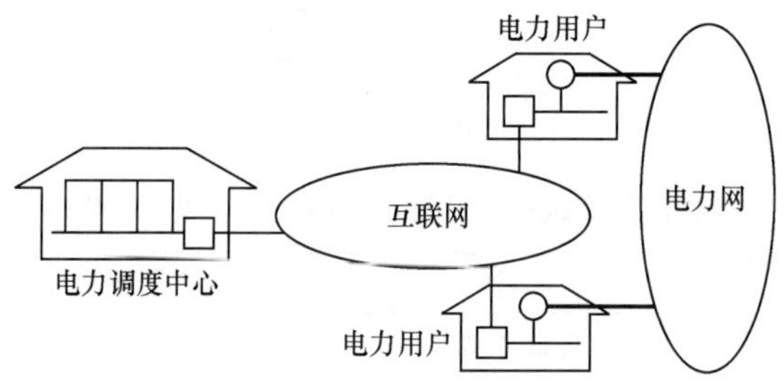

2. 国家电网 2012 年发展规划（与数字家庭有关部分）

从下表中可以看出，智能电网与数字家庭技术密切相关。

分类	一级标题	二级标题	编号
配电	分布式电源和微网控制、保护和接入	分布式供电系统及微电网电能质量治理装置	61
用电	智能用电小区	智能用电小区电能服务系统	73
		居民用电交互终端	74
		家用分布式电源及储能管理系统	75
		智能插座	76
		智能家电	77

续表

分类	一级标题	二级标题	编号
用电	智能用电检测	装备便携式智能用电交互终端维护仪	78
		高级计量管理系统	79
		智能用电技术检测设备	80
	智能营业厅	用户电能服务系统	81
		自助用电服务终端及系统	82
	电动汽车充放电	电动汽车充放电设备	86
		电动汽车充放电管理系统	87
用电	智能大户服务	客户侧分布式电源及储能管理系统	88
		大用户交互终端	89
		智能楼宇用能服务系统	90
		大用户智能需求侧管理系统	91
	用电信息采集	用电信息采集专用芯片	92
		用电信息采集终端设备	93
		用电信息采集系统主站软件	94
		智能电能表	95
通信	通信支撑网和优化	统一电力通信网管系统	120
	配电和用电环境通信网建设	智能家电网络通信设备	122
		配用电一体化通信设备	125
		低压载波通信设备	126
		电力无线宽带通信网	128

（三）数字家庭对于智慧城市的支持

1. 智慧城市

智慧城市是一种具有综合性、整体性的区域信息化发展过程的模式。

2. 现实的“智慧”

现实的“智慧”为城市运行和资源配置提供智能控制；为政府和公共服务提供智慧决策；为企业和个人提供智能信息。

3. 实现“智慧”的基础

实现“智慧”需建设广泛覆盖和深度互联的信息基础设施；支持信息共享、智能处理和开放应用的信息应用系统，即**建设日益完善的信息**

系统。

4. 智慧城市的特征

有人把“支持智慧城市的信息系统的主要特征”，简称“智慧城市的5个特征”：

—广泛覆盖；

—深度互联；

—信息共享；

—智能处理；

—开放应用。

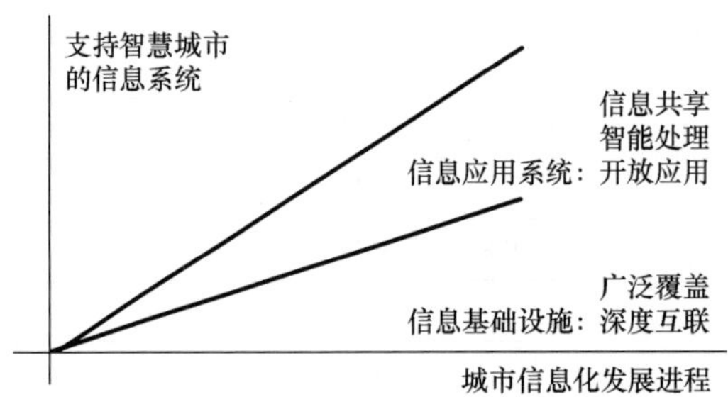

5. 智慧城市的产业结构

(1) 国民经济信息化是一个持续发展过程，不断向深度和广度发展。

(2) 信息化向深度发展，例如，在公用信息基础设施之上，叠加各种专用信息基础设施。

(3) 信息化向广度发展，例如，从核心网，通过接入网，向家庭网络扩展；从核心城市，通过农村向边远地区发展。

(4) 数字家庭是智慧城市的基础组成部分。

智慧城市产业结构：因深入，而扩展。

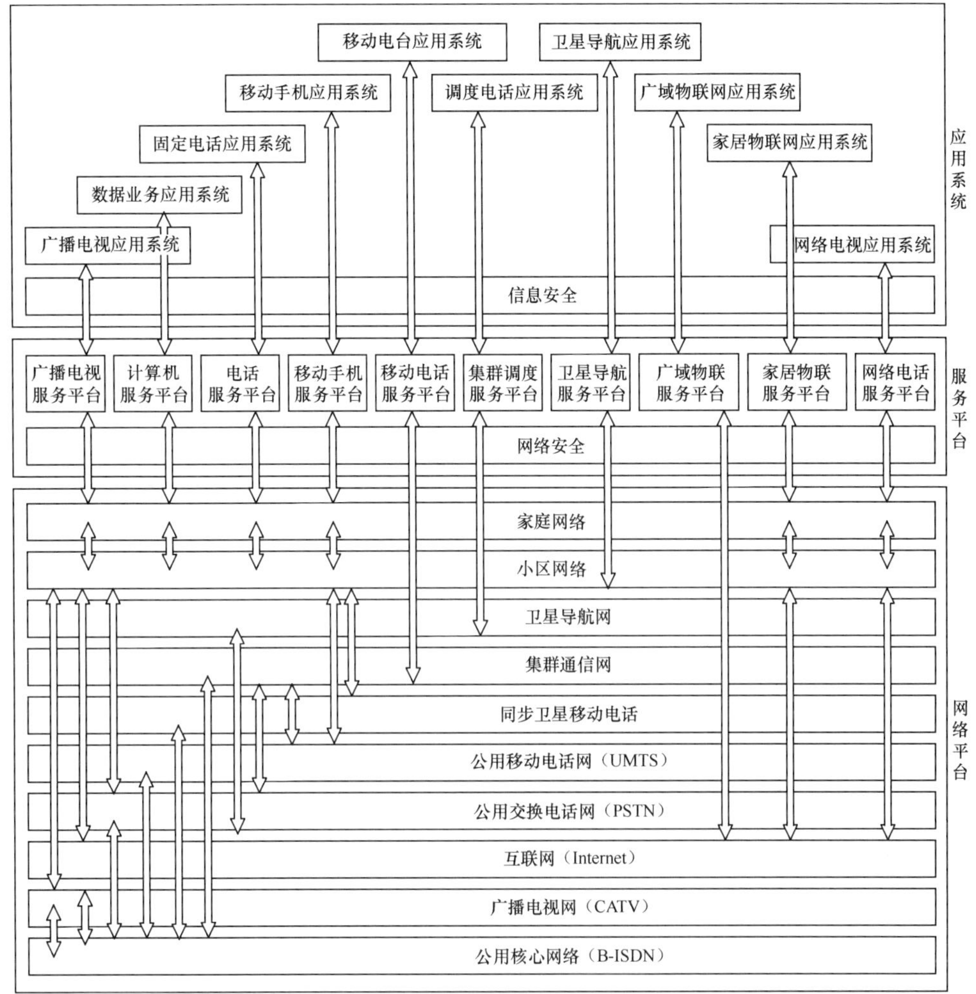

（四）数字家庭对于信息消费的支持

1. 信息消费的概念

信息消费是以信息产品和信息服务为对象的消费活动。

2. 信息消费产业

信息消费的支持基础是多种多样的信息系统。信息系统支持信息消费构成了信息消费产业。

3. 信息消费涉及领域

信息消费涉及生产、生活、管理等各个消费领域。

4. 信息消费分类

（1）信息产品消费

—电信网络设施消费；

—用户信息终端消费；

—物联网系统设备消费。

（2）信息服务消费

—通信类信息服务消费；

—物联网类信息服务消费。

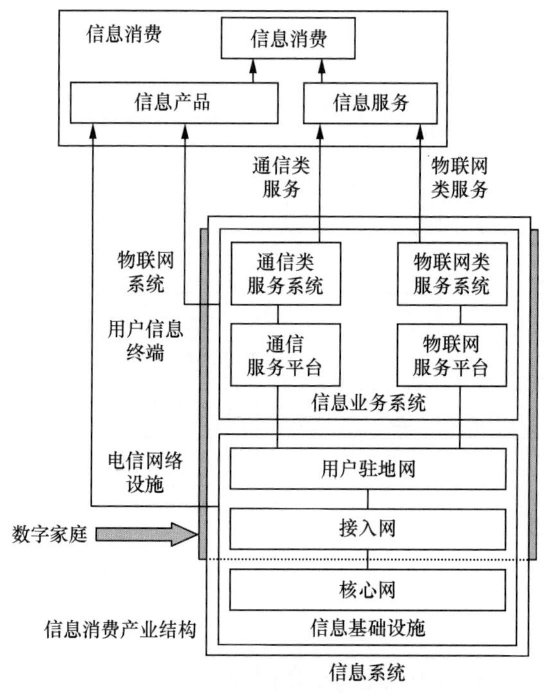

5. 数字家庭在消费产业中的位置

在民生领域中，数字家庭是支持信息消费的基础。

结语

（一）国家数字家庭产业链悄然形成

1. 国家大政方针为数字家庭开辟了广阔应用领域；

2. 国家为数字家庭产业提供了良好的政策环境；
3. 国内外服务运营商发现了争取用户的重要性；
4. 房地产集团感受到了丰厚的效益；
5. 各类电器公司找到了新的产业切入点；
6. 各类研发单位看到了新的研究发展空间；
7. 地方政府表明了他们的机遇和位置。

这些因素集合，促使我国数字家庭产业链悄然形成。

（二）机遇和挑战

几十年来，我国信息产业起起落落。国家曾经从各个角度来促进其发展，例如电子政务、数字家庭、物联网、智慧城市、信息消费等。

国家 2013 年 8 月 8 日发布了《国务院关于促进信息消费扩大内需的若干意见》；2013 年 9 月 30 日工信部发布了《十个物联网发展专项行动计划》，这些无疑是信息产业发展的难得机遇，同时也是严峻的挑战。

信息消费与数字家庭（2014 年）

2013 年 8 月 8 日国务院发布了国发〔2013〕32 号文：《国务院关于促进信息消费扩大内需的若干意见》（以下简称《文件》）。这个文件立即得到了全国的普遍关注。

本文从电信技术角度谈谈我对于其中几个技术问题的理解。

一、关于总体要求

（一）信息消费概念

32 号文发布之后，网上立即出现了很多解释文件，使得信息消费的基本概念很快得以澄清：

1．信息消费是以信息产品和信息服务为对象的消费活动；

2．信息消费的支持基础是多种多样的信息系统；

3．信息消费产业是信息系统支持信息消费构成了信息消费产业。

（二）信息消费产业结构

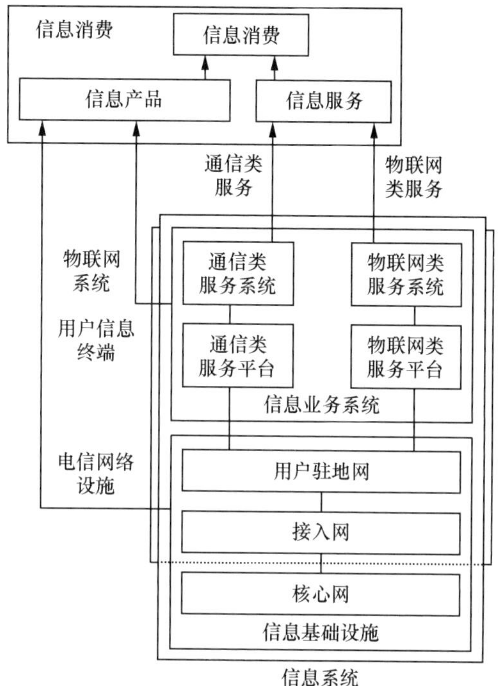

信息消费产业结构

1. 信息消费

（1）信息产品消费分为信息基础设施和用户终端。

（2）信息服务消费分为通信类服务和物联网类服务。

2. 信息基础设施

（1）电信网络平台分为核心网、接入网、用户驻地网。

（2）信息服务平台分为通信服务平台和物联网服务平台。

3. 信息服务系统

（1）通信类服务系统。

（2）物联网类服务系统。

（三）信息消费发展的主要目标

1. 总体目标：信息消费规模快速增长；信息基础设施显著改善；信息消费市场健康活跃。

2．具体目标："十二五"后3年，我国信息消费规模年均增长20%以上；到2015年，我国信息消费规模将超过3.2万亿元。

（四）如何保障实现主要目标?

工业和信息化部苗部长做了简明概述：

1．针对信息消费市场不规范，营造激励信息消费的政策环境；

2．针对信息基础设施建设落后，支持加快提升信息基础设施；

3．针对数字内容产业发展滞后，支持积极开发信息应用系统。

二、关于加快信息基础设施演进升级

（一）对于"宽带中国"战略的看法

"宽带中国"战略特别突出推进光纤入户：到2015年，城市家庭宽带接入能力基本达到20Mbit/s；部分城市达到100Mbit/s；农村家庭宽带接入能力达到4Mbit/s。

1．宽带接入是提升信息基础设施的重要举措；

2．宽带接入不能代表提升信息基础设施的全部内涵；

3．无源光网络技术已经成熟，光纤到户已经成为标准；

4．提高宽带接入仅仅是一个工程建设问题。

（二）关于全面推进三网融合

1．我国现实"三网融合"包括两种含义不同的概念：三网运营融合和三网技术融合。

2．《文件》重点说的是三网运营融合，目标是建立运营竞争机制。因为不解决运营机制问题，无法解决因垄断运营而引入的任何弊端。

3．三网技术融合概念：国际核心网的网络融合问题1996年已经解决。现实中国的"三网技术融合"是指，在接入网和用户驻地网环境中，综合利用 PSTN、CATV、Internet 三类技术体系的潜在效能，以期最大限度地简化电信网络。

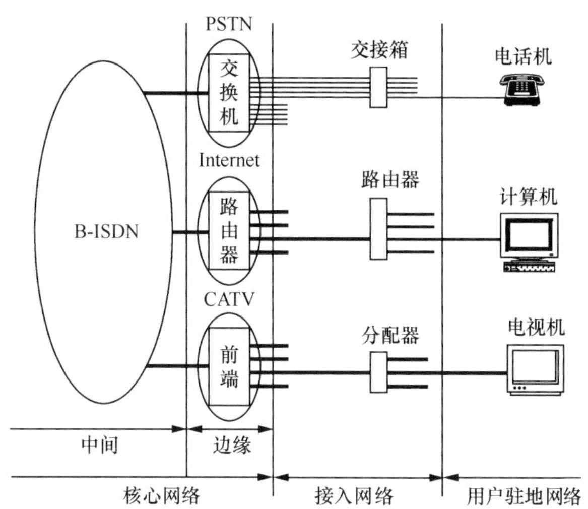

4. 三网技术融合进展，目前三网技术融合的实现技术已经成熟，但推广应用需要时间。

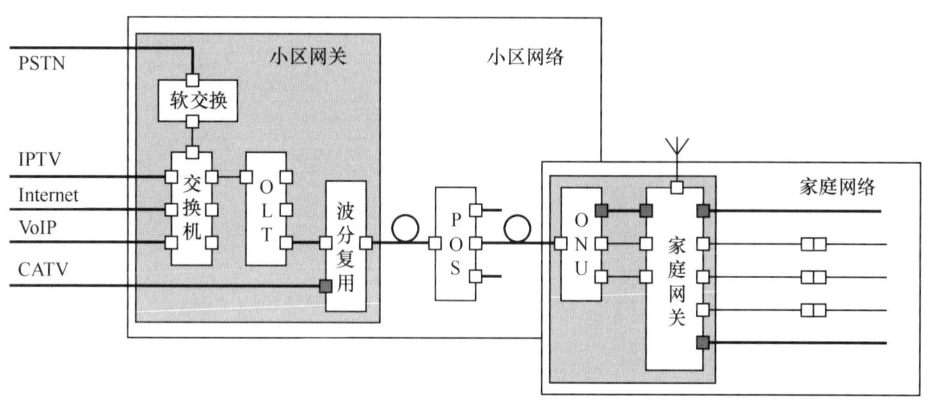

（三）信息基础设施与信息服务系统的关系

1. 问题：拥挤信息服务系统；忽视信息基础设施。

2. 关系：信息基础设施多层次；信息服务系统多领域。例如，北斗定位网络、同步卫星移动通信系统。

3. 关键：处理好这种关系，是推进信息消费的关键。

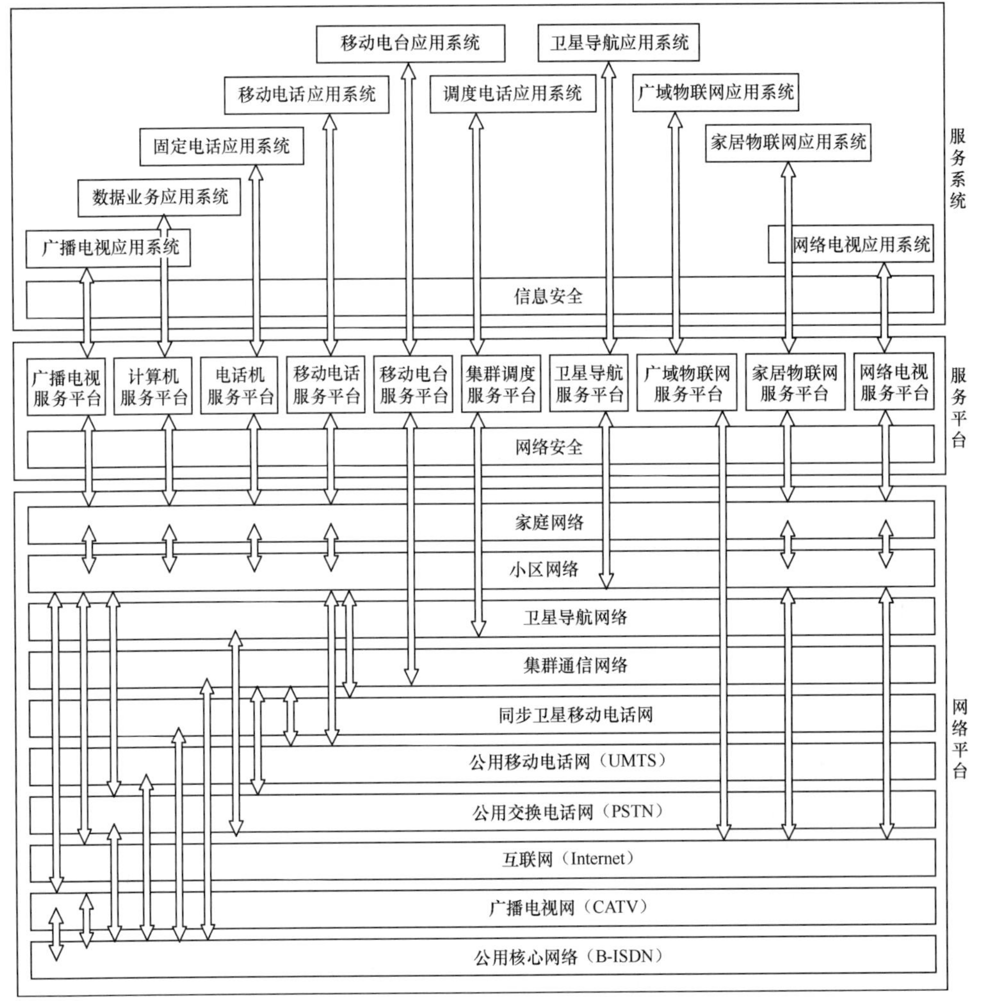

三、关于增强信息产品供给能力

《文件》专门提到支持数字家庭智能终端的研发及产业化；大力推进数字家庭示范应用和数字家庭产业基地建设。

（一）数字家庭概念

数字家庭是 2005 年提出的概念。从狭义上理解：数字家庭是利用数字技术装备家庭；从广义上理解：数字家庭是利用数字技术装备人类活动的基本空间。城市是人类活动空间的集合，所以，数字家庭是数字城市的基本结构。

（二）数字家庭研究内容

1. **三类网络平台**：小区网络平台、家庭网络平台、家居物联网平台。

2. **两类应用系统**：通信类信息系统、物联网类信息系统。

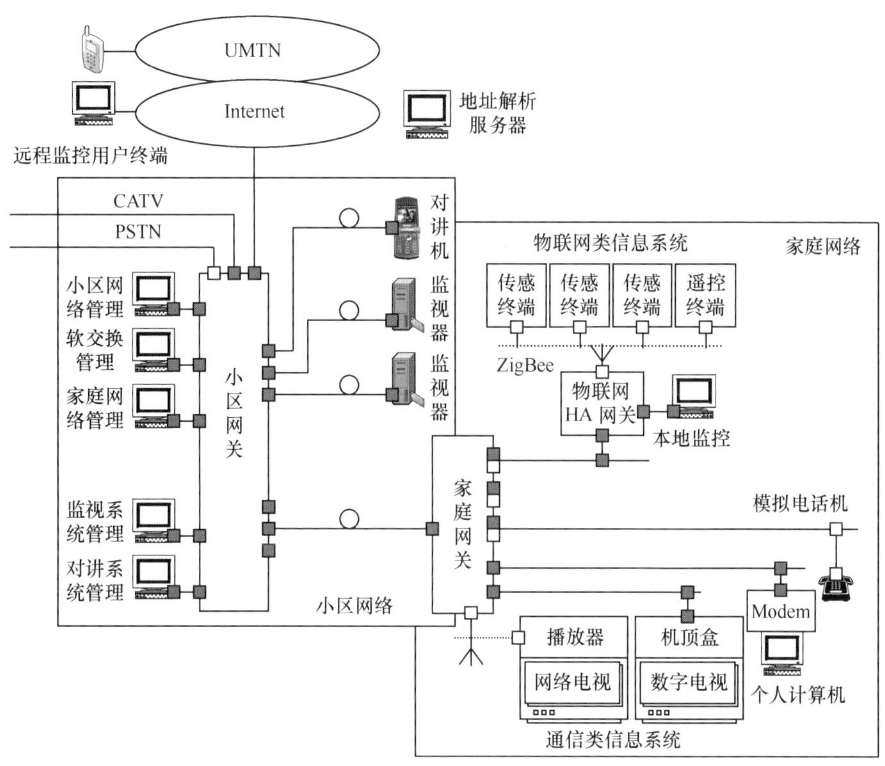

（三）数字家庭在信息消费产业结构中的位置

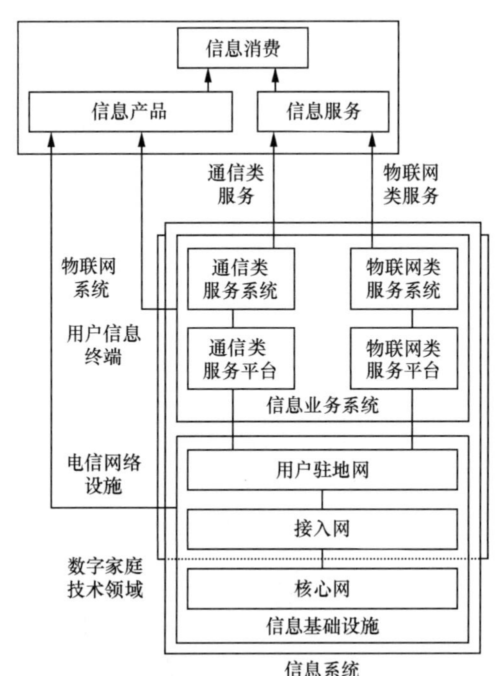

（四）数字家庭近期应用

把成熟的通信类信息服务系统平移到小区和家庭网络平台上来。例如，小区可视对讲、小区安防、小区照明控制、小区管理便民服务、家居环境监测、家居安防、家居水电气监测、家居电器操控、家居照明操控、家居通风遮光操控、网络购物、电子邮件、信息查询与浏览、短消息和微信、网络聊天、游戏娱乐、撰写微博、远程教育、健康医疗信息服务等。

（五）数字家庭远期发展趋势

研发和试用家居物联网平台及其支持的家居物联网应用系统。

1. 家居物联网平台：适应不同环境的多种集线平台。

2. 物联网应用系统：支持不同功能的“客户机—服务器系统”。例如，监控类应用系统、监测类应用系统、互动类应用系统、操控类应用系统、感知类应用系统、信息服务类应用系统。

四、关于培育信息消费需求

《文件》中专门提到，开展物联网重大应用示范。

（一）物联网概念

1. 信息系统可以按应用分类

（1）用于人与人之间的信息系统，称为通信系统；

（2）用于人与物之间的信息系统，称为遥控系统；

（3）用于物与人之间的信息系统，称为遥测系统；

（4）用于物与物之间的信息系统，称为物联网。

2. 习惯分类

把与人相关的信息系统，统称为通信类信息系统；把与物相关的信息系统，统称为物联网类信息系统。可见，通信类信息系统与物联网类信息系统之间存在模糊地带。

（二）家居物联网的体系结构

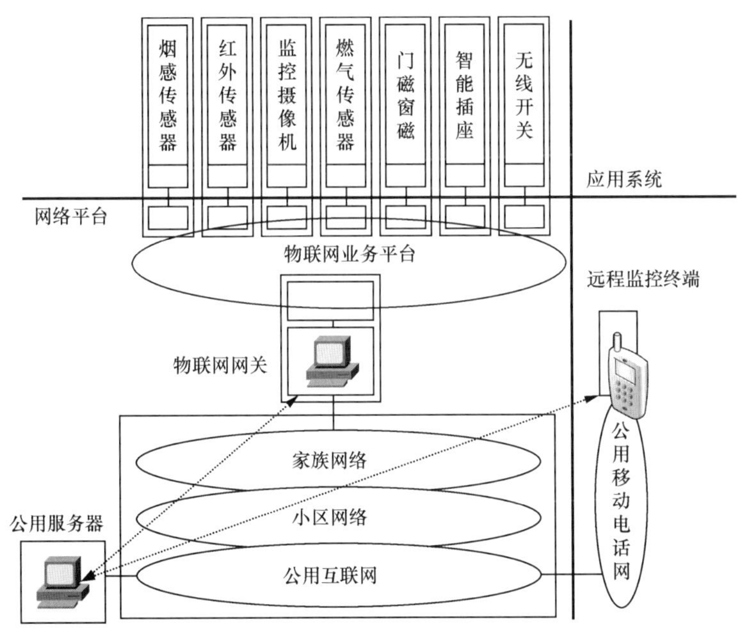

（三）物联网服务器门禁系统

基于组合公钥（CPK）的标识认证系统。

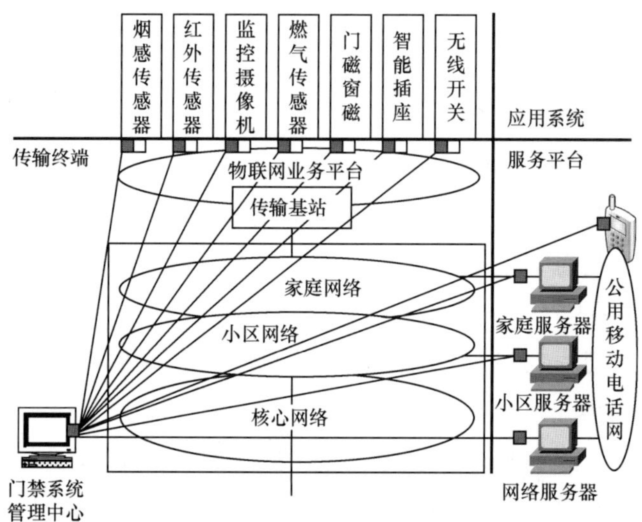

（四）我国物联网产业定位

物联网是我国战略性新兴产业的重要组成部分。2013 年 2 月 5 日发布了《国务院关于推进物联网有序健康发展的指导意见》；2013 年 9 月 20 日发布了《物联网发展专项行动计划》，其中包括：

1．顶层设计专项行动计划；

2．标准制定专项行动计划；

3．技术研发专项行动计划；

4．应用推广专项行动计划；

5．产业支撑专项行动计划；

6．商业模式专项行动计划；

7．安全保障专项行动计划；

8．政府扶持措施专项行动计划；

9．法律法规保障专项行动计划；

10．人才培养专项行动计划。

（五）物联网发展问题

1．目前，物联网具有广泛的应用领域和使用价值。然而，物联网的具体选题，却遇到了普遍困难。

2．其实不难理解，物联网是国民经济发展过程的产物，因而，物联网推广应用必然受到经济基础的限制。而国民经济各个领域发展很不平衡，有的领域成功应用，而有的领域未必实现。

3．毫无疑问，物联网具有无限光明的发展前景，但是，物联网作为国民经济的组成部分，只能伴随国民经济的发展而发展。

五、关于提升公共服务信息化水平

《文件》专门提到，加快智慧城市建设。在有条件的城市开展智慧城市试点示范建设；鼓励各类市场主体共同参与智慧城市建设。

（一）提出智慧城市问题的背景

信息化过程：信息化的直接表现为智能；信息化发展过程：从特定领域向综合领域扩展；智能的综合称为智慧；城市的综合信息化发展过程——智慧城市。

（二）关于智慧城市概念

如果仅仅强调“智慧”，智慧城市可以定义为：一种具有综合性、整体性、区域信息化发展的过程。

这时，智慧城市的 5 个特征可以归纳为：广泛覆盖、深度互联、信息共享、智能处理、开放应用。其实，这是信息化的基本特征。信息基础设施的发展特征：广泛覆盖和深度互联；应用系统的发展特征：信息共享、智能处理和开放应用。

（三）关于智慧城市的发展过程

国民经济信息化是一个建设过程。智慧城市是城市信息化发展过程的产物，它有一个适应和提高的过程。例如，高速公路收费站现在并列

3 种收费方式，人工收费：司机交钱，收费员数钱，然后放行；刷卡：司机交卡，收费员刷卡，这就“智慧”多了；ETC：不停车自动刷卡，这就更具有“智慧”了。如果不减速自动刷卡，就更令人感叹了！

六、关于加强信息消费环境建设

《文件》多处提到“信息安全”问题，以及大力推进身份认证等网络信任服务。

（一）信息领域中的“安全”概念

众所周知，ITU 关于“电信”的定义：电信是利用电磁方法传递承载消息的信号。其中，电磁相当于道路；信号相当于车辆；消息相当于货物。保护货物——保护信息，称为“信息安全”；保护道路和车辆——保护网络，称为“网络安全”。2002 年解决“法轮功插播和电话骚扰”问题时，已经澄清，信息安全与网络安全不是一回事，它们分属不同专业，各有各的任务。我不清楚，《文件》为什么未明确讨论网络安全问题呢？

（二）关于构建安全可信的信息消费环境基础

现实的问题：传统电话都隐藏和虚构主叫号码，更不要说互联网短信骚扰和欺诈了。试问：这是谁的过错？应当谁来管？应当如何管？

这究竟是信息安全问题，还是网络安全问题？与美国总统信息技术咨询委员会 2005 年发布的《网络安全——急中之急》报告比较，作为一个大国的国家大政方针，关于国家网络安全，值得深入研究。

（三）网络安全的“破题之笔”

2014 年 2 月 27 日习主席主持了“中央网络安全和信息化领导小组”成立会议。

1.《文件》第一次正式提出“网络安全”问题，讨论 12 年的“网络安全”问题，最终得出结论。

2.《文件》第一次把“网络安全”放在“信息化”前面。如果说，没有网络安全，就没有国家安全；没有信息化，就没有现代化，那么，没有国家安全，谈什么现代化。

3. 国家主席担任中央网络安全和信息化领导小组组长，网络安全“九龙治水”的管理格局即将结束。可以说，建设“网络强国”的动员令事实上已经发布。

结语

（一）基本理解

我基于电信网络知识，对于《文件》中的几个技术问题表达了看法。针对信息基础设施建设落后情况，国家提出了“宽带中国”策略，令人鼓舞，我已经感受到了其强大的推动作用。针对信息消费市场不规范，国家也采取了一些措施。例如，清除伪基站。由此看来，认识问题不易；解决问题更不易。

（二）国家行为

这些年来，国家曾经从各个角度来推动信息产业，如电子政务、物联网、智慧城市、信息消费等。

（三）机遇和挑战

2013 年国家发布了《国务院关于促进信息消费扩大内需的若干意见》《物联网发展专项行动计划》；2014 年年初习主席主持了“中央网络安全和信息化领导小组”成立会议，这无疑是信息产业发展的难得机遇和严峻挑战。

注：本文为 2014 年在阿尔山市科技交流研讨会上的主题报告。

信息化建设问题讨论（2015 年）

一、我国信息化的现实问题

目前，我国信息化发达地区普遍提出，现存信息基础设施如何整顿的问题。

（一）国民经济信息化

1．国民经济信息化就是在国民经济各个领域推广应用信息系统的过程。

2．国民经济信息化对于国民经济发展的贡献日渐显著。已经成为先进国家的基本国策。

3．所以，没有信息化就没有现代化。

（二）信息化初期建设的共同点

信息化初期建设的共同点是，提出一种应用业务，就建设一种网络。例如，支持电话业务，建设 PSTN；支持电视业务，建设 CATV；支持数据业务，建设 Internet。

信息化初期以信息应用系统为纲。电信网络建设服从信息应用业务。全世界都是如此，我国也是如此，这是信息化发展过程的普遍现象。

（三）信息化进程中的共同问题

1．*以应用系统为纲引入的社会问题*

应用业务层出不穷；专用网络越来越多；重复建设而不能充分利用；管理与维护人员越来越多；协同发展越来越复杂困难；成本越来越不堪

重负。

2. 现行管理体制使得社会问题复杂化

中央政出多门，陆续提出物联网、信息消费、智慧城市等。省市也政出多门，陆续提出流动人口管理、安防管理、猪肉管理等。地方信息化如何应对？

（四）信息化进程

从应用系统为纲向信息基础设施为纲转化，已经成为现实问题。20 世纪 90 年代国际提出了三网融合问题；近年我国几度提出互联网整治和利用问题；一些信息化先进地区提出整治网络问题。这些都体现了这种转化的进程。

二、信息系统结构

为了讨论以应用系统为纲向以信息基础设施为纲转化，必须澄清信息系统结构。

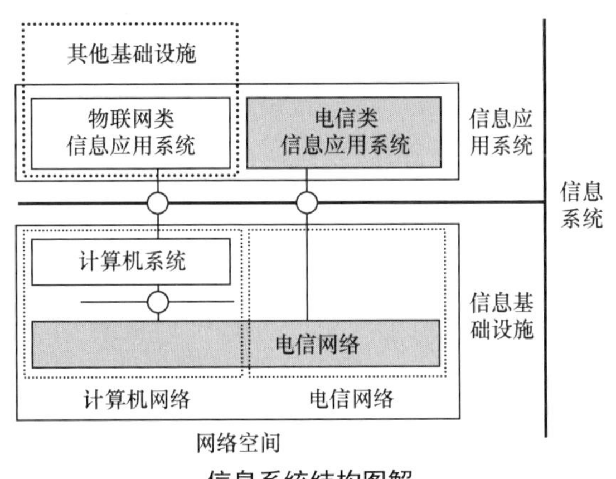

信息系统结构图解

（一）信息系统

信息系统由信息基础设施和信息应用系统组成。

（二）信息基础设施

信息基础设施是各类信息系统的共同基础。它由电信网络和计算机系统组成。依结构不同，信息基础设施分为两类：

1. 第一类信息基础设施由电信网络构成，简称电信网络；

2. 第二类信息基础设施由电信网络和计算机系统构成，简称计算机网络。

（三）信息应用系统

信息应用系统是各种信息系统的应用部分，大致分为两类：

1. 电信类信息应用系统与人直接相关；

2. 物联网类信息应用系统与物直接相关。

物联网类信息应用系统通常是其他基础设施的组成部分，所以，信息基础设施同时支持着其他基础设施。

（四）两类不同的信息设施

1. 信息基础设施属于国家的基础设施，要求高度标准化，保障高度安全，必须政府管控。

2. 应用系统发展和淘汰都相当迅速，盈利模式明确，适于企业家建设运营。

（五）信息基础设施拓扑图

1. 信息基础设施拓扑图分为 3 个部分：核心网络、接入网络、用户驻地网络。

2. 国家现行政策：鼓励地方和企业参加信息系统建设运营。首先是接入网络和用户驻地网；其次是核心网。

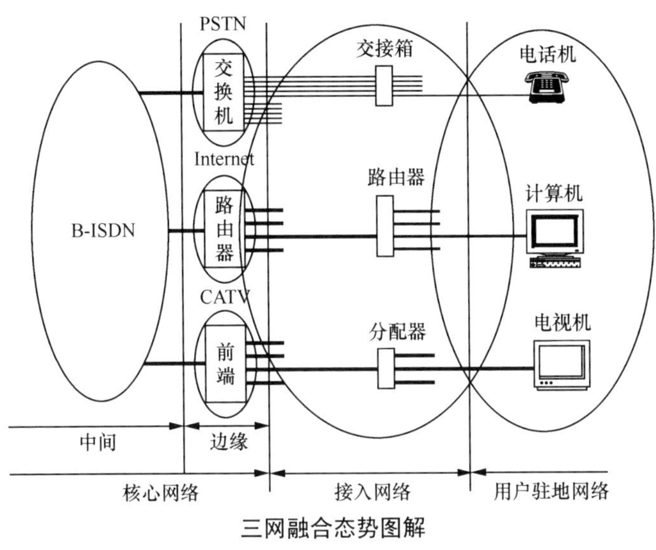

三网融合态势图解

（六）信息化的过渡过程

1. 从信息应用系统为纲到信息基础设施为纲，是国民经济信息化的发展过渡过程。

2. 必须适时进行这种过渡，过早，人们难以接受；过迟，将付出更大代价。

三、信息基础设施建设内容

信息基础设施有很多建设内容：有哪些基本问题需要澄清？哪些工作必须国家来做？哪些工作地方可为？

（一）电信网络的三网融合问题

1. 我国的三网运营融合问题是国家对于各个国营电信公司的授权问题，是中央政府通过改革正在解决的问题。

2. 国际核心网的三网技术融合问题 1996 年已经解决了；我国接入网与用户驻地网三网技术融合问题，近年已经解决。

3. 三网技术融合实施存在国家层面问题。工信部公布了光纤到户的国家标准；国家广电总局提出“光进铜不退”政策。如果网络电视业务开放，三网技术融合实施问题将彻底解决。如果网络电视业务不开放，主管部门又不尽快公布大政方针，基层建设必然各走各的路。

（二）网络安全问题

1．两类不同的安全概念：电信是利用电磁方法传递承载信息的信号。保护信息（货物）安全是“信息安全”；保护电磁传递和信号（道路和车辆）安全是“网络安全”。

2．信息基础设施只涉及电磁传递和信号，所以只存在网络安全问题；信息应用系统只涉及信息，所以只存在信息安全问题。信息系统包括信息基础设施和信息应用系统，所以，同时存在网络安全和信息安全问题。

3．解决互联网的网络安全问题是国家的任务。联网是机理高度开放的电信网络。国际主流的看法是把现实互联网改造成为“可控互联网”，改造技术已经成熟。

4．地方信息化中，如何解决网络安全问题，只能在实现互联网的基础上尽力而为。例如，尽可能应用成熟的防火墙等设施，尽可能应用服务器门禁系统等设施。

（三）家居网络平台技术已经成熟

家居的广义概念：人类活动基本空间包括家庭、车辆、办公室、车间、教室、仓库等。从信息化角度来看，在人类活动基本空间中，遇到的问题和解决问题的方法都是类似的。

狭义家居网络平台包括小区网络、家居网络和家居物联网平台。

（四）信息应用系统与信息基础设施的关系

信息基础设施支持着信息应用系统，它们之间存在“根深叶茂”的关系。随着电信网络层次增加，会出现更多信息服务平台，进而能够支持更多的信息应用系统。正确处理信息应用系统与信息基础设施的关系是信息化的关键。

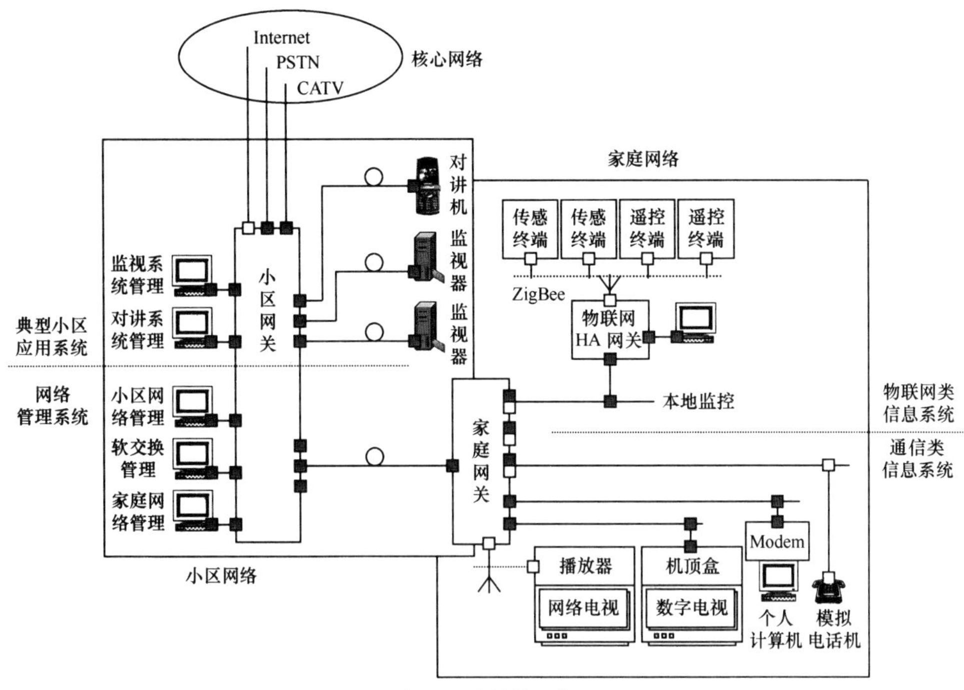

家居网络结构图解

（五）注意信息产业新的发展机遇

1. 同步卫星移动电话网利用多波束天线技术，在海面和边远地区建立“蜂窝”支持海上和边远地区固定和移动通信。

2. 卫星导航网络通过管理信息服务平台，可以支持各类定位应用系统。例如，移动目标定位、固定目标的沉降监视、电网精密定时。

3. 集群通信系统是核心网、接入网和用户终端的独立的通信系统。如果网络安全问题一时不能妥善解决，那么集群通信网络将是良好的保密、应急通信系统。

四、信息化过程中的政府定位

信息基础设施是所有各类国家基础设施的共同基础，这就决定了政府在信息化过程中的地位。以下几个问题值得政府考虑。

（一）政府的责任

国家基础设施包含农业、供水、能源、运输、银行、信息等基础设施。信息基础设施是所有国家基础设施的基础，这就决定了国家信息化的主导是国家政府，地方信息化的主导是地方政府。同理，通常说信息化是一把手工程。

（二）关于角色的认识

信息化事在人为，为事者无非是政治家、企业家和技术专家。一位高明的政治家可以引来一大批企业家；一位高明的企业家可以招募一大批技术专家。关于整顿信息基础设施，技术专家有办法，但是无力推动；企业家有资本，但是未必有兴趣；可见，只能由政治家组织领导。角色是客观事实，是一种责任。

（三）三类业务的现实安排

1．数据业务：基于国家信息化现实进程考虑，当前重点是推广应用物联网；考虑到目前互联网网络安全状况，当前物联网重点是监视业务和辅助控制业务。

2．有线电话业务：有线电话业务在萎缩，但是仍然不乏用户，原因是技术成本不高，顺便带上电话网业务。

3．广播电视业务：广播电视业务处于大变革之中，广电总局的大政方针未定，现在有电视可看，电视发展可以看看再说。

五、信息化的创业机遇

（一）公用地下管廊智能管理建设

《关于开展中央财政支持地下综合管廊试点工作的通知》（财建〔2014〕839 号）。地下管廊是城市公用基础设施，实现地下管廊智能管理是典型物联网应用系统。

（二）小区接入网和家庭网络建设

小区接入网和家庭网络建设为智慧城市建设奠定基础。小区接入网络平台建设；广义家庭网络平台建设；广义家居物联网平台建设。家居迟早是电信运营公司的争夺领域，所以，很多地方政府都在积极部署。三网融合给地方提供了切入运营的机会。

（三）安防监视系统升级改造

安防监视升级系统需求从标清向高清提升，现存标清摄像头有 8000 万到 2 亿只，更换高清摄像头，更换传输系统，引入城市施工；采用 PLC 传输终端，应用原有电缆，无需城市施工。其他方案仅仅更换光缆的成本就远远超过 PLC 终端成本，此外还有施工费用。

（四）电梯物联网监视

电梯安全问题频发。我国电梯保有量 300 多万台，年增长率为 20%。业务需求包括电梯运行状态实时监视、电梯箱内应用状态实时监视，双向紧急电话，电梯箱内广播、广告、电视等。LC 解决方案简单、可靠、适用。

（五）借鉴与参考

本报告是针对广州地区编写的。广州是我国国民经济信息化的先行地区，他们先行走了一些弯路，正在应用的一些有效系统，其他地区可以参考。

中央网信办头脑风暴式专题研讨会发言稿

（2015年）

一、网络空间、信息基础设施概念

命题：国际电信联盟称谓的“信息基础设施”（Information Infrastructure）与美国称谓的“网络空间”（Cyberspace）是一个事物。

根据1

ITU（1996年）：《建议Y.110.GII原则和框架体系》中，关于“信息基础设施”的概念。

信息基础设施是执行电信（Telecommunication）功能的设施整体，由电信网络和计算机系组成。电信是利用电磁方法传递（承载消息的）信号。

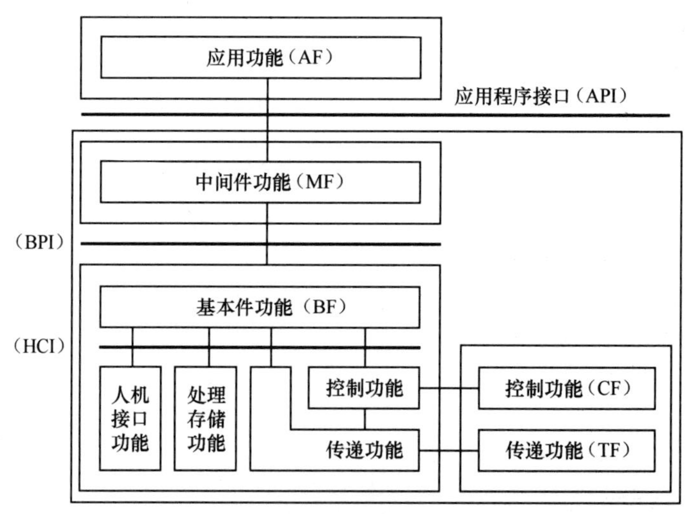

Y.110 信息基础设施功能结构

根据 2

美国白宫（2003 年）：《Cyberspace 安全的国家战略》关于网络空间（Cyberspace）概念。

美国的重要基础设施包含了以下部门的公共和私人机构中的实物与网络资产：农业、食品、供水、公共卫生、应急服务、政府、国防工业基地、信息和电信、能源、运输、银行和金融业、化学品和危险品，以及邮政和航运。网络空间已成为这些基础设施的神经系统——美国的控制系统。网络空间是由数以万计的计算机、服务器、路由器、交换机和光缆组成，美国的关键基础设施就是依靠它们得以运行的，因此，网络空间的健康运转对美国的经济和国家安全至关重要。不幸的是，最近的一系列事件突出说明了网络空间漏洞的存在，以及一些恶意分子在设法利用这些漏洞的事实。

根据 3

美国总统信息技术咨询委员会报告（2005 年）“网络空间安全——急中之急”关于网络空间的涵义。

信息基础设施是“关键”，大部分美国人都使用信息基础设施；行业和政府内的日常工作中也利用信息技术；各组织和机构也或多或少依赖信息技术实现各种功能；这些信息技术对于所有国家关键基础设施来说已经是必不可少的了。计算系统控制了电厂、水坝、北美电网、空中交通管制系统、食品和能源分配以及金融系统的管理。这些敏感物理设施和过程对信息基础设施的依赖，使信息基础设施本身具有至关重要的地位。目前，计算机、网络和网络构件已成为美国所有国家关键基础设施的必不可少的一部分。这些系统以一种非常复杂的方式互联在一起并彼此依赖，通常又是非常脆弱的。信息基础设施已经成为美国必须保护的国家利益。可见，本文的题目是《Cyber 安全》，内容是“信息基础设施安全”。

结论：国际电信联盟称谓的“信息基础设施”与美国称谓的“网络空间”是一个事物。我国把 Cyberspace 或者 Cyber Space 翻译成“网络空间”，把 Cyber 也翻译成“网络空间”比较勉强。我看，把 Cyber 翻译成“网络”比较恰当。

二、信息系统结构

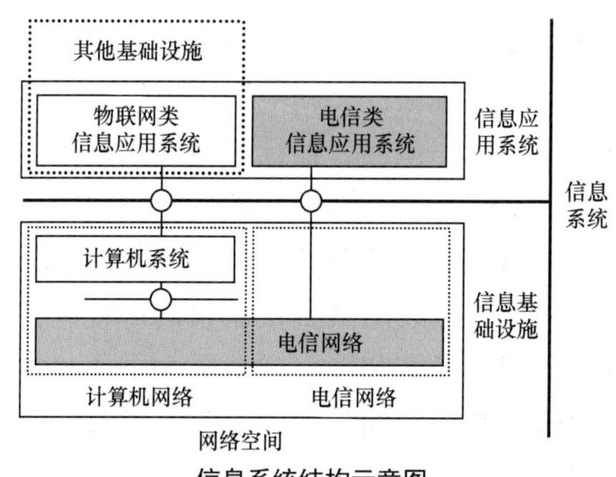

信息系统结构示意图

信息系统由信息基础设施和信息应用系统组成。信息基础设施或者网络空间完成信号传递和处理功能；信息基础设施或者网络空间由电信网络与网络服务器组成。其中，电信网络完成电信功能，即利用电磁方法传递（承载消息的）信号；所以，电信网络只存在网络安全问题。凡是执行信号传递功能的电子设施都属于电信网络设施。例如：

1．公用交换电话网（PSTN）（实用）；

2．互联网（Internet）（实用）；

3．电缆电视网（CATV）（实用）；

4．宽带综合业务数字网（B-ISDN）（实用）；

5．统一移动电话系统（UMTS）（实用）；

6．无源光接入网（实用）；

7．用户驻地网（实用）；

8．集群通信网（实用）；

9．北斗定位网（实用）；

10．海底水声通信系统（实用、在研）；

11．Ka 频段卫星大容量转信系统（在研）；

12．深空飞船通信系统（实用、在研）；

13．同步卫星移动电话网（在研）；

14．海陆空天一体化网络平台（在研）；

15．临近空间转信系统（在研）。

关于我国目前需求看法：

1．关于网络覆盖的短板是传输系统；

2．关于电信网络的短板是网络安全。

三、“十三五”重点课题建议

1．全国信源定位系统

确定可疑信号之后的准实时信源定位系统：

（1）PSTN/UMTS 信源定位，定位到手机/电话机；

（2）CATV/IPTV/OTT TV 信源定位，定位到前端广播服务器；

（3）Internet 信源定位，定位到个人计算机/便携机。

2．国家应急评估系统

（1）汶川地震瓶颈是应急通信，天津爆炸瓶颈是应急评估。

（2）2016 年国家开通同步卫星移动通信系统，应急通信瓶颈有望得以解决。

（3）应急评估需要建设全国物联网实时监测高危目标系统。

3．全国流动人口管理系统

（1）全国流动人口实时分布监视系统。

（2）省级可疑成员实时定位监视系统。

（3）城市被保护成员实时定位监视/报警系统。

4．银行欺诈网络安全系统

（1）公用网络用户面，建设伪基站对抗系统。

（2）公用网络网络面，建设伪服务器对抗系统。

我国信息产业的发展趋势（2016年）

一、信息产业的发展演变

（一）信息系统及其分类

1. **信息系统概念**：信息系统执行特定信息功能的设施整体。

2. **信息系统构成**：信息系统由信息基础设施和信息应用系统构成。信息基础设施由电信网络和计算机系统构成；信息应用系统由服务器和用户终端构成。

3. **信息系统分类**：信息系统分类与信息应用系统分类对应，信息系统分为：

（1）消息类信息系统——直接服务于人类。

（2）物联网类信息系统——直接服务于其他产业。

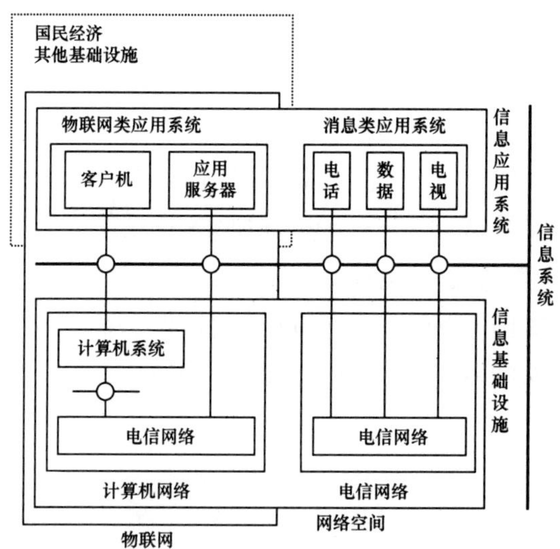

信息系统结构

（二）信息产业及其分类

1．信息产业概念

信息产业是研发、制造、营运和使用信息系统的产业。

2．信息产业分类

（1）消息类信息产业

基于消息类信息系统的信息产业，消息类信息产业直接服务于人类，通称信息传统产业。

（2）物联网类信息产业

基于物联网类信息系统的信息产业，物联网类信息产业广泛支持其他产业，通称信息新兴产业。

（三）我国信息产业的发展演变

1．**信息产业的发展过程**：发达国家信息产业普遍从消息类信息产业开始，逐步向物联网类信息产业转化。

2．**我国信息产业发展现状**：我国于 2013 年提出物联网产业发展规划的背景。

（1）消息类信息系统基本普及。

（2）三网融合问题基本解决。

（3）物联网类信息系统初步展开。

这标志着我国信息产业从消息类信息产业为主，向物联网类信息产业为主转化。

二、物联网产业结构

（一）通用物联网系统结构

1．物联网是一类应用到物的信息系统。

2．物联网类信息系统是由客户机—服务器组成的。

3．客户机（传感器和受控器）通过物联网平台，受代理服务器管理。

4．代理服务器经电信网络，受应用服务器管理。

5. 电信网络含核心网络、接入网络和用户驻地网。

6. 应用服务器包括家庭服务器、小区服务器和各种专业管理服务器。

7. 各种远程移动用户终端，经移动电话网，接入公用电信网络，访问各种服务器。

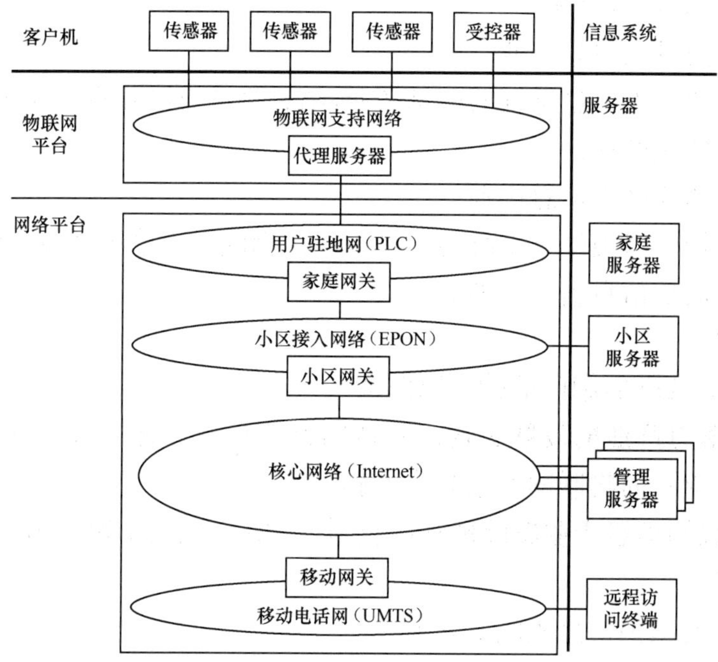

（二）传感器应用分类

传感器——非电测量单元：

1. 温度传感器；
2. 湿度传感器；
3. 加速度传感器；
4. 力传感器；
5. 位移传感器；
6. 气体传感器；
7. MEMS 微型机械传感器；
8. 电参数传感器；
9. 光纤型传感器。

（三）物联网网络平台分类

1．5 种典型物联网网络平台结构。

2．客户机与代理服务器之间采用 HA 协议。

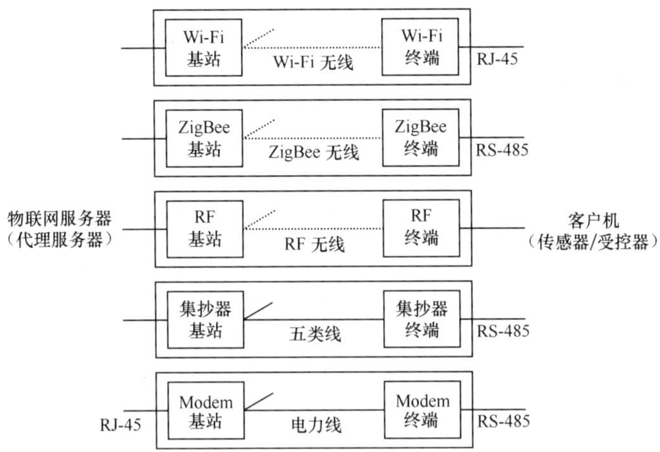

（四）私有地址寻址系统

1．固定管理服务器直接访问私有地址代理服务器；

2．移动终端通过私有地址管理中心访问代理服务器。

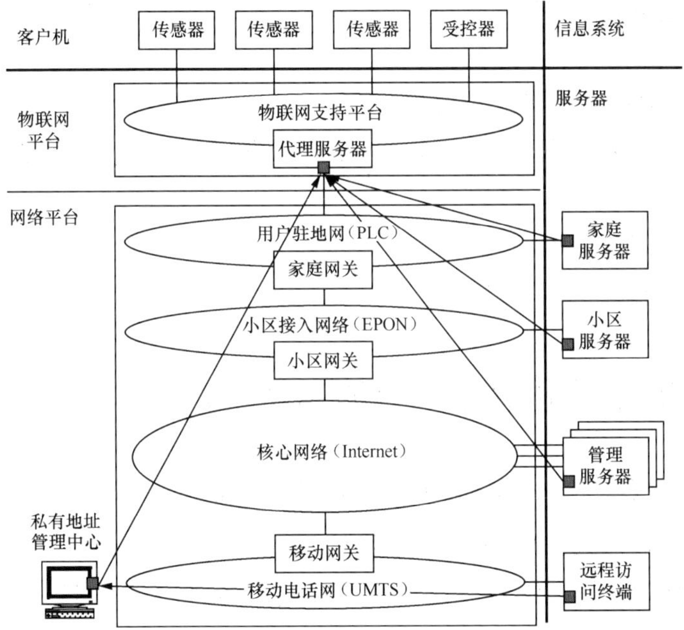

（五）标识认证系统

标识认证中心为管理服务器与代理服务器实时配置“一访一密”标识认证密码。

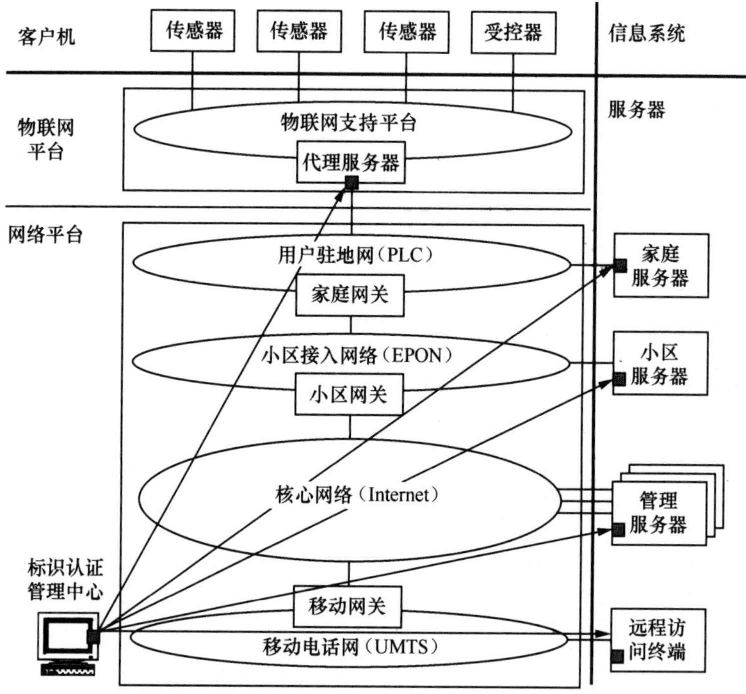

（六）家居物联网国家标准

2015 年，家居物联网标准（A 版本）已经通过住建部提交国家标准草案：

1．家居物联网总体结构；

2．家居物联网运行协议。

三、地方发展信息产业的基本考虑

（一）国家“十三五”信息产业发展方向

1．近年，中央已经发布了很多信息化建设文件：物联网发展专项行动计划（2013 年）；国务院关于促进信息消费扩大内需的若干意见（包括三网融合、数字家庭、智慧城市）；北斗导航系统；城市地下管廊建设；互联网+；中国制造 2025；流动人口管理等。

2．对于上述中央文件的理解：中央关于信息产业的发展可以说面面俱到了。信息化典型应用领域大体上可以归纳为改善社会环境（智慧城市）和支持产业发展（智能制造）。支持这两类主流产业发展的基础是物联网类信息产业。物联网产业以物联网平台为基础，利用大数据信息，使用云计算服务平台。

（二）地方发展信息产业的优选目标

1．**建设智慧城市（概念探索）**：通过政府管理、企业发展、个人生活环境信息化，实现为城市发展奠定环境基础的目标。

2．**支持智能制造（切入点探索）**：通过信息化推动广泛的产业现代化，实现支持本地产业发展的目标。

3．**壮大物联网产业**：在支持国民经济信息化的过程中，逐步发展壮大物联网产业。

（三）关于信息化建设中的角色

信息化事在人为，为事骨干无非是政治家、企业家和技术专家。我国政治体制决定产业链的创建主体是“**官、产、研、学**”。

一位高明的政治家能够团结一大批企业家；一位高明的企业家能够团结一大批技术专家；一位高明的技术专家能够团结一大批工程师。角色是客观事实，是一种责任。

（四）信息化建设中政府的责任定位

1．**关于信息化建设环境**：信息化需求环境、政府的政策环境、地方经济环境、人文环境和自然环境等。

2．**关于信息基础设施**：信息基础设施必须政府主管建设。信息基础设施状况是吸引企业家和技术专家的重要因素。信息应用系统主要由企业家去建设和运营。

3．**关于传统产业**：政府重点支持新兴物联网类信息产业。成功的企业家不会放弃传统产业。例如，华为公司，5G 移动通信。

4．关于国家战略性产业：耗资巨大的国家战略性产业是国家行为，或者是国家委托地方执行的国家行为。例如，北京中关村，芯片生产。

5．关于国家超前科研项目：集中高层次人才的国家超前科研项目是国家行为，或者是国家委托地方执行的国家行为。例如，中国科技大学，量子通信。

四、对于物联网产业的认识

（一）信息产业的现实使命

习主席说，（国民经济）没有信息化就没有现代化。这就指明，信息产业的现实使命是支持国民经济信息化，从而实现现代化。国民经济现代化的基本内容无非是环境现代化和产业现代化，而支持环境和产业现代化的技术基础就是物联网产业。

（二）关于产业的发展演变

郎咸平先生说，我国的产业正在从制造业向营造业发展演变。营造业包括制造、建设、服务（建设相关服务和建设不相关服务）。例如，碧桂园基于制造，在马来西亚建设了城市，提供广泛的服务。

物联网产业结构包括制造、建设和服务。通常，所谓的物联网产业，其实是物联网营造业。

（三）发展物联网产业的关键环节

郎咸平先生提出了营造业概念，遗憾的是，未挑明碧桂园的成功关键。

传统产业发展，只有企业家清楚其发展瓶颈，突破这个瓶颈就会发展。但是，企业家苦无良策。政治家和技术专家想帮忙，不知所以。这就是我国发布那么多物联网发展规划，而效果不如人意的原因。如果政治家明白了企业家的苦衷秘密；如果技术专家发现了瓶颈所在，那么，物联网就有了用武之地。可见，发展物联网产业的关键环节是“发现”。

（四）发展物联网产业的基础

众所周知，发展消息类信息产业的关键是“大生产”，大规模生产高质量、低成本、标准化的产品。只要物美价廉，用户就认购，所以，发展消息类信息产业的关键是群聚的生产环境、广泛覆盖的销售环节。

发展物联网类信息产业的基础是大量的传统产业群，特别是大量充满活力的中小传统产业群，这就是物联网产业的需求环境。

（五）政治家的责任

近期，各级科协的官员们活跃起来了，他们常常把一些企业家请来与我们这些工程师聚聚。我们三家的共同语言似乎越来越多了，我们找到了不少合作切入点。例如，把那些电梯监视起来；把那些电线杆子用起来；把那些销售到各地的工业机器人监视起来；让那些传统生产线效率更高一些；让那些耗能大户节能一些；让国家更安全一些等。看来，这些政治家、企业家、技术专家彼此套近乎对于经济上行是有利的。接触多了，我们似乎取得了一个模糊共识：“传统产业+物联网”是否是一个值得探索的国民经济方向？

全集出版后记

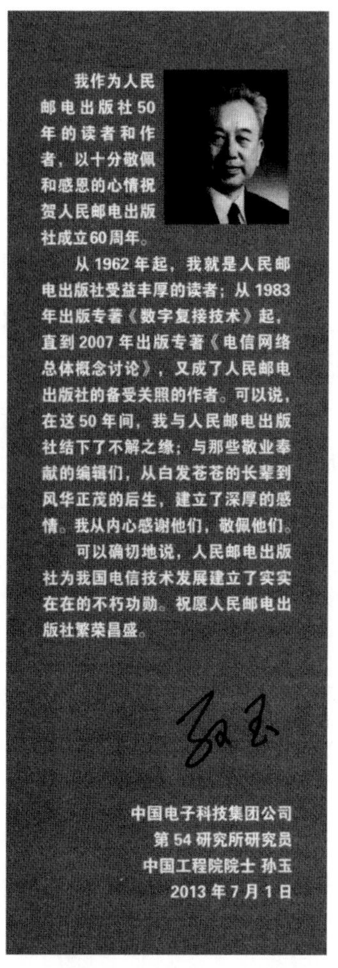

我作为人民邮电出版社50年的读者和作者，以十分敬佩和感恩的心情祝贺人民邮电出版社成立60周年。

从1962年起，我就是人民邮电出版社受益丰厚的读者；从1983年出版专著《数字复接技术》起，直到2007年出版专著《电信网络总体概念讨论》，又成了人民邮电出版社的备受关照的作者。可以说，在这50年间，我与人民邮电出版社结下了不解之缘；与那些敬业奉献的编辑们，从白发苍苍的长辈到风华正茂的后生，建立了深厚的感情。我从内心感谢他们，敬佩他们。

可以确切地说，人民邮电出版社为我国电信技术发展建立了实实在在的不朽功勋。祝愿人民邮电出版社繁荣昌盛。

中国电子科技集团公司
第54研究所研究员
中国工程院院士 孙玉
2013年7月1日

衷心感谢人民邮电出版社为我出版这套全集。

这套全集与人民邮电出版社有几十年的缘分。因此，我想用我为人民邮电出版社成立60周年纪念册《历程》的题词，作为全集出版的后记。

我作为人民邮电出版社 50 年的读者和作者，以十分敬佩和感恩的心情祝贺人民邮电出版社成立60周年。从1962年起，我就是人民邮电出版社受益丰厚的读者；从1983年出版专著《数字复接技术》起，直到2007年出版专著《电信网络总体概念讨论》，又成了人民邮电出版社备受关照的作者。可以说，在这五十年间，我与人民邮电出版社结下了不解之缘；与那些敬业奉献的编辑们，从白发苍苍的长辈到风华正茂的后生，建立了深厚的感情。我从内心感谢他们，敬佩他们。确切地说，人民邮电出版社为我国电信技术的发展建立了实实在在的不朽功勋。祝愿人民邮电出版社繁荣昌盛！

感谢人民邮电出版社对于我国电信技术发展的支持和贡献！敬佩沈肇熙先生、李树岭编辑、梁凝编辑、杨凌编辑四代编辑的敬业精神和专业水平！感谢邬贺铨院士为我的全集作序！